美丽中国

——中国的环保和生态

周光父 编

U0336034

科学出版社

北京

内 容 简 介

本书对生态系统、环境保护进行了探讨和研究，涉及绿色水资源，水土保持，农业和生态环境，绿色农业，绿色基础设施，绿色能源，风能源，氢能源，全球气候变暖和应对之策，绿色森林，垃圾分类处理，厕所革命，绿色生活方式，建筑垃圾的高效处理，等等。对这些问题提出了相应的看法，以备参考。

本书适合对环境保护及生态感兴趣的专业人员及普通大众阅读。

图书在版编目（CIP）数据

美丽中国：中国的环保和生态 / 周光父编. —北京：科学出版社，2022.6
ISBN 978-7-03-072315-4

Ⅰ. ①美… Ⅱ. ①周… Ⅲ. ①环境保护 – 研究 – 中国 Ⅳ. ①X-12

中国版本图书馆 CIP 数据核字（2022）第 086215 号

责任编辑：张　析 / 责任校对：杜子昂
责任印制：苏铁锁 / 封面设计：东方人华

科 学 出 版 社 出版
北京东黄城根北街 16 号
邮政编码：100717
http://www.sciencep.com

北京凌奇印刷有限责任公司 印刷
科学出版社发行　各地新华书店经销

*

2022 年 6 月第 一 版　开本：720 × 1000 1/16
2022 年 6 月第一次印刷　印张：14 3/4
字数：284 000

POD定价：108.00元
（如有印装质量问题，我社负责调换）

编者简介

周光父，1927年4月16日出生于湖南省宁乡县（今宁乡市）。国立武汉大学法学院肄业。1949年6月5日参加革命工作，1986年8月加入中国共产党。1990年离休。曾在中南军政委员会外事处、武汉外事处和郑州363电厂工地工作，随后转入电力部西安动力学院、陕西工业大学、西安交通大学等高等院校任教。在西安交通大学夜大机械制造专业学习三年，从事机加工、铸工、焊接、木工等多种实践。"文革"中，下放延安进行劳动锻炼，进行扶犁、锄草、割麦等各种农业劳动，以及汽车修理等工业劳动。改革开放以后，曾遍访上海一大会址、韶山、井冈山、长汀、遵义、重庆八路军办事处、延安、渣滓洞、大渡河铁索桥等红色旅游景点，深受教育，获益良多。对外语具有浓厚兴趣，除在校学习过英语以外，还自学俄语、德语、日语。英语和俄语可作为工作外语，德语和日语可以笔译。改革开放以后，主要从事科技英语教学，兼任英语口译。1983年担任美国霍尼韦尔（Honeywell）公司计算机培训中心翻译。回国后，接受并完成过联合国教科文组织（UNESCO）、世界银行（World Bank）访华团、美国大学校长访华团、英国能源部访华团、托福访华团等来华国外专家教授学术讲座等重要翻译任务。1986年，被评为英语教授，指导硕士研究生，曾任陕西省外语教授职称评审组组员、陕西翻译工作者协会副主席，西安翻译工作者协会译协副理事长等社会职务。随后创建西部科技翻译中心，从事翻译服务。在长达半个多世纪的科技英语和俄语教学和实践中，出版著译25部，包括《科技英语翻译和写作》《科技英语口译》《科技英语语法》《美国风情》《英汉MBA词典》《丘吉尔：第二次世界大战回忆录》，合编《研究生精读教材》，参译《中国人口问题》（英国牛津大学出版社）等。学而不厌，治学谨严。一生酷爱旅游，足迹遍及美洲的美国、加拿大、墨西哥，欧洲的德国、法国、意大利、比利时、荷兰等15国，亚洲的日本、韩国、越南、泰国、缅甸、尼泊尔等国，以及国内所有的省区市等，受益良多。

序

　　编者有幸见证了新中国从艰难起步到如今蒸蒸日上的历史，更有幸追踪时代的脚步、聆听时代的脉搏，见证了全面建成小康社会的奇迹。新中国成立以来，尤其是改革开放四十多年来，中国经济日新月异，人民的获得感和幸福感与日俱增。而这一进程中，环境，尤其是人与环境的关系起着重要的作用。从"以绿水青山换取金山银山"，牺牲环境换取经济效益，到"绿水青山就是金山银山"，经济、社会与生态效益和谐发展，"美丽中国"在中华民族伟大复兴的历史使命中越发重要，也成为十四亿中国人共同的心声。

　　回首新中国成立尤其是改革开放以来的中国发展历史，再将目光放远到整条奔流不息的世界历史长河，编者深深感慨生态环境对小到个人，大至国家民族甚至文明的重要意义。

　　良好的生态环境是生产力蓬勃发展的源泉，为个人的物质生活与国家的经济腾飞提供充足的资源。然而，自然虽然慷慨，却远非取之不尽、用之不竭。人类无节制的索取曾深深伤害自然，而环境污染、资源枯竭又反过来拖经济发展的后腿——人与自然始终都处于生生不息的共同体中。本书以此为出发点，考察水土流失、农业污染等中国发展曾经走过的"弯路"，并重点解析在人与自然和谐共处观念的指导下，在经济效益与生态效益的平衡中，当代中国迸发的更为蓬勃的经济活力。

　　良好的生态环境更是国家可持续发展的依凭，是文明经久不衰的基石。国家、文明繁荣昌盛的前提是健康幸福的公民，而蓝天、白云、绿水、青山正是最为简易、公平的民生福祉。像保护眼睛一样保护环境，像热爱生命一样热爱生态，在大美中国的土地上，个体生命必将生生不息，他们创造的物质和精神文明也必将生意盎然，孕育着民族复兴的力量。

　　编者想与每一位读者分享的是，了解中国生态文明建设的发展历程，并亲身投入这个伟大的工程，我们责无旁贷。我们每个人都应该认识到人与环境是相互依赖的。如果环境被破坏，人类就无法生存。保护环境意味着保护人类，我们应当有意识地传播和实践人与自然和谐及共享绿色未来的概念。

笔者谦为"90后",才疏学浅,愿虚心学习,跟上时代,偶有所得和启示,结合某些观察,记录成为笔记,求教于大方,敬希批评指正。是为序。

编　者

2022 年 1 月 17 日

于西安交通大学外国语学院

目　录

第1章　绿色水资源

1.1　概　　述

水资源是指地球上具有一定数量和可用质量能从自然界获得补充并可资利用的水。

在地球上，人类可直接或间接利用的水，是自然资源的一个重要组成部分。天然水资源包括河川径流、地下水、积雪和冰川、湖泊水、沼泽水、海水。按水质划分为淡水和咸水。随着科学技术的发展，能被人类所利用的水增多，例如海水淡化、人工催化降水、南极大陆冰的利用等。

与其他自然资源不同，水资源是可再生的资源，可以重复多次使用；并出现年内和年际量的变化，具有一定的周期和规律；储存形式和运动过程受自然地理因素和人类活动影响。

海水是咸水，不能直接饮用，所以通常所说的水资源主要是指陆地上的淡水资源，如河流水、池塘水、湖泊水、地下水和冰川等。

陆地上的淡水资源只占地球上水体总量的 2.53%左右，其中近 70%是固体冰川，即分布在两极地区和中、低纬度地区的高山冰川，还很难加以利用。

人类比较容易利用的淡水资源，主要是河流水、池塘水、湖泊水，以及浅层地下水，储量约占全球淡水总储量的 0.3%，只占全球总储水量的十万分之七。据研究，从水循环的观点来看，全世界真正有效利用的淡水资源每年约有 9000 立方千米。

地球上水的体积大约有 13.6 亿立方千米。海洋占了 13.2 亿立方千米（约 97.2%）；冰川和冰盖占了 $2.5×10^7$ 立方千米（约 1.8%）；地下水占了 $1.3×10^7$ 立方千米（约 0.9%）；湖泊、内陆海和河里的淡水占了 $2.5×10^5$ 立方千米（约 0.02%）；大气中的水蒸气占了 $1.3×10^4$ 立方千米（约 0.001%），也就是说，真正可以被人类利用的水源约为 0.007%。

1.2　淡 水 来 源

1. 地表水

地表水是分别存在于河流、湖泊、沼泽、冰川和冰盖等地表水体中的水的总称。地表水由经年累月自然的降水和下雪累积而成，并且自然地流失到海洋或者是经由蒸发消逝，以及渗流至地下。

虽然任何地表水系统的自然水仅来自于该集水区的降水，但仍有其他许多因素影响此系统中的总水量。这些因素包括了湖泊、湿地、水库的蓄水量，土壤的渗流性，此集水区中地表径流的特性等，人类活动对这些特性有着重大的影响。人类为了增加存水量而兴建水库，为了减少存水量而排光湿地的水分。人类的开垦活动以及兴建沟渠则增加径流的水量与强度。

当下可供使用的水量是必须考量的。部分用水需求是暂时性的，如许多农田在春季时需要大量的水，在冬季则不需要。为了提供水给这类农田，表层的水系统需要大量的存水量来搜集一整年的水，并在短时间内释放。另一部分用水需求则是经常性的，例如发电厂的冷却用水。为了给发电厂供水，表层的水系统需要一定的容量来储存水，当发电厂的水量不足时补足即可。

2. 地下水

地下水，是贮存于包气带以下地层空隙，包括岩石孔隙、裂隙和溶洞之中的水。水在地下分为许多层段便是所谓的含水层。

3. 海水淡化

海水淡化是一个将咸水（通常为海水）转化为淡水的过程。最常见的方式是蒸馏法与逆渗透法。就当前来说，海水淡化的成本较其他方式高，而且提供的淡水量仅能满足极少数人的需求。此法唯有对干漠地区的高经济用途用水具有经济价值，至今在波斯湾地区被最广泛采用。

不过，随着科学技术的发展，海水淡化的成本越来越低，其中太阳能海水淡化技术日益受到人们的关注。

1.3　中国水资源

我国 2019 年全国水资源总量为 29041.0 亿立方米，比多年平均值偏多 4.8%。其中，地表水资源量为 27993.3 亿立方米，地下水资源量为 8191.5 亿立方米，地下水与地表水资源不重复量为1047.7亿立方米。另外，中国属于季风气候，水资源时空分布不均匀，南北自然环境差异大，其中北方9省区，人均水资源不到500立方米，实属少水地区；特别是城市人口剧增，生态环境恶化，工农业用水技术落后，浪费严重，水源污染，更使原本贫乏的水"雪上加霜"，而成为国家经济建设发展的瓶颈。

全国600多座城市中，已有400多个城市存在供水不足问题，其中比较严重的缺水城市达110个，全国城市缺水总量为60亿立方米。

据监测，当前全国多数城市地下水受到一定程度的点状和面状污染，且有逐年加重的趋势。日趋严重的水污染，不仅降低了水体的使用功能，进一步加剧了水资源短缺的矛盾，给我国正在实施的可持续发展战略带来了严重影响，而且还严重威胁城市居民的饮水安全和人民群众的健康。

水利部预测，2030年中国人口将达到16亿，届时人均水资源量仅有1750立方米。在充分考虑节水情况下，预计用水总量为7000亿~8000亿立方米，要求供水能力比当前增长1300亿~2300亿立方米，全国实际可利用水资源量接近合理利用水量上限，水资源开发难度极大。

中国水资源总量少于巴西、俄罗斯、加拿大、美国和印度尼西亚。若按人均水资源占有量这一指标来衡量，则仅为世界平均水平的1/4，排名在第110名之后。

中国水资源总量虽然较多，但人均量并不丰富。水资源的特点是地区分布不均，水土资源组合不平衡；年内分配集中，年际变化大；连丰连枯年份比较突出；河流的泥沙淤积严重。这些特点造成了中国容易发生水旱灾害，水的供需产生矛盾，这也决定了中国对水资源的开发利用、江河整治的任务十分艰巨。

1. 水资源总体偏少

全球范围内，我国属于轻度缺水国家。用全球7%的水资源养活了占全球21%的人口。专家估计，中国缺水的高峰将在2030年出现，因为那时人口将达到16亿，人均水资源的占有量将为1750立方米，中国将进入联合国有关组织确定的中度缺水型国家的行列。

2. 水资源空间分布十分不均匀

华北地区人口占全国的三分之一，而水资源只占全国的6%。西南地区人口占全国的五分之一，但是水资源占有量却为46%。所以，水资源差距最大的年份，水资源占有量最多的西藏与天津相比，人均水资源占有量直接的差距是一万倍。

3. 资源性缺水及水污染严重

我国每年未处理水的排放量为2000亿吨，这些污水造成了90%流经城市的河道受到污染，75%的湖泊富营养化，并且日益严重。所以在南方地区，资源不缺水，但是水质性缺水。

4. 地下水过度取用

以北京为例，1980～1998年，地下水水位为波动下降期，降速较慢，年均下降0.29米。1999～2015年，由于连年干旱和经济社会快速发展对水资源的需求逐步增加，这一阶段地下水位呈快速下降阶段，年均下降0.82米。因此造成了地面的沉降。其他不少地方也有类似情况。从国际上来看，安全取用地下水，应该是安全取用地下水补给量的一部分，但我们不仅吃光了"利息"，而且还在吃"老本"。

5. 水生态环境破坏，用水浪费严重

我国每生产万元GDP用水量是世界平均水平的五倍。

新中国成立以来，在水资源的开发利用、江河整治及防治水害方面都做了大量的工作，取得较大的成绩。

在城市供水上，当前全国已有300多个城市建起了供水系统，自来水日供水能力为4000万吨，年供水量100多亿立方米；城市工矿企业、事业单位自备水源的日供水能力总计为6000多万吨，年供水量170亿立方米；在7400多个建制镇中有28%建立了供水设备，日供水能力约800万吨，年供水量29亿立方米。

农田灌溉方面，全国现有农田灌溉面积近8.77亿亩，林地果园和牧草灌溉面积约0.3亿亩，有灌溉设施的农田占全国耕地面积的48%，但它生产的粮食却占全国粮食总产量的75%。

防洪方面，现有堤防20万多千米，保护着5亿亩耕地和100多个大、中城市。现有大中小型水库8万多座，总库容4400多亿立方米，控制流域面积约150万平方千米。

截至2021年12月底，全国水电装机容量约3.9亿千瓦（其中抽水蓄能3639万千瓦）。

然而，随着工业和城市的迅速发展，需水不断增加，出现了供水紧张的局面。水资源的保证程度已成为某些地区经济开发的主要制约因素。

水资源的供需矛盾，既受水资源数量、质量、分布规律及其开发条件等自然因素的影响，同时也受各部门对水资源需求的社会经济因素的制约。

随着人口的增长，工农业生产的不断发展，造成了水资源供需矛盾的日益加剧。

1.4 水利与洪涝

1. 概述

由于所处地理位置和气候的影响，中国是一个水旱灾害频繁发生的国家，尤其是洪涝灾害长期困扰着经济的发展。据统计，从公元前 206 年至 1949 年的 2155 年间，共发生较大洪水 1062 次，平均两年即有一次。黄河在 2000 多年中，平均 3 年两决口，百年一改道，仅 1887 年的一场大水死亡 93 万人，全国在 1931 年的大洪水中丧生 370 万人。新中国成立以后，洪涝灾害仍不断发生，造成了很大的损失。因此，兴修水利、整治江河、防治水害实为国家的一项治国安邦的大计，也是十分重要的战略任务。

40 多年来，我国共整修江河堤防 20 余万千米，保护了 5 亿亩耕地。建成各类水库 8 万多座，配套机电井 263 万眼，拥有 6600 多万千瓦的排灌机械。机电排灌面积 4.6 亿亩，除涝面积约 2.9 亿亩，改良盐碱地面积 0.72 亿亩，治理水土流失面积 51 万平方千米。这些水利工程建设，不仅每年为农业、工业和城市生活提供 5000 亿立方米的用水，解决了山区、牧区 1.23 亿人口和 7300 万头牲畜的饮水困难。而且在防御洪涝灾害上发挥了巨大的效益。

随着人口的急剧增加和对水土资源不合理的利用，导致水环境的恶化，加剧了洪涝灾害的发生。如 1991 年在中国的江淮、太湖地区，以及长江流域的其他地区连降大雨或暴雨，部分地区出现了近百年来罕见的洪涝灾害，受害人口达到 2.2 亿人，伤亡 5 万余人，倒塌房屋 291 万间，损坏房屋 605 万间，农作物受灾面积约 3.15 亿亩，成灾面积 1.95 亿亩，直接经济损失高达 685 亿元。

2. 造成洪涝灾害的原因分析

除了自然因素外，产生洪涝灾害的原因：

（1）不合理利用自然资源

尤其是滥伐森林，破坏水土平衡，生态环境恶化。我国水土流失严重，新中国成立以来虽已治理 51 万平方千米，但当前水土流失面积已达 160 万平方千米，每年流失泥沙 50 亿吨，河流带走的泥沙约 35 亿吨，其中淤积在河道、水库、湖泊中的泥沙达 12 亿吨。

湖泊不合理的围垦，面积日益缩小，使其调洪能力下降。据中国科学院南京地理与湖泊研究所调查，20 世纪 70 年代后期，中国面积 1 平方千米以上的湖泊约有 2300 多个，总面积达 7.1 万平方千米，占国土总面积的 0.8%，湖泊水资源量为 7077 亿立方米，其中淡水 2250 亿立方米，占中国陆地水资源总量的 8%。新中国成立以后的 30 多年间，中国的湖泊已减少了 500 多个，面积缩小约 1.86 万平方千米，占现有湖泊面积的 26.3%，湖泊蓄水量减少 513 亿立方米。长江中下游水系和天然水面减少。

1954 年以来，湖北、安徽、江苏以及洞庭、鄱阳等湖泊水面因围湖造田等缩小了约 1.2 万平方千米，大大削弱了防洪抗涝的能力。另外，河道淤塞和被侵占，行洪能力降低，因大量泥沙淤积河道，使许多河流的河床抬高，减少了过洪能力，增加了洪水泛滥的机会。如淮河干流行洪能力下降了 3000 立方米/秒。此外，河道被挤占，束窄过水断面，也减少了行洪、调洪能力，加大了洪水危害程度。

（2）水利工程防洪标准偏低

中国大江大河的防洪标准普遍偏低，当前除黄河下游可预防 60 年一遇洪水外，其余长江、淮河等 6 条江河只能预防 10~20 年一遇洪水标准。

许多大中城市防洪排涝设施差，经常处于一般洪水的威胁之下。

广大江河中下游地区处于洪水威胁范围的面积达 73.8 万平方千米，占国土陆地总面积的 7.7%，其中有耕地 5 亿亩，人口 4.2 亿，均占全国总数的 1/3 以上，工农业总产值约占全国的 60%。此外，各条江河中下游的广大农村地区排涝标准更低，随着农村经济的发展，远不能满足当前防洪排涝的要求。

（3）人口增长和经济发展使受灾程度加深

一方面抵御洪涝灾害的能力受到削弱；另一方面，由于社会经济发展，使受灾程度大幅度增加。

如 1991 年太湖流域地区 5~7 月降雨量为 600~900 毫米，不及 50 年一遇，并没有超过 1954 年大水，但所造成的灾害和经济损失，都比 1954 年严重得多。

3. 水体污染危害

（1）水体富营养化

水体富营养化是一种有机污染类型，由于过多的氮、磷等营养物质进入天然水体而恶化水质。施入农田的化肥，一般情况下约有一半氮肥未被利用，流入地下水或池塘湖泊，大量生活污水也常使水体过肥。过多的营养物质，促使水域中的浮游植物，如蓝藻、硅藻以及水草的大量繁殖，有时整个水面被藻类覆盖而形成"水华"，藻类死亡后沉积于水底，微生物分解消耗大量溶解氧，导致鱼类因缺氧而大批死亡。水体富营养化加速湖泊的衰退，使之向沼泽化发展。

海洋近岸海区发生富营养化现象，使腰鞭毛藻类（如裸沟藻和夜光虫）等大量繁殖、密集在一起，使海水呈粉红色或红褐色，称为赤潮，对渔业危害极大。渤海北部和南海已多次发生。

（2）有毒物质污染

有毒物质包括两大类：一类是指汞、镉、铝、铜、铅、锌等重金属；另一类则是有机氯、有机磷、多氯联苯、芳香族氨基化合物等化工产品。许多酶依赖蛋白质和金属离子的络合作用才能发挥其作用，因而要求某些微量元素（例如锰、硼、锌、铜、钼、钴等），然而，不合乎需要的金属，例如汞和铅，甚至必不可少的微量元素的量过多，如锌和铜等，都能破坏这种蛋白质和金属离子的平衡，因而削弱或者终止某些蛋白质的活性。例如汞和铅与中枢神经系统的某些酶类结合的趋势十分强烈，因而容易引起神经错乱，如疯病、精神呆滞、昏迷以至死亡。此外，汞和一种与遗传物质 DNA 一起发生作用的蛋白质形成专一性的结合，这就是汞中毒常引起严重的先天性缺陷的原因。

这些重金属与蛋白质结合，不但可导致中毒，而且能引起生物累积。重金属原子与蛋白质结合后，就不能被排泄掉，并逐渐从低剂量累积到较高浓度，从而造成危害。典型例子就是日本的水俣病。经过调查发现，金属形式的汞毒性并不很大，大多数汞能通过消化道而不被吸收。然而水体沉积物中的细菌吸收了汞，使汞与甲基结合，产生了甲基汞（$Hg—CH_3$），它和汞本身不同，甲基汞的吸收率几乎等于 100%，其毒性比金属汞大 100 倍，而且不易被排泄。

有机氯（或称氯代烃）是一种有机化合物，这种化合物广泛用于塑料、电绝缘体、农药、灭火剂、木材防腐剂等产品。有机氯具有 2 个特别容易产生生物累积的特点，即化学性质极端稳定和脂溶性高。化学性质稳定，说明既不易在环境中分解，也不能被有机体所代谢。脂溶性高说明易被有机体吸收，一旦进入，就不能被排泄出去，因为排泄要求水溶性，结果就产生生物累积，形成毒害。

（3）热污染

许多工业生产过程中产生的废余热散发到环境中，会把环境温度提高到不理想或生物不适应的程度，称为热污染。例如发电厂燃料释放出的热有 2/3 在蒸气再凝结过程中散入周围环境，解决消散废热最常用的方法，是由抽水机把江湖中的水抽上来，淋在冷却管上，然后把受热后的水，送回天然水体中去。但是，从冷却系统通过的水，水温高得能杀死大多数生物。而实验也证明，水体温度的微小变化，对生态系统有着深远的影响。

（4）海洋污染

随着人口激增和生产的发展，中国海洋环境已经受到不同程度的污染和损害。

1980 年调查表明，全国每年直接排入近海的工业和生活污水有 66.5 亿吨，每年随这些污水排入的有毒有害物质为石油、汞、镉、铅、砷、铝、氰化物等。全国沿海各县施用农药量每年 5 万多吨。约有四分之一流入近海，这些污染物危害很广。

海洋污染使部分海域鱼群死亡、生物种类减少，水产品体内残留毒物增加，渔场外移、许多滩涂养殖场荒废。例如胶州湾，1963~1964 年海湾潮间带的海洋生物有 171 种；1974~1975 年降为 30 种；20 世纪 80 年代初只有 17 种。莱州湾的白浪河口,银鱼最高年产量为30万千克,1963年约有10万千克,如今已基本绝产。

（5）污水对工业生产的影响

不同的工矿企业对水质均有一定的要求,若使用被污染的水,就会造成产品质量下降、设备损坏、甚至停工停产;如果对污水进行处理,就需增加水处理费用,从而直接影响产品的成本。

（6）污水灌溉可造成大范围的土壤污染,破坏农业生态系统

酸碱进入水体使水体的pH发生变化,破坏其自然缓冲作用,消灭或抑制细菌及微生物的生长,阻碍水体自净,还可腐蚀船舶,大大增加水体中的一般无机盐类和水的硬度。水中无机盐的存在能增加水的渗透压,对淡水生物和植物生长有不良影响。

1.5 加快水利基础设施网络建设

党的十九大明确提出要加快水利基础设施网络建设,把它放在九大基础设施网络之首。2018年10月召开的中央财经委员会第三次会议强调,要大力提升我国自然灾害的防御能力。水利部按照党中央、国务院的决策部署,围绕着国家重大战略,将聚焦水利短板和薄弱环节,着力做好以下工作。

1. 加快防汛抗旱水利提升工程建设

（1）消隐患

对病险水库、堤防险工险段等水利病险工程进行及时消险,使得水利工程病险率大幅度降低。

（2）补短板

一些防洪保护区的防洪标准没有达标,一些重点涝区的排涝标准没达标,我们要进行达标建设,主要通过堤防的达标建设、控制性工程、蓄滞洪区的建设,以及排涝设施等建设,来补齐短板。

（3）提能力

要现代化建设,就需要根据经济社会发展的要求和保护对象的新变化,由于很多新区建设与对象发生变化,要适时调整治理标准,不断提升防汛抗旱能力。

2. 加快水资源保障能力建设

（1）节水

要实施国家节水行动,推动全社会和各行业的节水,特别是农业节水,我们要在农业节水方面大力推进大中型灌区续建配套与现代化改造等重大节水工程,

把节水放在第一位。

（2）保底线

水资源保障底线是什么呢？就是要保障城乡居民的饮用水安全，这是不能突破的底线，特别是要解决好贫困地区的农村饮水安全问题。

（3）增供水

要提能力，加快重点水源、重大引调水等工程建设，要不断完善大中小微并举、丰枯多源互补的水资源配置格局，这样可以提高我们供水保障能力。与此同时，我们还要注重加大非常规水资源的利用，把非常规水资源的利用纳入到水资源配置体系。

（4）强应急

因为任何事情都可能处于应急状态，应急要预先有准备，加强城市的应急备用水源、抗旱应急工程建设，解决突发干旱期的生产生活用水问题。

（5）抓好水生态保护修复

①强监管。要强化对水土流失预防区的保护，要强化河湖行蓄洪空间的整治，要强化水域岸线的管控，把生态空间管好。

②要修复。因为历史欠账很多，在这种现实下我们要修复，就是要加强水土保持生态建设，对破坏的水土流失地区要进行治理，推进重点河湖的综合治理与生态修复，有些河湖生态退化，比如对于华北地下水超采地区，要用科学手段治理修复它，逐步恢复江河湖泊和地下水的生态环境。

（6）提升水利信息化水平

要加强水文水资源的监测预警、水利工程河湖监控能力的建设，要大幅度提升水利综合监测预警、水利工程调度管理以及行业监管等方面的信息化水平，推进智慧水利建设。

1.6　保护水资源

1. 必须合理开发水资源，避免水资源破坏

水资源的开发包括地表水资源开发和地下水资源开发。在开采地下水时，由于各含水层的水质差异较大，应当分层开采；对已受污染的潜水和承压水不得混合开采；对揭露和穿透水层的勘探工程，必须按照有关规定严格做好分层止水和封孔工作，有效防止水资源污染，保证水体自身持续发展。

2. 节约水资源

许多人把地球想象为一个蔚蓝色的星球，其71%的表面积覆盖水。其实，地

球上 97.5% 的水是咸水，只有 2.5% 是淡水。而在淡水中，将近 70% 冻结在南极和格陵兰的冰盖中，其余的大部分是土壤中的水分或是深层地下水，难以开采供人类使用。江河、湖泊、水库及浅层地下水等来源的水较易于开采供人类直接使用，但其数量不足世界淡水的 1%，约占地球上全部水的 0.007%。全球每年降落在大陆上的水量约为 110 万亿立方米，扣除大气蒸发和被植物吸收的水量，世界上江河径流量约为 42.7 万亿立方米，按 1995 年的世界人口计算，每人每年可获得的平均水量为 7300 立方米。由于世界人口不断增加，这一平均数较 1970 年已下降了 37%。

3. 大力发展绿化，增加森林面积涵养水源

森林有涵养水源、减少无效蒸发及调节小气候的作用，具有节流意义。林区和林区边缘有可能增加降水量，具有开源意义。

4. 树立惜水意识，开展水资源警示教育

长期以来，大多数人普遍认为水是取之不尽，用之不竭的"聚宝盆"，在用水时挥霍浪费，不知道自觉珍惜。其实，地球上水资源并不是用之不尽的，尤其是我国的人均水资源量并不丰富，地区分布也不均匀，而且年内变化莫测，年际差别很大，再加上污染严重，造成水资源更加紧缺的状况，黄河水多处多次断流就是生动体现。

5. 优化水系统的运行

要将如何提高循环水的浓缩倍数、如何提高水资源的循环利用等作为节水工作的重点，积极组织技术攻关，提高水的综合利用率；同时制定切实可行的操作制度，对产品水消耗实行定额管理，并作为一项技术经济指标进行考核，减少浪费现象。

6. 调水工程

由于地理、气候特点，地区间水的分配并不平衡。利用自然因素及人工改造，把丰水区的水调至缺水区，是解决水源不足，开辟新的经济区的有效手段。这方面我国已经进行了大量卓有成效的工作，例如，南水北调，以及正在进行的引汉济渭工程等。

7. 使用农田节水灌溉器具，改大水漫灌为喷灌和滴灌

滴灌技术是通过干管、支管和毛管上的滴头，在低压下向土壤经常缓慢地滴

水；是直接向土壤供应已过滤的水分、肥料或其他化学剂等的一种灌溉系统。它没有喷水或沟渠流水，只让水慢慢滴出，并在重力和毛细管的作用下进入土壤。滴入作物根部附近的水，使作物主要根区的土壤经常保持最优含水状况。这是一种先进的节水灌溉方法。

滴灌系统最常见的有固定式滴灌系统、移动式滴灌系统、微喷灌系统、渗灌系统等，与地面灌溉和喷灌相比，滴灌技术具有下面的特点。

（1）省水省工，增产增收

因为灌溉时，水不在空中运动，不打湿叶面，也没有有效湿润面积以外的土壤表面蒸发，故直接损耗于蒸发的水量最少；容易控制水量，不致产生地面径流和土壤深层渗漏。故可以比喷灌节省水35%~75%。对水源少和缺水的山区实现水利化开辟了新途径。由于株间未供应充足的水分，杂草不易生长，因而作物与杂草争夺养分的干扰大为减轻，减少了除草用工。由于作物根区能够保持最佳供水状态和供肥状态，故能增产。

（2）滴灌系统造价较高

由于杂质、矿物质的沉淀会使毛管滴头堵塞；滴灌的均匀度也不易保证。这些都是目前大面积推广滴灌技术的障碍。目前一般用于茶叶、花卉等经济作物。

8. 发展和推广节水器具

据不完全统计，我国每年因马桶水箱漏水损失水量上亿立方米。2011年7月起，新国家标准开始实施，新标准对于节水型便器平均用水量有了明确规定：小便器平均用水量不超过3升，坐便器平均用水量不超过6升，蹲便器平均用水量不超过8升，不符合这些强制性标准的产品将不允许出售。每冲一次马桶所用的水，相当于有的发展中国家人均日用水量；夏天冲个凉水澡，使用的水相当于缺水国家几十个人的日用水量。

9. 城市开发利用污水资源，发展中水处理，污水回用技术

据资料显示，城市用水中只有2/3的水直接或间接用于饮用，其他1/3的用途都可由再生水代替，因此，污水回用在对人们的健康无影响的情况下，为我们提供了一个非常经济的新水源。利用城市污水再生回用，可以节约新水，也有利于环境保护。

城市中部分工业生产和生活产生的优质杂排水经处理净化后，可以达到市政用水，用于道路冲刷、浇洒绿地、冲洗车辆等。

10. 保护水资源，要动员全社会，改变传统的用水观念

多年来由于"水"带有浓重的社会福利色彩，并不是真正意义上的商品，水的价值和价格的背离，严重制约了水行业的发展，水资源因此得不到有效的保护。这种情况在新的历史形势下，应当得到转变。改革当前的用水制度，加强政府的宏观调控，加大治理污染和环境保护力度，是水资源保护利用的有效途径。当前，应当加大改革力度，打破行业垄断，健全组织机构，统一管理，在全国建立起一个自下而上的水督察体系。进一步改革水价，实行季节性水价，在水资源短缺地区征收比较高的消费税以限制用水等，最好实施阶梯水价，如超过定额，就加倍征收。如色列法律规定，超过规定用水量的部分，征收4倍水价，不妨学习和借鉴这种有效经验，只有这样，才能对环境保护和降低成本有益，才能走可持续发展的道路。充分利用市场机制，发展有中国特色的水务市场，从而优化配置水资源，也是保护利用水资源的重要内容。

1.7　全国生活饮水问题

1. 城市生活饮水

（1）"十三五"期间，饮用水安全得到保障

集中式饮用水水源地被视为老百姓的"大水缸"。党中央、国务院一直高度重视饮用水水源地环境保护工作，不仅将保障人民群众饮用水安全视为生态环保领域的重中之重，更是将这项工作提升到社会稳定和民生工程的高度，将其作为污染防治攻坚战的七大标志性战役之一，明确要求打好水源地保护攻坚战。

为了保护好人民群众的"大水缸"，一系列严格举措陆续出台。

2010年6月，我国第一部饮用水水源地环境保护规划——《全国城市饮用水水源地环境保护规划（2008—2020年）》发布，指导各地开展饮用水水源地环境保护和污染防治工作，进一步改善我国城市集中式饮用水水源地环境质量。

2015年4月，国务院发布实施《水污染防治行动计划》。

2016年5月，为贯彻党中央、国务院关于长江经济带"共抓大保护、不搞大开发"的决策部署，长江经济带饮用水水源地环境保护执法专项行动启动。

2017年底，长江经济带地级以上饮用水水源地环境执法专项行动圆满收官，沿江11省市126个地级市319个饮用水水源地排查出的490个环境问题，全部完成清理整治。有专家评价，这是我国环保史上扎实彻底的一次"限期完成"。

2018年，生态环境部和水利部联合部署在全国开展集中式饮用水水源地环境保护专项行动，要求2018年底前，长江经济带11省（市）完成县级及以上城市

水源地环境保护专项整治；2019年底前，所有县级及以上城市完成水源地环境保护专项整治。

2019年，全国集中式饮用水水源地环境整治持续推进，899个县级水源地3626个问题中整治完成3624个，累计完成2804个水源地10363个问题整改，7.7亿居民饮用水安全保障水平得到巩固提升。

（2）集中式生活饮用水水源地达标率不断提高

"十三五"以来，随着我国饮用水水源地生态环境保护工作不断加强，群众的"大水缸"越来越清澈。

2016年，338个地级及以上城市897个在用集中式生活饮用水水源监测断面（点位）中，有811个全年均达标，占90.4%。

2019年，336个地级及以上城市902个在用集中式生活饮用水水源断面（点位）中，有830个全年均达标，占92.0%。

2020年，全国地级及以上城市在用集中式生活饮用水水源902个监测断面（点位）中，852个全年均达标，占94.5%。

2. 农村饮水安全问题

近些年我国政府有关部门将目光放在了农民生活质量和农村经济建设发展中，并提出要改善原有的农村经济体系，为农民营造良好的环境氛围。饮水问题是农村人畜共同面对的一个问题，农村饮水工程在不断地完善与扩大，但是仍然存在一些问题。

习近平总书记对新农村建设和新农村经济发展十分关注，而农村饮水工程所存在的问题会大大影响新农村建设，水是生命之源，是人类每天都需要饮用的必备品。如果水质受到影响，那么人畜的安全都会受到威胁，所以有关部门应当从农村饮水工程安全入手，解决现存问题。通过统筹规划，科学的建设引水工程为饮水安全给予一定保障。

（1）农村饮水面临的问题

①饮水安全问题。

人畜每日需要依靠饮用一定量的水来保证身体水平衡，如果饮水安全得不到保证，必定会为人畜带来一定的安全隐患。从目前的情况来看，我国农村饮水安全存在很大隐患。工业生产造成的环境污染和化肥农药的使用，都会对水源造成一定影响。这些污染会透过地表层流入到地表水和浅层地下水中，若不对这些水源进行处理而直接饮用，必定存在安全隐患。农村饮水安全多是由饮用污染水源后导致的传染病，其传染途径有两种，一是通过水源直接传染，二是水源经过处理后再次污染。

②饮水工程缺乏有效管理。

这也是如今农村地区饮水工程面临的重大问题。我国政府有关部门每年都会发放饮水工程建设款，其目的就是希望能够解决农村饮水问题，提高饮水质量。但是从实际情况来看，饮水工程并没有落到实处，反而缺乏相应的管理体系，有些地区并没有重视饮水工程，主要表现在设备引进不足、工程规模小、管理人员专业性差等。

（2）解决农村饮水问题的措施

①统筹规划，逐步解决饮水不安全问题。

"科学统筹、合理规划"是解决当下农村饮水工程问题的关键。需要注意的是，在规划引水工程时，一定要本着"先急后缓，先重后轻"的原则，制止污染源，控制水的传播途径，引进现代化过滤系统。从根本上保证水源的安全性。除此之外，政府等部门还应对农村附近的工业排放废水标准进行严格的制定，对废水排放不达标的工厂要给予适当的处罚，认真做好每一项管理工作，以此来逐渐解决饮水不安全问题。

②水源保护与水质净化相结合，保证水源的可持续性。

解决农村饮用水问题，不仅要从水源入手，还要对水源净化加以重视。这些年，我国政府等部门先后颁布了《饮用水水源保护区污染防治管理规定》等内容。文件中明确规定了饮用水的使用标准及净化水的方法，当遇到氟超标水和苦咸水时，政府等部门一定要运用现代化净化设备对水源加以处理，要确保饮用水的安全性。对水源加以保护，对水质给予净化，这是饮水工程建设的宗旨和目标，两者皆实现，才能够为农村提供优质的水源，为人们健康生活提供保障。

③因地制宜，合理确定工程方案。

不同区域的地理环境和自然环境会有所差异，人们在设置饮水工程时一定要因地制宜，科学合理地设置工程方案。通常情况下，以集中式供水为主、分散式供水为辅的模式较为常见。对于水资源较为匮乏的地区，还可以设定供水点。附近居民可以定期定点到供水点取饮用水。在设置饮水工程时一定要秉承绿色、环保的原则。相关管理者应当实际去考察地形，并根据当地的情况制定科学合理的饮水工程，不同地域会有着一定的文化差异和环境差异，相关管理者要综合考虑问题，当利弊同时出现时，取利大者而为之。

④建管并重，建立工程良好的运行和管理机制。

农村饮水工程的建设是前期工作，后期还需要对其加以管理。建立工程良好的运行和管理机制，才能够更好地发挥饮水工程的作用与价值。对此，有关部门应安排专业的技术人员对饮水工程进行管理，并定期对工作人员进行培训，学习现代化的水源管理技术、水源净化技术，这些都是为了更好地提高饮水工程的管理水平，为人畜饮水安全给予坚实保障。

1.8　学习心得和启示

（1）我国水资源不丰富，水资源分布不均衡，但是有相当大的潜力。

（2）我国必须千方百计保护好水资源，在饮用水水源范围内，不得进行采矿、建厂、人工放牧以及任何破坏生态环评的活动。

（3）我国需要多方面科学利用水。

（4）我国必须大力节水。

　①完善和修建各种类型的水利工程和储水工程。

　②节水灌溉。

　③工商企业节水。

　④节约生活用水，采取阶梯水价。

（5）大力提高水质（雨水、地表水、地面水、地下水、泉水、温泉水、海水等）。

（6）做好水资源的统筹兼顾，协调利用，我国水资源的分布，基本上是东南丰水，北方和西北缺水。因此必须进行流域调水，以丰补缺。我国开展的南水北调工程，进行了卓有成效的调水，极大地缓解了北方缺水的问题。今后还需要增加力度，把这些工程维护好，管理好。

（7）优化水资源的立法，我国已经制定了《生活饮用水卫生标准》。该标准的特点有三个方面：一是加强了对水质有机物、微生物和水质消毒等方面的要求；二是该标准做到了城乡一体化；三是该标准做到了与国际接轨。因此是一个很科学的饮用水标准。关键是必须立法，有专门的机关执法、监督和进行持续不断的常规管理。城乡工厂企业、机关单位、服务企业和居民应自觉遵守有关规章制度，并且做到节约用水。

第2章 水土保持

2.1 概　述

　　水土保持，是指对自然因素和人为活动造成水土流失所采取的预防和治理措施。

　　水土保持是防治水土流失，保护、改良和合理利用水土资源，建立良好生态环境的工作。运用农、林、牧、水利等综合措施，如修筑梯田，实行等高耕作、带状种植，进行封山育林、植树种草，以及修筑谷坊、塘坝和开挖环山沟等，借以涵养水源，减少地表径流，增加地面覆盖，防止土壤侵蚀，促进农、林、牧、副业的全面发展。对于发展山丘区和风沙区的生产和建设、减免下游河床淤积、削减洪峰、保障水利设施的正常运行和保证交通运输、工矿建设、城镇安全，具有重大意义。

　　20世纪80年代以来，进入了一个以小流域为单元开展水土流失综合治理的新阶段。小流域是指以分水岭和出口断面为界形成的面积比较小的闭合集水区。流域面积最大一般不超过50平方千米。每个小流域既是一个独立的自然集水单元，又是一个发展农、林、牧生产的经济单元，分布在大江大河的上游。一个小流域就是一个水土流失单元，水土流失的发生、发展全过程都在小流域内产生具有一定的规律性。

　　治理水土流失，事关经济社会可持续发展和中华民族长远福祉。对此，党中央、国务院高度重视，出台了一系列支持水土保持的政策举措，推动水土保持工作取得重大进展和显著成效。我国水土保持法制建设取得了丰硕成果，修订后的《水土保持法》于2011年3月1日正式施行，以新法为基础，各个层面的配套法规建设也取得重大进展，水利部修订了水土保持监测资质管理、方案管理、设施验收管理和补偿费征收使用管理等配套法规，绝大多数省区市启动了新法实施办法的修订工作，配套规章制度不断健全，为水土保持提供了强有力的法律保障。在监督管理方面，水土保持"三同时"制度全面落实，近10年来全国共审批生产建设项目水土保持方案34万个，生产建设单位投入水土保持资金4000多亿元，减少水土流失量20多亿吨，人为水土流失得到有效遏制。在生态修复方面，全国有1250个县出台了封山禁牧政策，累计实施封育保护面积72万平方千米，使45

万平方千米生态得到初步修复。全国建成清洁小流域 300 多条,各地积极探索生态安全型、生态经济型、生态环境型小流域建设,进一步丰富了小流域治理的内涵。

2.2 主 要 措 施

1. 工程措施

指防治水土流失危害,保护和合理利用水土资源而修筑的各项工程设施,包括治坡工程(各类梯田、台地、水平沟、鱼鳞坑等)、治沟工程(如淤地坝、拦沙坝、谷坊、沟头防护等)和小型水利工程(如水池、水窖、排水系统和灌溉系统等)。

2. 生物措施

指为防治水土流失,保护与合理利用水土资源,采取造林种草及管护的办法,增加植被覆盖率,维护和提高土地生产力的一种水土保持措施。主要包括造林、种草和封山育林、育草。

3. 蓄水保土

指以改变坡面微小地形,增加植被覆盖或增强土壤有机质抗蚀力等方法,保土蓄水,改良土壤,以提高农业生产的技术措施。如等高耕作、等高带状间作、沟垄耕作少耕、免耕等。

开展水土保持,就是要以小流域为单元,根据自然规律,在全面规划的基础上,因地制宜、因害设防,合理安排工程、生物、蓄水保土三大水土保持措施,实施山、水、林、田、路综合治理,最大限度地控制水土流失,从而达到保护和合理利用水土资源,实现经济社会的可持续发展。因此,水土保持是一项适应自然、改造自然的战略性措施,也是合理利用水土资源的必要途径;水土保持工作不仅是人类对自然界水土流失原因和规律认识的概括和总结,也是人类改造自然和利用自然能力的体现。

2.3 黄土高原水土流失控制和治理

1. 概述

黄土高原位于中国中部偏北部,为中国四大高原之一。广义上的黄土高原即黄土区,黄土面积 63.5 万平方千米,其中原生黄土 38.1 万平方千米,次生黄土 25.4 万平方千米,主要由山西高原、陕甘晋高原、陇中高原、鄂尔多斯高原和河套平原组成;狭义上的黄土高原大致北起长城,南至秦岭,西抵乌鞘岭,东到太行山,包括山西大部、陕西中北部、甘肃中东部、宁夏南部和青海东部,面积约30万平方千米。

黄土高原东西长1000余千米,南北宽750千米,包括中国太行山以西,青海省日月山以东,秦岭以北,长城以南的广大地区,位于中国第二级阶梯之上,海拔高度800~3000米。黄土高原属干旱大陆性季风气候区,大地构造单位主要包括陕北陇东地台、华力西褶皱带、太平洋式燕山褶皱带、陇西地块、中条山地块、吕梁山地块和汾渭下游沉带等,并以秦岭地轴和鄂尔多斯地台为南北二大界线。

黄土高原是中国重要的能源、化工基地。黄土颗粒细,土质松软,含有丰富的矿物质养分,利耕作,盆地和河谷农垦历史悠久。除少数石质山地外,黄土厚度为50~80米,最厚达150~180米。

黄土高原位于黄河中游,属于温带大陆性气候,年均降雨量为250~600毫米;黄土高原是世界上面积最大的黄土堆积区,具有连续的第四纪黄土堆积。黄土高原大多数区域存在严重的土壤侵蚀问题,是世界上水土流失最为严重的区域之一;黄土高原又是中华民族的重要发祥地,在古代历史上相当长时间,植被覆盖度高、生态环境条件优越,所谓"山林川谷美,天才之力多"描述了黄河流域一带自然风物,《资治通鉴》记载了盛唐时期陕甘地区"闾阎相望、桑麻翳野,天下富庶者无如陇右"。古代文献、花粉与古环境研究均表明黄土高原森林分布范围比目前要广泛得多。

经过人类社会长期的农耕开垦利用,特别是明、清以来,滥垦、滥牧、战乱使黄土高原自然森林和草原植被几乎被破坏殆尽,生态环境遭到严重破坏,陕、甘等西北地区出现严重的土壤侵蚀,土地出现严重的沙化和荒漠化问题,使黄土高原目前呈现沟壑纵横、秃岭荒山的地貌特征。20世纪70年代前,三门峡水文站观测的黄河输沙量约为每年16亿吨,其中90%来自黄土高原。据估计,每吨土壤流失中,包含0.8~1.5千克铵态氮、1.5千克全磷和20千克全钾。以每年16亿吨土壤流失计算,共约有3800吨铵态氮、全磷和全钾流失。黄土高原的土地资源由于水土流失变得十分贫瘠,粮食产量低,产生了"越垦越穷、越穷越垦"的恶性循环,水土流失问题成为制约黄土高原区域经济健康发展的重要限制因素。

黄土高原水土流失控制和治理历来受到人们的关注,民国时期李仪祉、张含英等人主持的黄河水利委员会就十分重视黄河上中游的水土保持工作,在黄土高原多处成立水土保持试验区;20世纪50~70年代,国家主要开展了植树造林、梯田和淤地坝建设工程;80~90年代后主要开展小流域治理和三北防护林建设,2000年以来重点开展退耕还林(草)工程、坡耕地整治和治沟造地工程;2016年黄土高原作为国家第一批山水林田湖生态保护修复工程试点,统筹山水林田湖草系统治理工作,并结合乡村振兴和生态文明建设,黄土高原水土流失治理工作进入了新的阶段。

2. 治理模式

1）治理的主要目的

20 世纪 50~60 年代：控制坡面侵蚀，增加粮食产量；60~70 年代：控制坡-沟侵蚀，拦截泥沙，增加粮食产量；80~90 年代：控制坡-沟侵蚀，拦截泥沙，增加粮食产量，改善生态环境；2000~2016 年：改善生态环境，降低土壤侵蚀，提高粮食产量，增加农民收入；2017 年至今：景观格局优化，产业结构调整，生产生活方式转变。

2）主要措施

从总体上看，黄土高原目前实施的水土流失治理措施和工程均取得了显著的生态效益，区域生态系统服务整体向健康方向发展；然而黄土高原整体生态环境脆弱特点没有改变，在新时代背景下黄土高原水土流失治理也进入到新的时期，面临新的问题。

（1）黄土高原水土流失治理重要措施及成效

黄土高原水土流失治理模式针对治理对象不同大致可以分为两类，一类以治理坡面土壤侵蚀为目的的生物措施模式，主要包括植树造林、植被自然恢复以及修建梯田，一类是以治理沟道土壤侵蚀为目的的工程措施模式，主要包括修建淤地坝以及最近开展的治沟造地工程。植树造林和植被自然恢复主要通过增加植被覆盖度来降低水土流失，梯田主要通过平整土地和减少坡长来控制坡耕地水土流失，而淤地坝和治沟造则能够拦截沟谷泥沙，淤地造田。随着科学技术的进步和区域经济社会的发展，人民更加注重沟坡兼治的小流域综合治理模式，十八大以来，结合生态文明、乡村振兴、山水林田湖草新理念，黄土高原土流失治理模式逐渐强调治理的整体性和系统性。

①生物措施模式。

是通过增加植被覆盖度来控制水土流失的方法，主要控制坡面尺度的土壤侵蚀，主要体现在 1999 年以来国家大规模实施的退耕还林还草工程实施上。2000~2015 年，黄土高原共完成退耕还林工程建设任务 581.12 万公顷，其中退耕还林 215.07 万公顷、荒山造林 328.65 万公顷、封山育林 37.5 万公顷。退耕还林还草工程的大规模实施已使得黄土高原生态环境条件明显改善，一个突出特征是区域植被覆盖度显著增加，从植被覆盖指数来看，20 世纪 80 年代以来黄土高原植被覆盖指数上升了 11.5%，2000~2015 年，黄土高原植被指数增长率远高于全国平均水平。退耕还林还草工程也显著提升了区域生态系统服务功能，在土壤保持方面，2000~2015 年，平均土壤侵蚀由 47.37 吨/公顷下降到 18.77 吨/公顷，年减少土壤侵蚀量 34.4 亿吨；黄河黄土高原段输沙量呈现显著下降趋势，黄河年平均输沙量从 20 世纪 70 年代 13 亿吨/年下降到不足 3 亿吨/年。在固碳方面,黄土高原净生态系统生产力显著增加,且主要集中在黄土丘陵沟壑区等退耕还林还草工程实施区域;黄土高原在退耕还林还草工程实施以来,实现了从碳源向碳汇的转变,区域累计固碳量约为 960 万吨。

黄土高原以延安市的植被覆盖度增加最为明显,退耕还林工程实施以来,延安共完成退耕还林面积 71.83 万公顷,占国土总面积的 19.4%,延安市植被覆盖率由 46%上升到 81.35%。从遥感影像图上看,延安市植被覆被情况显著改善,大地基调已实现从黄到绿的转变。延安市土壤侵蚀模数从 9000 吨/平方千米下降为 1077 吨/平方千米,入黄泥沙量由每年 2.58 亿吨下降到 0.31 亿吨,基本实现了土不下山、泥不出沟;城区空气优良天数从 238 天增加到 313 天,大风扬尘天气从 19 次/年下降为 5 次/年,年降雨量从约 500 毫米/年上升到 600 毫米/年以上。由此可见,延安通过长期退耕还林工程的实施,区域生态环境条件得到了明显的改善,森林植被涵养水源、土壤保持、调节气候等生态系统服务功能已经初步显现。

退耕还林工程也是惠民利民的生态建设项目,延安市 80%以上的农民受益,截至 2018 年,退耕户户均获得补助 3.9 万元,人均 9038 元。在实施退耕还林工程同时,延安市采取封山禁牧、舍饲养畜、生态移民、建设基本口粮田、发展现代农业产业等多种措施,从而使农民群众生产生活水平得到巩固和提高,农民人均纯收入由退耕前的 1313 元增加到 10856 元,退耕还林成果得到进一步巩固和加强。

②工程措施模式。

梯田 修建梯田一直是黄土高原坡面水土流失治理的核心工程措施,而且梯田占总耕地面积的比例也在逐年增加,截至 2017 年,黄土高原梯田面积占总耕地面积达到 60%左右,梯田建设和相应的植被恢复措施可有效减少坡地水土流失,改善区域生态环境,并使得景观要素配置趋于优化。梯田也使得耕地质量得到明显改善,梯田粮食平均单产可以达到坡耕地的 2~3 倍,由于梯田建设的高效农田,黄土高原在大规模退耕还林还草工程实施背景下,粮食总产量仍有波动性上升的趋势。另外,梯田苹果是黄土丘陵沟壑区经济发展的支柱产业,仅延安市梯田苹果面积近 16.67 万公顷,价值超过百亿,是"绿水青山就是金山银山"在黄土高原生态产业发展的重要体现形式。黄土高原大规模的梯田建设,形成了保障这一地区粮食和生态安全、推进乡村振兴战略实施的重要资产储备。

淤地坝 在生态脆弱的陕北黄土高原地区,淤地坝既能拦截泥沙、保持水土,又能淤地造田、增产粮食,是黄土高原分布最为广泛和行之有效的水土流失保持措施。主要防治沟道水土流失,具有较好的生态效益和粮食供给作用。黄土高原的淤地坝数量已经超过了 10 万座以上,主要分布于陕西(36816 座)、山西(37820 座)和内蒙古地区(17819 座)。淤地坝有效地控制了黄土高原的水土流失,每年减少入黄泥沙约为 300 万~500 万吨，目前已经截留了 280 亿吨水土流失总量。淤地坝中的土壤有机质含量较高，达到了 3.4 克/千克，黄土高原淤地坝的碳蓄积量可以达到 9.52 亿吨，相当于中国森林植被碳蓄积量的 18%~24%，是黄土高原1998~2004 年时段退耕还林植被碳储量的 400 倍。当淤地坝淤满以后，因为具有良好的土壤养分和水分条件，可以转化为优质农田，2002 年，淤地坝农田规模达到了 3200 平方千米。通过遥感数据分析可以推算出，淤地坝农田的土壤水分含量是坡耕地农田的 1.86 倍，粮食产生是梯田的 2~3 倍，是坡耕地农田的 6~10 倍，淤地坝农田平均单产可以达到 4.5 吨/公顷，有些地段淤地坝产量可以达到 10.5 吨/公顷，黄土高原淤地坝农田只占总农田面积的 9%，粮食产量占总粮食产量的 20.5%。

高产稳产的淤地坝农田建设，实现了少种多收，劳动强度也大幅度降低，使农民退出坡地的自觉性大大提高，为退耕还林还草创造了条件，每公顷坝地可促进 6~10 公顷坡地退耕，将加快区域植被的快速有效恢复，充分保障退耕还林还草工程顺利实施。淤地坝建设还具有优化产业结构，促进当地经济社会发展的作用，在淤地坝农田，优质品种的引进，现代农机具和地膜覆盖、温室大棚技术的使用和推广，大大提高了农业集约化经营程度和土地生产利用率及产出率；同时在退耕坡地上栽植经济林、药材，发展高效牧草，促进了林果业和畜牧业的发展。

淤地坝坝系工程，不仅水土保持作用巨大，应对极端气候事件的防灾减灾能力也十分明显，2017 年榆林无定河流域发生"7·26"特大暴雨洪水，具备完整沟道坝系建设的韭园沟流域的洪峰流量相对照流域削减达到 8 倍，洪水最大含沙量也仅为对照流域的三分之一；尽管本次暴雨历时长、雨强大，但韭园沟流域经过淤地坝的层层拦截，沟口洪水流量和含沙量均已大大降低，进一步证明淤地坝在拦沙淤泥、防洪减灾等方面的重要作用。

治沟造地　是集坝系建设、旧坝修复、盐碱地改造、荒沟闲置土地开发利用和生态建设为一体的一种沟道治理新模式，通过闸沟造地、打坝修渠、垫沟覆土等主要措施，实现小流域坝系工程提前利用受益，是增良田、保生态、惠民生的系统工程。在延安市大规模退耕还林还草工程实施以后，坡耕地农田面积急剧较少，农村基本农田保障和区域粮食安全受到很大影响；就此延安市在 2011~2012年首先开展治沟造地工程建设，共完成治沟造地面积 0.84 万公顷，并于 2013 年被列入全国土地整治重大工程而在全市迅速推广，截至目前共完成治沟造地面积3.38 万公顷，累计投资 51.72 亿元，新增耕地 0.31 万公顷，取得了显著成效。

沟造地工程是根据陕北黄土丘陵沟壑纵横的地貌特点，在继承几十年来淤地坝建设的成功模式基础上，改坝库天然淤沙为人工填土，快速造地、变荒沟为良田，是行之有效的正确途径；治沟造地工程的全面实施不仅增加了黄土高原地区基本农田耕地面积，保障了区域粮食安全，而且对保护生态环境、促进社会主义新农村建设都具有积极意义。另外，治沟造地工程要着眼长远、科学规划，坚持增加耕地和保护环境并重，坚持造田不毁林，尽量增加造地成本投入建设高质量农田，精耕细作，提高生产效率，以促进黄土高原地区农业可持续发展，使治沟造地成为黄土高原利国利民的民生工程、生态工程。

③小流域综合治理模式。

小流域综合治理模式就是按照优化治理目标，把水土保持诸项技术措施按一定的结构进行科学配置，从而形成综合系统，使小流域的资源得到有效的保护，积极培育和科学开发利用，促进流域内农、林、牧、副等各个行业持续协调发展，发挥最大的综合效益。黄土高原以小流域为单元开展水保持综合治理试验最早始于20世纪50年代，直到1980年才正式开始试点、推广和全面发展，截至目前黄土高原已先后开展3000多条小流域的治理开发，小流域内植被覆被度明显增加，土地利用类型发生根本转变，取得了显著生态成效。

陕北典型丘陵沟壑区主要存在5种类型的小流域治理模式：混农林业模式、经济林（作物）模式、生态农业模式、林草模式生态和传统农业模式。结合小流域综合治理的基础资料（生物措施、工程措施及生态恢复措施等），并结合社会经济方面数据，可以构建相关的指标体系（反映生态、社会和经济效果）来全面评价小流域治理效果；研究表明在陕北地区，采用混农林业模式、经济林（作物）模式、生态农业模式和林草模式生态、社会、经济效益都比较好，传统农业模式各类效益均较差。在黄土高原水土流失问题比较严重的区域，应因地制宜采用混农林业模式、经济林（作物）模式、生态农业模式进行治理，从而加快治理速度，减少治理投资，提高治理水平和效益。

陇东高塬沟壑区水土流失治理主要以"固沟保塬"为主，是指在"固沟—护坡—保塬"理念下的"塬面径流调控、坡面植被恢复、沟道水沙集蓄"三道防线治理模式。一是在塬面和沟头形成以水系、道路为骨架的田、路、林、村、防护林等相配套的塬面、沟头综合防护体系，防止塬面侵蚀沟的发育；二是在坡面形成以植被恢复为主，工程措施与林草植物措施相结合的沟坡防护体系，减轻沟坡水力侵蚀；三是营沟道防冲林，形成以沟道工程与林草植物措施相结合的沟道防护体系，防治崩塌、滑坡、沟岸扩张等重力侵蚀。2018年正式实施的《黄土高原沟壑区固沟保塬综合治理规划》，规划治理流域面积为2.83万公顷，保护塬面面积0.13万公顷，治理侵蚀沟8968条，规划以"固沟保塬"为目的，结合当地乡村建设、生态及人居环境建设，提出了建立立体防控和塬面径流调控两大综合治理体系，在治理水土流失的同时，促进农业增效和农民增收，取得显著生态效益、经济效益和社会效益。

黄土高原西北部的水蚀风蚀交错区，由于风蚀水蚀交互影响，再加上人为不合理的开垦和放牧等，生态环境条件极为脆弱，在这一地区应以发展生态防护林带为主，乔灌草结合，造林与营林并提，防护林和经济林并举，走生态经济林业道路，以生态防护林为主体，农林牧副协调发展的绿色生态系统，最终达到改善生态环境，促进社会经济的全面发展的目的，实现生态效益、经济效益和社会效益的有机结合。

④区域综合整治模式。

早在民国时期，李仪祉就已经认识到"黄河之患，在于泥沙。欲减黄河之泥沙，自须防西北黄土坡岭之冲刷"，并引入了西方的水土保持理论，在黄土高原进行了水土流失治理实践。以根治泥沙为治黄之本，提出了精辟的水土保持观点、措施和方法。一是他认识了土壤侵蚀的三种主要方式，即风力、水力、重力侵蚀，因害设防；二是从土地利用上，提出治理坡耕地、培植森林、广种苜蓿、改良盐碱荒沟荒滩；三是在治理方式上，层层设防，从坡、沟、川、滩分层治理；四是在泥沙利用上，提出了保（就地蓄水保土）、拦（坎库拦淤）、排（排洪排沙）、淤（引洪淤灌），从而奠定了我国水土保持理论基础，成为我国近代水土保持工作的先驱。

新中国成立后，毛主席就认识到林业对防治水土流失的重要性，"在垦荒的时候，必须与保持水土的规划相结合，避免水土流失的风险"；毛主席非常强调植树造林、保护生态环境对社会主义建设的重要性，并发出了"绿化祖国"的号召，提出全国 1.2 亿公顷耕地实行"三三制"，即三分之一农业生产，三分之一种草，三分之一种树，实现农、林、牧业协调发展。20 世纪 80~90 年代，我国政府根据黄土高原恶劣的生态环境提出了"植树造林、绿化沙漠、建设生态农业、再造一个山川秀美的西北地区"以及"退田还林，封山绿化，个体承包，以粮代赈"十六字方针，指明了黄土高原水土流失治理的总体方向和目标。

虽然我国开展的各项生态工程对生态环境的保护和修复起到了积极的作用，然而，由于对生态系统各要素流动性、区域内社会经济与生态环境协调性、流域上下游关联性等问题考虑不足，规范缺乏统一性、系统性和整体性，生态保护和恢复工程总体效果还不够理想，部分生态问题还较突出。在此背景下，基于整体生态系统观，国家十九大提出"山水林田湖草是生命共同体"的概念，重视生态系统完整、稳定、健康等特征，统筹兼顾生态系统各要素及各部门，对生态系统进行整体保护、系统修复和综合治理，成为我国当前生态保护与修复的重点任务，黄土高原丘陵沟壑区也于 2017 年列入我国首批五个国家重点生态功能区山水林田湖草系统保护修复试点之一。

（2）黄土高原水土流失治理措施存在的问题

①现存的水土流失治理模式急需经营维护。

经过长期生态建设，黄土高原人工生态林面积已有较大规模(约7.47万公顷)，部分人工生态林由于营建不合理，出现了林分结构单一、植株密度过大、生物多样性低、土壤环境干旱化和大面积衰退等问题，影响着植被稳定性和生态服务功能的发挥，难以满足新时代生态文明建设的需求，急需进行结构改造和功能提升；有研究表明，黄土高原现有的人工植被覆盖度已经接近了该地区水分承载力阈值，不合理的人工林建设可能对区域水文循环和社会用水需求造成影响。

另外，黄土高原经历了长期持续水土流失治理工作，现有水土保持工程是多批次水土保持建设累积，存在经营维护不足现象。水土保持低功能林面较大，梯田淤地坝缺乏维修和管护，低效粗放经营经济林较为普遍。梯田、淤地坝等工程日常经营维护不足，存在不同程度年久失修，水土保持功能发挥不充分的问题。如何将黄土高原现有水土保持工程开展有效经营维护，改造提升水土保持功能，是今后黄土高原水土流失治理重要工作方向。

②水土流失治理理念亟待更新。

十九大以来，生态文明建设进入新时代。黄土高原水土流失治理理念需要紧跟时代步伐，用最新生态文明建设理念指导黄土高原水土流失治理工作。目前，黄土高原水土流失治理仍以减缓水土流失和增加耕地面积为主要目标，这与国家生态文明建设理念要求还存在距离。践行绿水青山就是金山银山的绿色发展理念，统筹山水林田湖草系统治理，以水土流失治理为抓手建设美丽中国，形成绿色发展方式和生活方式，赋予新时代黄土高原水土流失治理更多目标和使命。

③水土流失治理对农民增收贡献不大。

黄土高原水土流失治理增强了粮食供应能力，改善了当地生态环境，但对农民收入增加贡献不高。长期以来，黄土高原水土流失治理以政府投资和补助为主，农民对水土流失治理投入积极性不高。如何更好地治理黄土高原水土流失，优化产业结构，并与增加农民收入相结合，让农民从中得到更多实惠，形成生态系统健康可持续和农民增收脱贫不返贫的水土流失治理新模式，是当前亟待解决的问题。

3）黄土高原水土流失治理前景及展望

（1）践行新时代水土流失治理新理念

黄土高原水土流失治理应该走出传统水土流失治理理念，赋予水土流失治理更多使命，建立新时代大水保理念。水土流失治理不仅是减少土壤侵蚀，增加耕地面积，更重要的是提升景观品质，改善人居环境，优化经济产业结构，助推区域社会经济增长。以山水林田湖草作为一个生命同体理念为指导，践行绿水青山就是金山银山的绿色发展观，通过区域水土流失治理与社会经济发展深度耦合，构建新型水土流失治理模式，提升区域社会经济持续发展能力，助力稳定脱贫机制形成与构建，促进乡村振兴。

（2）加强水土保持工程经营维护与功能提升

黄土高原水土流失治理工程保有量巨大，对减缓黄土高原水土流失起到控制性作用，当前须从水土流失治理数量上增长转到质量上巩固、提高和改善。迫切需要开展黄土高原水土流失治理工程现状普查，摸清水土保持工程中存在的问题，开展水土保持效益评估。开展梯田淤地坝等水土保持工程措施保存情况及其抵御暴雨能力评估，摸清低效水土保持林和经济林的规模与空间分布，进而为水土保持工程措施经营维护和功能提升提供基础，也为新型水土流失治理模式构建提供科学依据。

（3）智能化构建黄土高原水土流失治理新模式

黄土高原水土流失治理具有漫长的历史，积累了丰富、系统的水土流失治理宝贵经验。黄土高原不同区域现已形成的水土流失治理模式，是当地人民长期开展水土流失治理实践的结晶，是长期经受实践筛选和考验的结果，对当前和今后黄土高原水土流失治理具有重要指导作用。借助大数据挖掘、地理空间分析、地学信息图谱等现代信息技术，对黄土高原水土流失治理宝贵经验进行深度挖掘并形成新知识和新规则，以此为基础，研发黄土高原水土流失治理模式构建平台。平台以山水林田湖草统筹系统治理为科学原则，统筹水土流失治理、增加经济收入、改善人居环境、提升景观、休闲旅游、山地灾害防治等多目标，加强水土流失治理与区域社会经济发展的融合，实现黄土高原水土流失治理模式智能化构建。

（4）黄土高原水土流失治理新模式研发与示范

经过近半个世纪水土流失实践工作，每个区域已积累了较为成熟有效的水土流失治理模式。除此之外，在黄土高原经济开发过程中，已逐步形成若干新型水土流失治理模式。这些水土流失治理模式大多面向市场以企业为主导，通过区域生态环境修复和经济开发而逐步形成，例如美丽乡村休闲旅游、生态经济驱动乡村振兴、高科技含量经果林、山地灾害治理、矿山修复等水土流失治理模式。根据生态文明建设和区域社会经济发展需求，筛选对区域水土流失治理具有示范作用的水土流失治理新模式，通过对新型水土流失治理模式优化，开展多目标新型水土流失治理模式国家示范园区建设，实现水土流失治理技术集成、治理理念集中展示、治理新模式的示范推广。

（5）水土流失治理支撑乡村振兴战略

遵循山水林田湖草统筹系统治理原则，通过水土流失治理支撑美丽乡村建设，促进区域经济发展，实现乡村振兴战略。通过土地、产业、税费等相关政策供给，提高农民、企业参与水土流失治理积极性，鼓励民间资本参与水土流失治理工作，提高水土保持治理多方参与度。通过对现有水土流失治理工程进行提升增效，盘活现有水土保持工程存量，释放生态经济潜能，优化区域生态资源配置和区域经济发展结构。以水土流失治理为依托，通过培育提升农业、旅游等产业，实现区域产业结构优化，形成具有鲜明地域特色的稳定脱贫机制。

2.4 福建长汀持续推进水土流失治理

长汀处于我国南方红壤区。红壤土质疏松，且含沙量大，一旦地表植被遭到破坏，极易导致水土流失。由于人口稠密、燃料匮乏、采伐无度等等，长汀水土流失已历百年。据 1985 年遥感监测数据，全县水土流失面积多达 146.2 万亩。最为严重的地区，夏天阳光直射下，地表温度可超过 70℃，被当地人称作"火焰山"。

21 世纪初，在习近平同志的亲自关心下，长汀水土流失治理被列为福建省为民办实事项目；2011 年以来，习近平同志又多次做出重要批示，推动长汀水土流失治理迈向攻坚决胜阶段。

据统计，2000 年至今，长汀的水土流失面积从 105.66 万亩下降到 36.9 万亩，水土流失率从 22.74% 降低到 7.95%，低于福建省平均水平，森林覆盖率则由 59.8% 提高到 79.8%。

生态产业化，产业生态化——眼下的长汀，发展的底气更足，发展的思路更明，也更加懂得从绿水青山之中找寻发展的金钥匙。

2.5 学习心得和启示

（1）在我国 960 多万平方千米的广袤国土上，由于森林砍伐、过度放牧、风蚀、先发展后环保的错误观念，水土流失几乎是一个普遍问题，水和土都是人类和所有生物赖以生存的基础和必要条件，我国的水资源不算宽裕，还不能说有效利用，节水方面问题甚多，而宝贵的土壤，一旦流失，最后就进入海洋，陆地的表土越来越薄，其中的营养物质也越来越少，过度使用化肥，土壤的质量也不断下降，由此可见，水土流失是破坏生态环境的一大问题，必须有效地治理，水土流失的治理不可能一蹴而就，必须进行长期的努力，坚持不懈，不断创新。

水土流失的治理，首先必须充分考虑当地的气候和地理地质情况，做好全面的规划，从修复当地的生态环境着眼，在流域地区进行综合治理。

（2）历史上的黄土高原，本来是平整的草原，由于过度放牧，开荒种地，造成水土流失，结果就形成了千沟万壑，水土流失越来越严重，很多地区的沟壑，终于见底，看到裸露的砾石层。20 世纪 60 年代，笔者到延安地区接受再教育时，曾目睹这种情况，印象极深。

（3）黄土高原水土流失是黄河成为黄河的主要原因，但是我们不能有一个错觉，认为整个黄河的水都是黄色的。实际上，甘肃兰州以上的河段，黄河的水基本上是清的，笔者到黄河源头所在的贵德县旅游时，亲眼看到那里的黄河水只稍带黄色，附近的养鱼基地水域的水质清澈。陕西合阳县洽川黄河湿地公园中的水域，黄河水也只略带黄色。可以预见，黄土高原水土流失治理的成效越好，兰州以下的黄河河段的水，会变得越来越清。

（4）黄土高原水土流失的治理，经过业内专家和人民群众的不懈努力，已经取得了非常可喜的成绩，这是鼓舞人心的。黄土高原水土流失的治理是一个长期的系统工程，由于范围非常广，涉及的项目多，需要的资金巨大，必须进行持久战，积小胜为大胜，才能达到最后的目的，山更青，水更绿，把宝贵的水土更多地保持下来，生态环境更美，人民群众的生活才更好。

（5）除了黄土高原水土流失需要治理以外，其他很多省区，也有相当严重的水土流失问题，例如南方的红壤丘陵地区、西北的风蚀地区，也都需要下大力气进行治理。

（6）对水土流失的治理，要特别强调综合治理，多部门协同，多策并举，政府、民营企业和广大群众齐心协力，发挥社会主义国家可以集中力量办大事的优势，就能取得显著成效。

第3章 农业和生态环境

3.1 农业污染

1. 概述

农业污染，是指农村地区在农业生产和居民生活过程中产生的、未经合理处置的污染物对水体、土壤和大气及农产品造成的污染，具有位置、途径、数量不确定，随机性大、分布范围广、防治难度大等特点。主要来源有两个方面：一是农村居民生活废物，二是农村农作物生产废物，包括农业生产过程中不合理使用而流失的农药、化肥、残留在农田中的农用薄膜，及处置不当的农业畜禽粪便、恶臭气体以及不科学的水产养殖等产生的水体污染物。

农民为使土壤肥沃，提高农产品产量，大量使用化肥，而施用的化肥中，只有三分之一被农作物吸收，三分之一进入大气，剩余的三分之一则留在土壤中。大量盲目施用化肥，已成为一种掠夺性开发，不仅难以推动农作物增产，反而破坏了土壤的内在结构，造成土壤板结，地力下降。

近年来，在畜牧业规模养殖迅速崛起的同时，牲畜粪便造成的农业污染也呈现加重的趋势。许多大中型畜禽养殖场缺乏处理能力，将粪便倒入河流或随意堆放。这些粪便进入水体或渗入地下水后，大量消耗氧气，使水中的其他微生物无法存活，从而产生严重的"有机污染"。据调查，养殖一头牛产生的废水，超过22个人生活产生的废水，而养殖一头猪产生的污水，相当于7个人生活产生的废水。

农业污染原因：一方面，农民在生产中为降低成本，使用价格低廉、高毒、高残留农药；另一方面，农民受种植习惯的影响，在进行温室生产时，施底肥往往要加拌高毒、高残留农药，以杀死地下害虫，这也导致农产品中农药残留居高不下。一项调查表明，化肥的超量使用，已经导致地表及地下水污染加剧，而农药的滥用致使其在环境及农副产品中的残留现象日益严重。目前使用的农药中以杀虫剂为主，约占农药总用量的78%，农药施用量每年以10%的速度递增。据农业植物保护部门调查，在叶菜上使用过高毒农药的种植户占32.8%。

2. 防治措施

农业污染如何控制、治理？农业、环保专家异口同声，必须推行农业清洁生产。保障农产品质量安全，不仅要严把"入口关"，更要从源头抓起，而这个源头就在地里田间，在农业生产的整个过程中。

农业清洁生产是由三个环节构成，一是使用原材料的清洁生产，二是生产过程的清洁生产，三是产品的清洁生产。如在肥料中加拌高毒农药，生产过程中过量施用农药，产品上喷洒农药，每一环节都程度不同地存在着有悖于清洁生产原则的情况。与此同时，农业生产过程中，超量使用有机类剧毒农药，还会造成土壤污染，这也会影响农产品的生产安全。

1）鼓励发展高效生态农业和有机农业

通过高产稳产基本农田建设、庭院生态经济开发、农业废弃物综合利用、农业面源污染控制等工程，推广适用的生态农业技术模式，建立无公害农产品生产基地，逐步实现农业结构合理化、技术生态化、过程清洁化和产品无害化的目标。同时，要加大生态农业的科技攻关力度，进行技术和模式的知识创新，制定生态农业的指标体系、标准体系和认证管理体系，在更大范围内调动企业、农民和地方政府发展生态农业的积极性。

专家介绍，要想从源头上控制污染，重要的是加强对农民的培训，大力推动生态农业建设和推广农业清洁生产技术，努力控制农用化学物质污染；要加大生态农业的建设力度，大力推广生态农业实用技术模式，要突出抓好农业面源污染防治和无公害农产品生产知识、技术和法律的培训。在防止规模畜禽养殖场有机污染方面，要加强畜禽养殖场的污染调查；对新建大型畜禽养殖场开展环境影响评价，使其尽可能远离饮用水源、河流；采用先进工艺，增设污染处理设施，对现有畜禽养殖场的粪便进行处理和综合利用；大力推广畜禽粪便厌氧发酵和商品有机肥生产等成熟的技术，建立大中型能源环境示范工程。此外，还要加大执法力度，组织开展防治农业面源污染的执法检查。

2）明确农业污染防治主管部门

中国目前的环境立法和政策措施中，农业活动排除在环境保护控制之外。农业部门在促进产业发展和保护环境这两个目标之间，往往倾向于前者。而国家环境保护部门对于农业污染问题，又起不到直接的控制作用。这就导致农业污染管理处于一种真空状态。立法应明确农业部门为农业面源污染防治的主管部门，负有防治农业污染的法律责任，其他部门有义务配合其履行职责。

完善农业污染法律责任。中国现行的与农业污染防治相关的法律法规，主要有三种情形：一是根本就没有法律责任规定。二是法律责任含糊、不具体，致使法律的规定无法落实。三是法律法规责任太轻，降低了法律的权威和效力，起不到惩戒作用。美、日法律惩戒措施的针对性、层次性和可操作性可供中国学习和借鉴。

3）阻断"循环链"

现在，在农村流行的沼气池，解决的是粪便回收利用节约农业能源问题；现在流行的绿色生态农业，解决的是无化肥污染的有机化问题。

然而这些都是在"点"上做文章。实际上，现在的污染，比如土壤污染、地下水污染、地表水污染、大气中的酸雨等，这些各形各色的污染，表面上看起来互不相干，事实上它们是相互作用，相互影响的一个整体。

如土壤中过量施用氮肥，大量流失的废氮会污染地下水，使湖泊、池塘、河流和浅海水域生态系统富营养化，导致水藻生长过盛、水体缺氧、水生生物死亡；施用的氮肥约有一半挥发，以 N_2O 气体（对全球气候变化产生影响的温室气体之一）形式，逸散到空气里。过量的氮肥形成了"从地下到空中"的立体污染。

这些污染相互联系，密不可分，而以前所做的研究都很单一，只研究其中的一个方面，比如有人专门负责研究温室气体，有人专门负责研究酸雨污染，这就割断了各种污染之间的联系。

因此，治理农业污染，不应该是哪个地方出问题，就去治理哪儿，这只是治表，应该考虑到，污染存在于一个大循环体中，这个大循环体牵涉许多种污染物质的交换、转变和迁移。

如单纯治理大气，大气里的物质会返回土壤中，污染了土壤，又不得不去治理土壤。只有通过控制整个"立体污染"的循环链，阻隔污染渠道，才能从根本上解决农业污染。从国家的角度来说，"农业立体污染"概念的提出，提醒我们治理农业污染，需要从整体上加以考虑。从"农业立体污染"防治角度来讲，我们必须尽快全面实施一体化的综合防治理论与技术研究，重点开展主要污染物在水体—土壤—生物—大气系统中迁移规律的研究及高新技术在立体污染防治中的应用研究。通过科普和大众媒体，加强教育和培训，提高全民对农业立体污染的认识，在适当的时候，制定相应的法规，以促进农业、农村可持续发展战略的实施。

3.2 畜禽养殖环境污染

随着农业产业结构的不断调整变化，我国畜牧业在养殖规模和质量上都得到了快速发展，但与此同时，畜禽养殖所带来的环境污染问题十分严峻。受环境保护理念缺失、养殖模式、养殖成本等因素的影响，畜禽养殖过程中产生的污水、粪尿乱排、饲料残渣等污染物堆积如山，没有得到科学、集中、及时的处理，对生态环境造成的负面影响异常严重。畜禽养殖污染威胁到了人类的健康，降低了畜禽产品的品质，严重制约了我国畜牧业的可持续发展。2013 年，中央一号文件首次提出了"加强畜禽养殖污染防治"的要求，此后几年的中央一号文件持续聚焦农业环境污染治理问题。

1）我国畜禽养殖环境污染现状

当前我国畜牧业处于由传统散养模式向规模化、集约化饲养模式转变的阶段，畜牧业总产值逐年增加，2015 年我国畜牧业总产值达到 29780.4 亿元，较 2011 年增长了 15.56%。同时规模化养殖比例不断扩大，2015 年我国生猪年出栏 500 头以上、肉牛年出栏 50 头以上、肉羊年出栏 100 只以上、肉鸡年出栏 10000 只以上、蛋鸡年存栏 2000 只以上的规模养殖比例，分别为 44%、28.6%、34.3%、68.8%、73.3%。

规模化养殖的快速发展，造成畜禽养殖废弃物产生量突增，2015 年我国畜禽粪便产生量已达到 60 亿 t。近几年，虽然我国农业污染排放总量逐年递减，但畜禽养殖污染排放量占农业污染排放总量的比例却居高不下。

2011~2015 年，我国畜禽养殖化学需氧量（COD）、氨氮、总氮、总磷排放量占其各自农业污染排放总量的比例，分别稳定在 95%、75%、60%、75% 以上，可见我国农业面源的污染主要以畜禽养殖污染为主。

（1）对水源环境的污染

畜禽养殖对水源的污染，主要来自于畜禽粪便和养殖场污水。目前，我国大多数养殖场的畜禽粪便处理能力不足，60% 以上的粪便，得不到科学处理，而被直接排放，通过畜禽排泄物进入水体的 COD 量，已超过生活和工业污水 COD 排放量的总和。畜禽粪便中含有大量的污染物，包括病原微生物、有机质、氮、磷、钾、硫元素等。随意堆放的粪便，会经雨水冲刷排入水体，使水中溶解氧含量降低，水体富营养化，从而导致水生生物过度繁殖。畜禽粪便被过度还田后，还会使有害物质渗入地下水，引发地下水中硝酸盐浓度超标，严重威胁人类健康。另外，据环境保护部门统计，高浓度养殖污水被直接排放到河流、湖泊中的比例高达 50%，极易造成水源生态系统污染恶化。

（2）对大气环境的污染

畜禽养殖对大气的污染，主要表现在两个方面：首先，粪便大量堆积时，硫醇、硫化氢、氨气、吲哚、有机酸、粪臭素等有毒有害物质，会经粪便腐败分解，进入大气环境中，为动物疫病的传播提供了有利条件，同时严重危害人类身体健康；其次，畜禽饲养造成温室效应。目前畜牧业是我国农业领域第一大甲烷排放源，也是全球排名第二的温室气体来源，人类活动产生的温室气体中，有 15% 左右来自于畜牧业。经联合国粮食及农业组织测算，全球每年由畜禽养殖产生的温室气体所引发的升温效应，相当于 71 亿吨二氧化碳当量。在畜禽动物中，牛是最大的温室气体制造者，每年畜牧业甲烷排放总量中，有 70% 以上来自于牛。

（3）对土壤环境的污染

畜禽养殖对土壤的污染，主要表现在畜禽粪便过量施用造成的土壤结构失衡和有害物质在土壤中的累积。规模化养殖的粪便排放量大，远远超出了土壤的承载能力，无法及时被消纳的粪便，会造成土壤结构失衡，过度地还田施用，还会导致土壤中的氮、钾、磷等有机养分过剩，从而阻碍农作物的生长。

目前，养殖场对饲料添加剂、抗生素的大量使用，使得畜禽粪便中重金属、药物、有害菌等物质残留，施用到农田土壤中，造成重金属和抗生素复合污染，严重威胁食品安全。研究表明，相比羊粪和鸡粪，猪粪中的铜、锌、镉含量较高，分别为 197 毫克/千克、947 毫克/千克、1.35 毫克/千克，更易造成土壤污染。

2）畜禽养殖环境污染成因分析

（1）财政扶持力度不足，废弃物处理技术落后

建立完善的环保基础设施是畜牧业环境污染治理的前提，但目前我国对畜禽养殖的污染防治补贴主要针对大规模养殖场，2015 年，虽然有 20542 家规模养殖场对废弃物处理设施进行了完善，但占比较大的中小规模养殖场由于政策激励不足，导致养殖场基础设施条件落后，主要表现在圈舍内畜禽密集，饲喂、排粪尿的空间狭小，粪水收储设施和处理设备缺乏。另外，现行环境补贴政策多为一次性补贴，且补贴比例远远低于养殖污染治理成本，严重影响了养殖户参与污染治理的积极性。

废弃物处理技术能力落后，使得养殖场粪尿污水等污染物即使经过处理也达不到排放标准。由于干清粪工艺对资金和技术的要求较高，目前我国只有部分大中型养殖场采用干清粪方式处理废弃物，而中小规模养殖场大多采用铲车、手推车式的人工清粪方式，粪尿、污水掺混且易随处散落，导致后续处理难度增加。此外，相当一部分传统养殖户仍在使用水冲粪、水泡粪的方式清理，这种传统方式不仅会使污染物浓度增高，还会产生大量污水。通过干清粪方式排入水体的 COD_{Cr}（用重铬酸钾为氧化剂测出的化学需氧量）负荷量为 20.28 克/小时，而水冲粪方式排入水体的 COD_{Cr} 负荷量达到 314.60 克/小时，可见后者更易对环境造成不良影响。

（2）地区发展不均衡，污染物资源化利用受阻

我国畜牧业在各区域的分布和发展并不均衡，规模化养殖场主要集中在东部沿海发达地区及中部地区，养殖密集区域也是污染物排放量最大的地区。研究表明，我国畜牧业污染最严重的 3 个省份是河南省、四川省和山东省，污染量占全国污染总量的 30%左右。从产污量突出的畜种分布来看，四川、河南等省是生猪养殖密集区，内蒙古自治区、黑龙江省是奶牛养殖密集区，山东、辽宁等省是家禽养殖密集区，这些养殖密度较高的地区粪便及其他废弃物排放量较大，导致环境污染负荷较高。

此外，大多数养殖户只养不种、种植者只种不养，且农作物施肥时间和所需施肥量与养殖生产周期不匹配，这样的农牧脱节现象导致畜禽粪便无法被有效利用。在种养业各自为政的情况下，不仅会使养殖污染物得不到有效利用而造成资源浪费，还会使农作物的化肥施用量增加，给环境造成双重破坏。

这里还必须指出，对于农业环境污染，中小养殖场仍为主体，形势十分严峻。

根据《全国生猪生产发展规划 2016—2020》，中国年出栏 500 头肉猪以上规模养殖占比由 2010 年的 38%，上升至 2014 年的 42%，2020 年预计达到 52%。即是说，2020 年，年出栏 500 头肉猪以下的中小散户依然是养殖主体之一。

然而因为中小型养殖散户的环保意识薄弱，以及资金与污染处理设备的缺乏，大部分中小养殖户及不法规模养殖场大量地将畜禽粪便直接外排，造成严重的污染。

2010 年的《全国第一次污染源普查公报》中显示，我国畜禽养殖业排放的化学需氧量达到 1268.26 万吨，总氮和总磷排放量为 102.48 万吨和 16.04 万吨，分别占农业源排放总量的 96%、38% 和 56%。

（3）政策法规可操作性不强，执行力度不够

为了从源头上预防和治理畜禽养殖污染，我国自 2001 年起陆续出台了一系列政策法规，主要包括以污染防治办法、养殖生产操作规范、行业技术标准等为主的命令控制型政策和以沼气工程建设、有机肥施用补贴为主的经济激励型政策。这些政策法规的出台对我国畜禽养殖污染防治起到了积极的推动作用，但与畜牧业污染防治起步较早的发达国家相比，还存在很大的差距。

发达国家针对自身实际情况制订了一系列具体明确的污染治理办法，比如美国、加拿大、英国、德国均制定了严格的养殖场环境准入标准，美国、日本、加拿大、荷兰对畜禽粪便的储存和处理都有明确的规定。而我国现行畜牧污染防治政策多注重原则上的规定，例如只强调畜禽粪便还田施用应当与当地环境容量相适应，并未针对不同地区的环境特点明确给出量化标准，不具备可操作性。另外，我国畜禽养殖污染防治政策尚未对温室气体减排机制进行探索，还有待进一步完善。

（4）监管能力薄弱，约束机制不完善

在农村地区监管困难的大环境下，环保部门对畜禽养殖污染存在执法不严、监管不到位的现象。一方面，我国环保部门、机构的设置主要分布在城市地区，不能及时对农村地区畜禽养殖过程及污染排放实行全面监管。另一方面，2003 年颁布的《排污费征收标准管理办法》仅规定对生猪存栏 50 头以上、牛存栏 50 头以上、家禽存栏 5000 只以上的大规模养殖场征收排污费，中小规模养殖场还没有被纳入监管范围，由于排污费征收标准偏低且执法不严现象多发，无法起到约束作用，自觉遵守行业规范的养殖户很少，导致一些命令控制型政策落实不到位，实施效果不理想。

3）畜禽养殖环境污染防治对策

（1）健全经济激励机制，提升废弃物处理技术

在现行经济激励政策基础上，加大污染防治扶持力度及补贴比例，在督促环保设施建设不齐全的大规模养殖场尽快完善废弃物处理设施的同时，将补贴比例适当向中小规模养殖场倾斜，可以对主动治理污染的养殖户给予一定政策性补贴或资金奖励。另外，可借鉴日本等发达国家的经验，大力发展公共畜产环境改善事业，利用减免税收、免息贷款等优惠政策，建立良好的环保设施建设融资机制。同时，增加废弃物处理技术研发资金投入，重视科研成果转化，构建无害化处理循环体系，倡导养殖场对畜禽粪尿日产日清，并采取干湿分离处置办法，引进废水净化技术，对养殖场污水进行生态化处理。

（2）优化畜牧产业布局，合理利用废弃物资源

在畜牧业发展规划的指导下，综合考虑地区环境承载量，以农牧结合为原则，合理划分适养、限养、禁养区域，严格控制畜禽饲养密度，确保载畜量与废弃物处理能力相匹配，对不符合要求的养殖场进行全面整改，引导规模化养殖由密集区向疏散区转移，促进各地区畜牧业平衡发展。此外，积极寻求废弃物资源化利用途径，一是将畜禽废弃物处理工艺与饲料制作技术相结合，提取粪便中的蛋白质、矿物质、脂肪等物质制作优质饲料；二是大力推进沼气工程建设，为畜禽粪便经自然分解和厌氧发酵转化为天然有机肥料提供条件，同时对沼气池的管理和使用及时跟进，避免沼气工程建而不用。

（3）进一步完善畜禽养殖污染治理政策体系

在现有立法框架基础上，进一步完善畜牧业环境污染防治技术标准和规范。首先，从立法层面建立严格的畜牧养殖环境准入机制，规定建设超过一定规模的养殖场必须经过环保部门综合评估并取得畜牧经营许可和环境承载许可的证明。其次，根据我国畜牧业发展特点和环境容量，对现行技术标准进行相应调整，并对畜禽粪便储存与利用的环境承载标准给予明确、具体的规定。可借鉴欧盟一些国家的经验，根据地形、土壤、气候特点计算出施肥量，同时对粪便施用时间、数量、方法等给出具体量化标准。最后，将温室气体减排政策纳入畜禽养殖环境污染治理领域，积极推动畜禽养殖温室气体减排工作。

（4）加强监管力度，建立完善的约束机制

政府应加强执法力度，多渠道提高畜禽养殖监管能力，完善对养殖户的约束机制。首先，增加乡镇地区的环保机构设置，明确各级环保部门、政府部门的监管责任，对畜禽养殖从地区规划、养殖规模、饲料使用、废弃物处理和利用各方面进行全面监管；其次，对大规模养殖场严格按照规定征收排污费，同时对环保补贴资金的使用加强监管，确保补贴资金合理使用；最后，强化公众监督机制，加大查处力度，对养殖户随意排放污染物的行为进行约束，从公众监督层面促进。

3.3　白色污染对农业环境的危害

1. 概述

我国于 20 世纪 70 年代初开始从日本引进地膜覆盖技术，起初只小面积栽培种植一些蔬菜、棉花等作物。到 70 年代末我国开始在华北、东北、西北及长江流域一些地区进行试验、示范、推广。经过 30 多年的发展，我国地膜覆盖面积和使用量已居世界首位。地膜覆盖技术在促进我国农业发展的同时，给土壤和环境造成的污染也越来越严重。

①造成作物减产。地膜的主要化学成分是聚乙烯，这种大分子材料降解的速度特别慢，有的甚至在田间残留几十年。地膜残留在田间后，造成土壤板结，通透性变差，根系生长受阻，土壤微生物的活动减慢，最直接的后果就是造成作物减产。且残留量越大，农作物减产就越明显。

有研究表明，作物覆膜种植 7~10 年，会造成棉花减产 10%~23%，花生减产 10%~15%，玉米减产 10%~21%、蔬菜减产 15%~59%。

②容易缠绕。大量残膜容易缠于犁齿，影响农田的机耕作业，影响机耕深度，时间一长，易造成土壤板结。

③污染空气和水体。"白色污染"经过太阳的照射而把塑料中大量的毒物排入大气层，大气层上面是臭氧层，这样使臭氧层的气体逐渐变薄。若把废塑料直接进行焚烧处理，将给环境造成严重的二次污染。塑料易成团成捆，从而堵塞水流，造成水利设施故障。如果被牲畜当作食物吞入，会因其绞在消化道中无法消化而造成死亡。

2. 地膜给农田土壤带来的污染

"成也地膜，败也地膜"。曾经作为农业生产推动器的地膜，如今成了重要的土壤污染源之一。大量的地膜因各种原因未被回收，残留在土壤中。

为提高残膜回收率，我国农用地膜从 2018 年 5 月 1 日起实施强制性国标，新国标将地膜最低厚度从 0.008 毫米提高到 0.01 毫米。然而受地膜成本增加影响，大多数农民更倾向于用旧地膜。

地膜支出占种地成本的 1/4，使用新国标膜亩均多支出二三十元。尽管大家知道旧国标膜的危害，但面对眼前实际的经济账，还是会选择用旧国标膜。

据农业部门测算，新国标地膜亩均用量约 3 千克，按新国标膜能回收 80% 残膜计算，亩均可回收约 2.4 千克，每亩地在不计人工成本的情况下，收入合计为 12~18 元。

残膜清理费时耗力，每人每天最多清理 10 亩地。旧国标膜易破碎，回收率低，收到的残膜也就卖五六十元，连人工成本都赚不回来，根本没人干。即使新国标膜能达到 80% 回收率，10 亩地的残膜收入合计为 124~180 元，与一般日均 150 元的人工成本比，利润微薄甚至赔钱。如果国家没有补贴，人工回收残膜无利可图，大家积极性不高。

2015 年，我国地膜覆盖面积达 2.75 亿亩，使用量达 145.5 万吨。预计到 2024 年，我国地膜覆盖面积将达 3.3 亿亩，使用量超过 200 万吨，同时每年新增 20 ~ 30 万吨不可降解的残留地膜。

以淀粉为主要原料制成的全生物可降解地膜，最终可降解为水和二氧化碳。但价格问题使其极难推广，其亩均成本在 200 元左右，比普通地膜高出数倍。

厚度增加的地膜价格偏高，难以受到农民的青睐。可以降解的新型地膜，价格太高，农民买不起。有的地方，开发和利用地膜翻耙机清理地膜，虽然收到一定效果，但是如何降低成本，还是一个大问题。所以说，农业方面白色污染问题，还需要科学家早日研究出便宜可行的"让地膜化在地里"的技术，对农业生产"白色革命"的覆膜技术进行"再革命"，从根本上治理农田白色污染。

3. 重视地膜污染治理，促进农业绿色发展

2019 年 6 月 26 日，农业农村部、国家发展和改革委员会、工业和信息化部、财政部、生态环境部、国家市场监督管理总局联合印发《关于加快推进农用地膜污染防治的意见》（以下简称《意见》）。《意见》明确了地膜污染防治的总体要求、制度措施、重点任务和政策保障，是今后一个时期指导地膜污染防治工作的纲领性文件。

《意见》首次全面系统提出了地膜污染治理的总体要求、制度框架、重点任务和保障措施，将地膜污染治理摆在了更加重要的位置。

《意见》指出，推进地膜污染防治，要统筹兼顾、重点推进，以主要覆膜地区为治理重点，因地制宜、多措并举，以回收利用、减量使用传统地膜和推广应用安全可控替代产品等为主要治理方式，健全制度体系，强化责任落实，完善扶持政策，严格执法监管，加强科技支撑，全面推进地膜污染治理，加快建设农业绿色发展新格局。

在制度建设上，《意见》提出，要完善农田地膜污染防治制度建设，重点是建立法律法规、地方负责、使用管控、监测统计、绩效考核等五项制度。

（1）加快法律法规制定

要加强农用薄膜生产、销售、使用、回收、再利用等环节的监管，制定农用薄膜管理办法，加强地膜回收利用的法律保障。

（2）建立地方负责制度

明确地方人民政府是本行政区域内地膜污染防治的第一责任主体，压实地方主体责任。

（3）建立使用管控制度

加强地膜使用控制，因地制宜调减部分作物覆膜面积，促进地膜覆盖技术合理利用。

（4）建立监测统计制度

进一步完善农田地膜残留和回收利用监测网络，加强地膜使用和回收利用统计工作，形成常态化、制度化的监测评估机制。

（5）建立绩效考核制度

要加强地膜污染防治的监督考核，层层传导压力，建立激励和责任追究机制。

4. 政策保障方面

（1）加大政策扶持力度

中央财政要继续支持地方开展废弃地膜回收利用工作，继续推动地膜回收示范县建设。同时，积极推动构建以绿色生态为导向的补偿制度，出台相关用电、用地和税收等方面的优惠政策。

（2）强化组织保障

各地区、各有关部门要建立协同推进机制，明确目标任务、职责分工和具体要求，确保各项政策措施落到实处。

（3）加强宣传引导

发动引导各地积极开展新国标宣传、落实工作，做好新国标技术研讨、标准解读、宣传报道等工作，切实增强地膜生产者、使用者、销售者、监管者自觉履行社会责任的积极性和主动性，营造良好舆论氛围。

3.4 消除农业污染的栽培方式——无土栽培

1）概述

无土栽培是以草炭或森林腐叶土、蛭石等轻质材料做育苗基质固定植株，让植物根系直接接触营养液，采用机械化精量播种一次成苗的现代化育苗技术。选用苗盘是分格室的，播种一格一粒，成苗一室一株，成苗的根系与基质互相缠绕在一起，根坨呈上大下小的塞子形，一般叫穴盘无土育苗。

无土栽培指不用土壤，用其他东西培养植物的方法，包括水培、雾（气）培、基质栽培。19 世纪中，W·克诺普等发明了这种方法。到 20 世纪 30 年代开始把这种技术应用到农业生产上。到 21 世纪人们进一步改进技术，使得无土栽培发展起来。

　　无土栽培中用人工配制的培养液，供给植物矿物营养的需要。无土栽培是一种不用天然土壤而采用含有植物生长发育必需元素的营养液来提供营养，使植物正常完成整个生命周期的栽培技术。在无土栽培技术中，能否为植物提供一种比例协调，浓度适量的营养液，是栽培成功的关键。

　　为使植株得以竖立，可用石英砂、蛭石、泥炭、锯屑、塑料等作为支持介质，并可保持根系的通气。多年的实践证明，大豆、菜豆、豌豆、小麦、无土栽培水稻、燕麦、甜菜、马铃薯、甘蓝、叶莴苣、番茄、黄瓜等作物，无土栽培的产量都比土壤栽培的高。由于植物对养分的要求因种类和生长发育的阶段而异，所以配方也要相应地改变，例如叶菜类需要较多的氮元素（N），N 可以促进叶片的生长；番茄、黄瓜要开花结果，比叶菜类需要较多的 P、K、Ca，需要的 N 则比叶菜类少些。生长发育时期不同，植物对营养元素的需要也不一样。对苗期的番茄培养液里的 N、P、K 等元素可以少些；长大以后，就要增加其供应量。夏季日照长，光强、温度都高，番茄需要的 N 比秋季、初冬时多。在秋季、初冬生长的番茄要求较多的 K，以改善其果实的质量。培养同一种植物，在它的一生中也要不断地修改培养液的配方。

　　无土栽培所用的培养液可以循环使用。配好的培养液经过植物对离子的选择性吸收，某些离子的浓度降低得比另一些离子快，各元素间比例和 pH 都发生变化，逐渐不适合植物需要。所以每隔一段时间，要用 NaOH 或 HCl 调节培养液的 pH，并补充浓度降低较多的元素。由于 pH 和某些离子的浓度可用选择性电极连续测定，所以可以自动控制所加酸、碱或补充元素的量。但这种循环使用不能无限制地继续下去。用固体惰性介质加培养液培养时，也要定期排出营养液，或用点灌培养液的方法，供给植物根部足够的氧。当植物蒸腾旺盛时，培养液的浓度增加，这时需补充些水。无土栽培成功的关键在于管理好所用的培养液，使之符合最优营养状态的需要。

　　无土栽培中营养液成分易于控制，而且可以随时调节。在光照、温度适宜而无土壤的地方，如沙漠、海滩、荒岛，只要有一定量的淡水供应，便可进行。大都市的近郊和家庭也可用无土栽培法种蔬菜、花卉。

　　2）分类

　　蔬菜无土栽培是当今世界上最先进的栽培技术，相比有土栽培，具有许多优点，因此，近几年来，无土栽培面积发展呈直线上升趋势。一般无土栽培的类型，主要有水培、雾培和基质栽培三大类。

　　（1）水培

　　水培是指植物根系直接与营养液接触，不用基质的栽培方法。

　　最早的水培是将植物根系浸入营养液中生长，这种方式会出现缺氧现象，影响根系呼吸，严重时造成料根死亡。为了解决供氧问题，英国人 Cooper 在 1973 年提出了营养液膜法（nutrient film technique，NFT）的水培方式。它的原理是使一层很薄的营养液（0.5~1 厘米）层，不断循环流经作物根系，既保证不断供给作物水分和养分，又不断供给根系新鲜氧气。NFT 法栽培作物，灌溉技术大大简化，不必每天计算作物需水量，营养元素均衡供给。根系与土壤隔离，可避免各种土传病害，也无须进行土壤消毒。

此方法栽培植物直接从溶液中吸取营养，相应根系须根发达，主根明显比露地栽培退化。

绝大多数叶菜类蔬菜采用水培方式进行，其原因是：

①产品质量好，叶菜类多食用植物的茎叶，如生菜、菊苣这样的叶菜还以生食为主，这就要求产品鲜嫩、洁净、无污染。土培蔬菜容易受污染，沾有泥土，清洗起来不方便，而水培叶菜类比土培叶菜质量好，洁净、鲜嫩、口感好、品质上乘。

②适应市场需求，可在同一场地进行周年栽培。叶菜类蔬菜不易储藏，但为满足市场需求，需要周年生产。土培叶菜倒茬作业烦琐，需要整地作畦、定植施肥、浇水等作业，而无土栽培换茬很简单，只需将幼苗植入定植孔中即可，例如生菜，一年 365 天天天可以播种、定植、采收，不间断地连续生产。所以水培方式便于茬口安排，适合于计划性、合同性生产。

③解决蔬菜淡季供应的良好生产方式。叶菜类一般植株矮小，无需要增加支架设施，故设施投资小于果菜类无土栽培。水培蔬菜生长周期短，周转快。水培方式又属设施生产，一般不易被台风所损坏。沿海地区台风季节能供应新鲜蔬菜的农户往往可以获得较高利润。

④不需中途更换营养液，节省肥料。由于叶菜类生长周期短，若中途无大的生理病害发生，一般从定植到采收只需定植时配一次营养液，无须中途更换营养液。果菜类由于生长期长，即使无大的生理病害，为保证营养液养分的均衡，则需要半量或全量更新营养液。

水培叶菜可以避免连作障碍，复种指数高。设施运转率一年高达 20 茬以上，生产经济效益高。为此一般叶菜类蔬菜常采用水培方式进行。

（2）雾培

雾培又称气增或雾气培。它是将营养液压缩成气雾状而直接喷到作物的根系上，根系悬挂于容器的空间内部。通常是用聚丙烯泡沫塑料板，其上按一定距离钻孔，于孔中栽培作物。两块泡沫板斜搭成三角形，形成空间，供液管道在三角形空间内通过，向悬垂下来的根系上喷雾。一般每间隔 2~3 分钟喷雾几秒钟，营养液循环利用，同时保证作物根系有充足的氧气。但此方法设备费用太高，需要消耗大量电能，且不能停电，没有缓冲的余地，还只限于科学研究应用，未进行大面积生产，因此最好不要用此方法。此方法栽培植物机理同水培，因此根系状况同水培。

（3）基质栽培

基质栽培是无土栽培中推广面积最大的一种方式。它是将作物的根系固定在有机或无机的基质中，通过滴灌或细流灌溉的方法，供给作物营养液。栽培基质可以装入塑料袋内，或铺于栽培沟或槽内。基质栽培的营养液是不循环的，称为开路系统，这可以避免病害通过营养液的循环而传播。

基质栽培缓冲能力强，不存在水分、养分与供氧之间的矛盾，且设备较水培和雾培简单，甚至可不需要动力，所以投资少、成本低，生产中普遍采用。从我国现状出发，基质栽培是最有现实意义的一种方式。

基质种类很多，常用的无机基质有蛭石、珍珠岩、岩棉、沙、聚氨酯等。岩棉是由辉绿岩（60%）、石灰岩（20%）和焦炭（20%）混合后，在 1600℃ 的高温下煅烧熔化，再喷成直径为 0.005 毫米的纤维，而后冷却压成板块或各种形状。岩棉的优点是可形成系列产品（岩棉栓、块、板等），使用搬运方便，并可进行消毒后多次使用。但是使用几年后就不能再利用，废岩棉的处理比较困难，在使用岩棉栽培面积最大的荷兰，已形成公害。所以，日本有些人主张开发利用有机基质，使用后可翻入土壤中做肥料而不污染环境。此种方法因为有基质的参与，实际操作中可能会见到主根的长度比一般无土栽培长。

3）特点

（1）节约用水

据科研部门的在北京地区秋季进行大棚黄瓜无土栽培试验，46 天中浇水（营养液）共 21.7 立方米。若进行土培，46 天中至少浇水 5~6 次，需用 50~60 立方米的水，统计结果，节水率为 50%~66.7%。节水效果非常明显，是发展节水型农业的有效措施之一。无土栽培不但省水，而且省肥，一般统计认为土栽培养分损失比率约 50% 左右，我国农村由于科学施肥技术水平低，肥料利用率更低，仅 30%~40%，一半多的养分都损失了，在土壤中肥料溶解和被植物吸收利用的过程很复杂，不仅有很多损失，而且各种营养元素的损失不同，使土壤溶液中各元素间很难维持平衡。而无土栽培中，作物所需要的各种营养元素，是人为配制成营养液施用的，不仅不会损失，而且保持平衡，根据作物种类以及同一作物的不同发育阶段，科学地供应养分，所以作物生长发育健壮，生长势强，增产潜力可充分发挥出来。

（2）清洁卫生

无土栽培施用的是无机肥料，没有臭味，也不需要堆肥场地。土栽施有机肥，肥料分解发酵，产生臭味污染环境，还会使很多害虫的卵滋生，危害作物，无土栽培则不存在这些问题。尤其室内种花，更要求清洁卫生，一些高级旅馆或宾馆，过去施用有机花肥，污染环境，是个难以解决的问题，无土养花便迎刃而解。

（3）省力省工、易于管理

无土栽培不需要中耕、翻地、锄草等作业，省力省工。浇水追肥同时解决，由供液系统定时定量供给，管理十分方便。土培浇水时，要一个个地开和堵畦口，是一项劳动强度很大的作业，无土栽培则只需开启和关闭供液系统的阀门，大大减轻了劳动强度。一些发达国家，已进入微电脑控制时代，供液及营养液成分的调控，完全用计算机控制，几乎与工业生产的方式相似。

（4）避免土壤连作障碍

设施栽培中，土壤极少受自然雨水的淋溶，水分养分运动方向是自下而上。土壤水分蒸发和作物蒸腾，使土壤中的矿质元素由土壤下层移向表层，长年累月、年复一年，土壤表层积聚了很多盐分，对作物有危害作用。尤其是设施栽培中的温室栽培，一经建设好，就不易搬动，土壤盐分积聚后，以及多年栽培相同作物，造成土壤养分平衡，发生连作障碍，一直是个难以解决的问题。在万不得已的情况下，只能用耗工费力的"客土"方法解决。而应用无土栽培后，特别是采用水培，则从根本上解决了此问题。土传病害也是设施栽培的难点，土壤消毒，不仅困难而且消耗大量能源，成本可观，且难以消毒彻底。若用药剂消毒，既缺乏高效药品，同时药剂有害成分的残留还危害健康，污染环境。无土栽培则是避免或从根本上杜绝土传病害的有效方法。

（5）不受地区限制、充分利用空间

无土栽培使作物彻底脱离了土壤环境，因而也就摆脱了土地的约束。耕地被认为是有限的、最宝贵的、又是不可再生的自然资源，尤其对一些耕地缺乏的地区和国家，无土栽培就更有特殊意义。此外，无土栽培还不受空间限制，可以利用城市楼房的平面屋顶种菜种花，无形中扩大了栽培面积。

（6）有利于实现农业现代化

无土栽培使农业生产摆脱了自然环境的制约，可以按照人的意愿进行生产，所以是一种可控农业的生产方式。较大程度地按数量化指标进行耕作，有利于实现机械化、自动化，从而逐步走向工业化的生产方式。在奥地利、荷兰、俄罗斯、美国、日本等都有水培"工厂"，是现代化农业的标志。

无土栽培是用非土壤的基质，供应营养液或完全利用营养液的栽培技术，要求最佳的根际环境。采用无土育苗方式培育的幼苗，定植后，因根系发育好，根际环境和无土栽培相适应，定植后不伤根，易成活，一般没有缓苗期。同时，无土育苗还可避免土壤育苗带来的土传病害和线虫害。因此，无土栽培一定要采用无土育苗。

无土栽培深液流法水培蔬菜技术实际上就是工厂化生产蔬菜，所产蔬菜不仅不含任何有害化学物质，同时还具有一定的保健作用；运用这项技术不仅可以生产成品，同时也可以培育种苗。据估算，一亩水培蔬菜的效益相当于10亩大田的效益。

4）栽培区别

无土栽培与常规栽培的区别，就是不用土壤，直接用营养液来栽培植物。为了固定植物，增加空气含量，大多数采用砾、沙、泥炭、蛭石、珍珠岩、岩棉、锯木屑等作为固定基质。其优点可以有效地控制作物在生长发育过程中，对温度、水分、光照、养分和空气的最佳要求。由于无土栽培不用土壤，可扩大种植范围，节省肥水，节省人工操作，节省劳力和费用，无土栽培是立体栽培，不是平面栽培，可以扩大生产面积，大大提高产出率，获得良好的经济收益，产品对环境友好，受到市场欢迎。缺点是需要增添设备，一次性投资较大，如果营养源受到污染，容易蔓延，营养液配制需要技术知识。

5）应用领域

（1）用于反季节和高档园艺产品的生产

当前多数国家用无土栽培生产洁净、优质、高档、新鲜、高产的蔬菜产品，多用于反季节和长季节栽培。例如，近几年在厚皮甜瓜的东进、南移过程中，无土栽培技术发挥了巨大的作用，利用专用装置，采用有机基质栽培技术，为南方地区栽培甜瓜提供了有效的途径，在早春和秋冬栽培上市，经济效益十分可观。尤其是采用有颜色基质的"有机生态型无土栽培"，可以生产中国绿色食品发展中心所规定的 AA 级绿色食品。

另外，无土栽培也可用于花卉上，多用于栽培切花、盆花用的草本和木本花卉，其花朵较大、花色鲜艳、花期长、香味浓，尤其是家庭、宾馆等场所无土栽培盆花深受欢迎。

还有，草本药用植物和食用菌无土栽培，同样效果良好。

（2）在沙漠、荒滩、礁石岛、盐碱地等进行作物生产

在沙滩薄地、盐碱地、沙漠、礁石岛、边防哨所、南北极等不适宜进行土壤栽培的不毛之地，可利用无土栽培，大面积生产蔬菜和花卉，具有良好的效果。在我国直接关系到国土安全和经济安全，意义重大。例如，新疆吐鲁番西北园艺作物无土栽培中心，在戈壁滩上兴建了112栋日光温室，占地面积34.2公顷，采用沙基质槽式栽培，种植蔬菜作物，产品在国内外市场销售，取得了良好的经济和社会效益。

（3）在设施园艺中应用

无土栽培技术作为解决温室等园艺保护设施土壤连作障碍的有效途径，被世界各国广泛应用，在我国设施园艺迅猛发展的今天，更具有重要意义，我国现有温室、大棚90万公顷之多，成为世界设施园艺面积最大的国家，但长期土壤栽培的结果，连作障碍日益严重，直接影响设施园艺的生产效益和可持续发展，适合国情的各种无土栽培形式，在解决设施园艺连作障碍的难题中，发挥了重要作用，为设施园艺的可持续发展，提供了技术保障。

（4）在家庭中应用

采用无土栽培在自家的庭院、阳台和屋顶来种花、种菜，既有娱乐性，又有一定的观赏和食用价值，便于操作、洁净卫生，可美化环境。

（5）在太空农业上的应用

随着航天事业的发展和人类进住太空的需要，在太空中采用无土栽培种植绿色植物生产食物，可以说是最有效的方法。无土栽培技术，在航天农业上的研究与应用，正发挥着重要作用，例如美国肯尼迪宇航中心，对用无土栽培生产宇航员在太空中所需食物，做了大量研究与应用工作，有些粮食作物、蔬菜作物的栽培已获成功，并取得了很好的效果。

6）我国无土栽培技术的发展和应用

1985 年，农业部正式将无土栽培技术进行协作攻关研究，现已取得了大量的成果，其中由中国农业工程设计研究院等单位完成的基质无土栽培和配套技术、叶用莴苣水培配套技术、NFT 设施和配套技术、营养液稀释器、温室夏季喷雾水膜降温系统等获得 1992 年农业部科技进步奖二等奖。此外，江苏省农业科学院蔬菜研究所研制开发了农用岩棉制品，山东农业大学研究提出了"鲁 SC-II 型"槽式栽培系统，南京农业大学等研究提出了改良毛管法栽培系统，中国农业科学院蔬菜花卉研究所提出了用消毒鸡粪代替营养液的无土栽培新技术。现阶段，我国主要作物的无土栽培关键技术已基本明确，设施基本配套，国内一些单位还生产了无土栽培专用肥料，这有力地促进了我国无土栽培技术的推广与应用。

目前，北方以基质栽培为主，长江下游以 NFT 栽培为主，南方以深液流栽培为主。

无土栽培技术在我国虽有发展，但与其他发达国家相比还有很大差距。据有关资料统计，在日本无土栽培面积占温室生产面积的 20%，在荷兰等国家则占温室生产面积的 90%以上。而在我国无土栽培仅占温室生产面积的千分之一。这其中存在着许多的障碍因素，比如说无土栽培的设备投资较大，一般农家难以承担。还有营养液的配制和管理技术，也比较复杂等等。这些因素都制约了无土栽培在我国的发展步伐。

我国的无土栽培技术已经由试验阶段步入生产应用阶段，其技术也日渐完善，发展速度也会进一步加快。经证明，无土栽培的现代化、自动化程度发展越快，获得的生产效益就越大，但是由于各地的经济、技术、设备和环境等条件不同，无土栽培的技术和发展也存在很大的差异，所以无土栽培将会出现高度设施化和简易栽培设施并存的局面。虽然我国无土栽培技术的起步较晚，但是发展潜力很大。随着我国经济的快速发展，农村经济条件得到改善，从而能够很好地发展无土栽培技术。同时，无土栽培技术，节省占地面积，给农民提供更多的就业机会，减少农业领域对环境的污染，本身就是一种生态农业，绿色农业，尽管早期投资较大，但投资回收较快，无土栽培技术能够促进农业、园艺、花卉生产的快速发展，具有广大的市场前景，因此，无土栽培技术具有很好的发展前景。

3.5　学习心得和启示

（1）解决农业和农村的环境污染问题，又是解决全国环境污染问题的重中之重。一方面，要抓好生态环境攻坚战，解决大气污染、水体污染和地面污染；另一方面，也要探索对生态环境友好的农业发展方式，包括无土栽培、垂直农场等等。

（2）解决环境污染和修复生态环境，需要大力提高对生态环境的认知，完善法律法规，特别是排污法，严格执法，完善环保组织机构，设立专职机构，组建专业队伍，避免政出多门、权责分散、举措难以彻底执行。

（3）要增加资金投入，加大金融支撑，治理污染资金向农村倾斜，充分发挥市场作用，多方筹集资金和吸引各方面资金，趁扩大开放的东风，吸引外资。组建合资，也具有美好的前景。

（4）对全国的环境污染情况，以及环保的成功经验和问题，有更加深入全面的了解，进行认真的调查研究，掌握切实的数据，是做好我们自己事情必不可少的前提，这是一项经常性的工作，尤其是当前应当特别加强的工作。由于有了高新科技，可以提供非常先进的观察、监控、分析统计等各种工具和手段，包括大数据、云计算、人工智能、互联网、人造卫星、无人机、5G手机等前所未有的高科技。

（5）战略方针和举措确定以后，配备充足的高质量的人力资源，无疑是重中之重。总的来说，全球环保做得好的国家，德国居于前列，其成功的经验，除了立法全面细致、资金充沛以外，高质量专业人员的配备，应当是非常重要的条件。

第4章 绿色农业

4.1 概　　述

近年来，我国农产品和食品质量安全问题频发，究其原因，既是由于商家违规违法过度逐利所造成的，也凸显出我国农产品生产流通监管工作不到位、监管体系不健全等问题。在农产品质量安全监管领域，非常有必要加强智慧农业建设。通过应用物联网技术，实现对农产品生产流通全过程的动态监管、及时追溯、源头把控。

目前我国智慧农业的发展还处于探索和起步阶段，各地在温室种植、畜牧及水产养殖等领域进行了诸多成功的示范应用，也积累了一定的经验。但总体上，我国智慧农业相关技术与设备并不完善，农村信息化基础建设较为薄弱；基层农业生产经营主体以及乡镇干部、村委会等对农业信息化、智慧农业的认知和应用水平亟待提高，因为人才匮乏导致农业农村生产创新力度不强，增加了智慧农业推广和发展的难度。

4.2 "互联网+"——智慧农业发展方向

1. 我们必须大力发展智慧农业，重塑我国现代农业

我国对发展智慧农业的重大需求分析如下：

1）劳动力短缺导致人工成本迅速增加

2019 年我国城镇化率为 60.60%，"十三五"期间农村转移人口 1 亿。根据世界银行数据，我国农业劳力占比由 1991 年的 60%（世界平均 45%）下降到 2018 年的 26%（世界平均 28%）。农村劳动力短缺，人工成本迅速增加，目前几乎所有农产品生产的人工成本占比超过 50%。农业劳力老龄化日益突出，预计"十四五"我国农业劳力 60 岁以上占比接近 80%。另外，农业从业人员受教育程度低，也是我国农业生产的短板。

2）我国农业的产业竞争力不强

（1）生产规模小

我国人均耕地 2 亩，是美国的 1/200；我国劳均耕地 9 亩，美国劳均 957 亩。小农户生产是我国农业的基本特征，现在农户 2.2 亿~2.3 亿户，50 亩以下农户耕地占全国耕地总面积的 80%。

（2）方式落后

2019 年我国主要农作物（小麦、玉米、水稻）耕种收综合机械化率为 69%，而设施农业机械化率仅为 31%~33%，畜禽养殖业机械化率为 35%（其中生猪养殖机械化水平为 30%，鸡养殖的机械化水平为 40%，肉牛、水禽等机械化水平普遍低于 30%）。

（3）效率效益低

欧美农业人均产值 5 万~7 万美元，日韩 3 万~5 万美元，中国 7850 美元（2016 年），是美国的 1/10、欧洲的 1/7、日韩的 1/6。

3）我国智慧农业缺乏技术储备

智慧农业具有显著的多学科交叉的特点，由于农业的生物特性，将工业信息技术直接拿到农业领域往往不能有效解决农业问题，必须开展基于农业生物特性和农业问题的专题研究。由于缺乏基础性和原创性研究，我国智慧农业技术整体上与发达国家差距在 10 年以上，特别是在农业传感器、农业人工智能、农业机器人等方面，差距更大。我国智慧农业技术不仅仅是"短板"问题，而是整体上的"短桶"问题。

4）我国智慧农业战略布局

我国农业在经历了人力和畜力为主的传统农业（农业 1.0），以广泛应用杂交种和化肥、农药的生物-化学农业（农业 2.0），以农业机械为生产工具的机械化农业（农业 3.0）之后，正向以信息为生产要素，互联网、物联网、大数据、云计算、区块链、人工智能和智能装备应用为特征的智慧农业（农业 4.0）迈进。

当前我国农业发展面临着谁来种地、怎样把地种好的重大问题，面临着质量效益不高、产业国际竞争力不强等挑战。围绕农业"保供给、促升级、提效益、可持续"发展理念，"十四五"我国智慧农业应围绕以下三大战略目标进行任务布局。

（1）电脑替代人脑

通过农业大数据与人工智能等技术，提高涉农人员运用信息与知识水平和管理决策能力。

（2）机器替代人力

通过农业智能装备的创新发展，核心解决农村劳力短缺、人工成本高的问题。

（3）自主安全可控

核心解决卡脖子与短板技术，确保安全自主可控。

5）重点任务

（1）建设人机协同的天空地一体化数据信息采集体系

在农业全产业链主要环节部署农业物联网、农机车载监控应用终端，与农业遥感、农业无人机和传统人工采集系统结合，实现对农业生产全领域、全过程、全覆盖的动态监测。

（2）建设国家农业农村大数据中心与应用体系

顶层设计、统一标准、分布存储、集中管控，搭建统一开放的国家农业农村大数据中心；建设全局性、区域性、专业性（优先种植业、养殖业、农机、种业、耕地、科教、典型农产品）大数据；建设基于大数据的"一张图"（农业生产要素、环境要素、产业布局等）；开展基于农业大数据的创新应用，融合农业一二三产，提高生产调度、决策、管理、服务能力。

（3）加大农业智能装备应用

针对农业产业链中劳动密集的环节，加快发展大田作物精准播种、精准施肥/药、精准收获等智能装备，设施农业育苗移栽、水肥一体化、绿色防控、智能控制等智能化装备，设施养殖中环境控制、精准饲喂、疫病防控等智能化装备，以及农产品加工、冷鲜物流智能化设备。

（4）实施一批智慧农业重大工程

围绕效率型、效益型、效果型三类农业，在农产品优势产区实施智慧农业工程，将互联网、物联网、大数据、云计算、区块链、人工智能、5G 和先进适用智能化农业装备应用于农业生产、加工、物流、销售等环节，促进农业三产融合发展，提高农民收入。

2. 开展数字乡村建设，促进乡村振兴

1）国际上数字乡村发展借鉴

2016 年 9 月初，超过 340 名农村利益相关者聚集在爱尔兰科克，在"农村更美好生活"标题下，发布了《科克宣言 2.0》，阐述了农村地区的期望和愿望。《科克宣言 2.0》提出，在需要解决的优先事项中，要求政策特别注意克服农村和城市地区之间的数字鸿沟，并发展农村地区连通性和数字化所带来的潜力。

欧盟委员会成立智慧乡村工作委员会，制定了中长期发展战略，利用欧盟资金推动智慧乡村发展。核心是通过数字技术和知识创新应用，缩小城乡数字鸿沟，为农村地区居民和企业带来利益。主要解决 5 个方面问题，一是提高农村地区居民生活质量；二是提高农村居民生活水平；三是为农村居民提供优质公共服务；

四是更好利用各类资源，减少环境负面影响；五是通过模式创新为农村价值链提供新机会。

2）我国数字乡村建设现状与未来需求

2019 年我国行政村光纤和 4G 网络通达比例均已超过 98%，贫困村的固网宽带覆盖率达 99%，实现了全球领先的农村网络覆盖。2019 年我国农村电商 1.7 万亿元~1.8 万亿元，农产品电商 3500 亿~4000 亿元。截至 2019 年 11 月，我国信息进村入户工程已在 18 个省份整省推进实施，共建成运营 34.6 万个益农信息社，累计培训村级信息员 73.7 万人次，为农民和新型农业经营主体提供公益服务 7709 万人次，开展便民服务 2.6 亿人次。

我国农村地区信息化发展取得长足进步，但农村地区信息基础设施薄弱，投入少，城乡数字鸿沟明显，城乡网民比例是（3.2∶1）。据农业农村部信息中心监测，2018 年全国县域用于农业农村信息化建设的财政投入，25.2% 的县域低于 10 万元，仅有 20.0% 的县域在 500 万元以上，我国县域数字农业农村发展总体水平为 33%。

3）"十四五"我国数字乡村建设战略考虑

以乡村振兴和新基建为契机，在国家《数字乡村发展战略纲要》框架下，围绕促进城乡融合发展、缩小城乡数字鸿沟，加强农村地区信息化建设，大力发展以数据为关键要素的农业生产性服务业，加快数字技术对农村地区生产、生活、治理（公共服务、公共事务、公共安全）等全面渗透，加快信息化服务普及，降低应用成本，为老百姓提供用得上、用得起、用得好的信息服务，让老百姓有获得感与幸福感。

4）重点任务

（1）乡村信息基础网络建设

在新基建战略下，进行乡村网络设施改造升级，实现全国行政村宽带全接入、4G 网络全覆盖；在重要河流、出水口建设生态监测物联网；在城郊区建设 5G 基站，并开展典型应用；在 500 人以上农村人口居住区建设社会治安视频监控网络；缩小数字鸿沟，城乡上网比例由 76∶24 变为 60∶40。

（2）农村大数据建设

建设 1∶1000 包括土地、河流、道路等内容的农村地区基础地理信息数据；建设农村产业、农村经济、农村管理、农民生活大数据，实现农村管理、疫情防控、应急调度指挥的数字化。

（3）农村综合信息服务平台建设

建立网络化、专业化、社会化的大数据服务云平台，提供远程教育、远程医疗、文化娱乐、科学普及、市场信息等服务，实现城乡基本公共服务均等化。

（4）乡村数字化治理能力建设

建设乡村集体资产、公共服务、公共事务、公共安全、乡村党建等数字系统，实现乡村治理体系和治理能力现代化。

（5）数字化实体试点建设

在农村地区建设 10000 个数字经济实体、1000 个互联网小镇、100 个数字县域经济实体，激活资源要素，发展数字经济，培育亲农惠农乡村新业态、新模式，促进农村地区创新创业与绿色发展。

（6）农村电商体系建设

建立完善农村电商平台及配套基础设施（农产品冷藏设施），制定电商产品技术标准和产品唯一标识，促进工业品下乡，农产品出村进城，实现小农户与大市场有机衔接。

3. "十四五"促进智慧农业与数字乡村的建议

1）加强与国家相关战略规划衔接

与党中央国务院提出的乡村振兴战略、国家大数据战略，以及《国家信息化发展战略纲要》、《新一代人工智能发展规划》、《数字乡村发展战略纲要》、新基建等国家重大战略和规划相衔接，体现国家意志。

2）要突出规划的可操作性

规划既要突出战略性顶层设计，也要坚持落地解决智慧农业与数字乡村发展过程的实际问题，突出需求导向，部署实施一批智慧农业与数字乡村建设重大工程，让老百姓有获得感。

3）要认真研究制定配套的政策机制

坚持政府主导、市场推动、中央与地方联动机制；可借鉴欧盟共同农业政策（CAP），支持不同农户应用数字技术的分门别类的补贴机制；加强技术标准制定，建立数据整合共享机制和规范化的数据管理制度。

各级政府应做好智慧农业发展的顶层设计，这样才可以逐步落实到各地农业发展中。通过统一规划，实现对行业的有效约束与限制，从而确保智慧农业发展不受外部因素的干扰。

同时，积极合理规划智慧农业种植示范基地，并通过招商引资的方式确保建设投入，提高农民应用积极性。

在技术装备方面，智慧农业的发展需要一定的资源和设备的支撑，这就需要强化农村信息化基础设施建设，确保农民在生产中可以使用先进的生产工具。

在"互联网+"的大背景下，我国农业发展正在由传统向现代转型。与此同时，在深化改革过程中，政府部门职能也正在转变。在加强服务的主基调下，为推进智慧农业的发展，政府部门应加大对智慧农业相关技术的研发投入，引进更多的智慧农业实用人才，提高研发成果的转化率。同时，加快农村土地流转，促进规模化集约化经营，发展农村电子商务，为农民提供更大的销售市场。

智慧农业需要运用各种各样的传感器来采集数据。传感器包括无线空气温湿度传感器、土壤温湿度传感器、土壤 pH 传感器、光合有效辐射传感器等。

传感器采集的数据，经网关转换成信号接入物联网信息平台，超高频 RFID 读卡器经其配套设备服务器接入物联网信息平台；所有传感器用于采集农业大棚内影响作物生长的空气温湿度、土壤温湿度、土壤 pH、光合有效辐射、CO_2 浓度等环境数据，以及进出农业大棚人员物资信息和农作物生长现场的图像经物联网信息平台上传到物联网平台服务器。

智慧农业温室大棚控制器的功能包括控制空气温度和湿度、光照强度、二氧化碳浓度、土壤温度和湿度、土壤酸碱度、噪声监测、空气质量、雨雪检测、风速监测、风向监测。

传感器是系统检测环节的重要组成部分，用于将温室环境因子等非电物理量转变为控制系统识别的电信号，为系统管理人员提供判断和处理的依据，传感器的主要技术指标有：线性度、灵敏度迟滞、重复性、分辨率、漂移、精度等。

控制器由加热、喷灌、通风、卷帘设备及其配套 PLC 及设备服务器组成，当传感器采集的环境数据与标准值对比超出临界范围时，控制器自动启动相关硬件设备对作物生长环境加热、施肥浇水、通风、卷帘加减光照辐射，实现作物生长过程精确控制。

4.3 寿光市智能化大棚为现代农业注入澎湃新动能

当传统的温室大棚连上互联网，自动卷帘、自动喷灌、阴天补光等都能用手机遥控搞定，从第一代到第七代，寿光冬暖式大棚迭代升级，智能化让蔬菜种植发生了翻天覆地的变化，菜农如今更愿意将"种"棚戏称为"玩"棚。

将智能化设备应用于蔬菜大棚，实现"云上"种植管理，让寿光农业生产从"汗水农业"迈向"智慧农业"。

从 2018 年开始，寿光围绕市场对高品质蔬菜的消费需求，以国有企业集团、农业龙头企业为依托，规划建设了总占地约 1533 公顷的 25 个重点蔬菜园区，园区大棚内配套安装了水肥一体机、自动卷帘机、自动放风机、环境参数传感器等智能化设施。

这些大棚，当地称之为"云棚"。菜农随时能通过手机 APP 实时监控大棚内蔬菜的生长，远程控制大棚的卷帘、放风、施肥、浇水、调光、控温，有效降低了劳动强度。

通过建设智能化大棚，对光、温、水、气、肥等进行精准调节，让蔬菜种植在资源消耗大幅降低的同时实现了产量的大幅增长，推动当地走出了一条传统农业迈向高产、高效、优质的现代化农业转型之路。

摆脱农业生产对自然环境的依赖，让蔬菜生长始终处于最佳状态，如此不仅产量高、品质好，而且还大大减轻了管护的劳动强度。

大棚里装着智能施肥机、智能滴灌、智能补光灯等，通过智能设备进行作业，实现了精确感知、精准操作、精细管理，大大节省了人力物力，提高了生产效率。

物联网+温室大棚，让种植更智能。智能化大棚在改变传统农业生产管理模式的同时，为农业信息化、智能化的发展带来了新的发展机遇，市场上一些专门研究智慧农业产品与解决方案的服务商应运而生。

智能大棚发展的风生水起，引得更多的社会化企业投身农业生产。在占地200公顷的寿光现代农业高新技术试验示范基地，建有高标准日光温室、工厂化智能温室、新材料高温大棚、滑盖式大棚、模块化组装日光温室等10余种棚型，配套建设的8000平方米的研发中心，可满足蔬菜标准多种种植模式下的试验验证、示范推广和数据采集，这是目前国内面积最大、棚型最多、科技含量最高的蔬菜标准试验验证基地。

山东推动设施蔬菜设备水平和科技能力持续升级，以苯板、草砖、保温砖、新型复合材料等新材料为墙体，以PO膜、新型保温被等为覆盖材料，以物联网、水肥一体化为管理新技术的新型日光温室发展较快，对特殊形势下做好稳产保供发挥了关键作用。

不仅是"米袋子""菜篮子"，近年来随着消费需求从"吃得饱"到"吃得好、吃得健康"转变，山东坚持创新引领，以推动农业供给侧结构性改革为主线，以高质量发展为导向，着力推动农业产业转型升级。

数据是最好的证明。山东规模以上畜禽养殖场达3.2万家，2020年肉蛋奶总产量1444万吨，产值达2571.9亿元，产业规模占全国1/10强；畜禽规模养殖占比达到79%，高于全国15%；高端市场占有保持稳定，牛羊肉占京津市场、猪肉占沪浙市场的30%。

水产方面，海洋牧场建设亮点频出，蓝色海洋崛起一座座"海上粮仓"。山东已建成海洋牧场7.9万公顷，创建省级以上海洋牧场示范项目120处，其中，国家级海洋牧场示范区54处，占全国的39.7%，带动山东渔业产值达1432.1亿元。

在这片"因菜而兴、因菜而荣、因菜而名"的土地上，改革开放以来以冬暖式蔬菜大棚的建成和推广，催生了改变中国农业面貌的"绿色革命"，成为农业新技术的试验田和推广地。而今，寿光又以落实乡村振兴战略、推进农业农村现代化的试验和探索，为全国提供了可资借鉴的经验。

农业助推工业，进而推进农业产业与非农产业协调发展，是寿光市农业农村现代化的重要特色。"一筐菜"带来的是大蔬菜、大农业、大产业、大市场、大流通、城镇化和市民化，并形成了良性互动循环机制。

4.4　山东农业样板

1. 概述

多年来，山东坚决贯彻落实党中央、国务院"三农"工作决策部署，"齐"心"鲁"力，扛牢农业大省责任，以坚持稳粮增收为首要任务，以提高农民生产生活质量为最终目标，以"会当凌绝顶"的勇气，交出了一份优秀答卷：从"吃得饱"到"吃得好、吃得健康"，从"垃圾靠风刮、污水靠蒸发"的"脏乱差"，到"生产美产业强、生态美环境优、生活美家园好"的乡村振兴齐鲁样板。

2. 稳粮增收为"首任"

2020年，山东粮食单产、总产双创历史新高。其中，粮食单产438.5千克/亩，较2019年增8.9千克/亩，高于全国平均水平14.7%；总产1089.4亿斤，较2019年增18亿斤，增加量约占全国总产增加量的16%。

截至2020年底，山东累计建成高标准农田6113万亩，发展高效节水灌溉面积4035万亩，占现有耕地面积的54.2%，生产约75%的粮食；推广深耕深松、小麦宽幅精播、玉米"一防双减"等关键技术，主要粮食作物良种覆盖率达100%，小麦、玉米综合机械化率分别达到99%、96%，其他关键技术普及率达80%以上。

3. 规模化经营为方向，专业化服务作保障

山东种粮规模在100亩以上的合作社、家庭农场或专业大户已近5万家，培育发展专业化服务组织8000多家。其中，金丰公社成长为全国最大的农业社会化服务组织。

4.5　学习心得和启示

（1）现代智能化设施农业是现代农业的最高形式，节约耕地，消除污染，用途广泛，农副产品生产率高，质量好，具有良好的经济效益、社会效益和生态环境效益，有利于提高人民群众的生活水平和质量。国内外的实践证明，这是发展农业的最佳途径。

（2）发展现代智能化设施农业，必须综合利用多种传统和新兴科学技术，包

括农学、计算机科学、互联网、大数据、人工智能、生物工程、卫星图像、传感器、无人机、手机、应用软件等等。而且随着生态环境的不断变化，智能化设施农业的要素需要不断更新。

（3）发展现代智能化设施农业，是一个逐步完善和优化的过程，从低级到高级，首先要考虑本地区本单位的特点，包括气候、地理、经济、人才等条件，因时因地因人制宜。但是一定要利用国内和国际两个资源，调动各方面的积极性，充分利用科学技术，不断进行创新，与时俱进，不断进步。

（4）蔬菜是农产品中一项重要的产品，数量要足，质量要好，数量和质量都要抓好，不可偏废。栽培蔬菜的用地，不但不能与粮田争地，而且要利用不适于种粮的荒地、零星地块和荒漠地块，并且要千方百计节约用地，节水节能，向空间发展，以至开发水培蔬菜，泰国在河流里种植空心菜的先进经验，就很值得学鉴。

（5）菜篮子工程必须坚持本地化，特别是无霜期短的高寒地区，要着力解决这个问题，要有适应不同日照条件的，特别是冬季栽植蔬菜的大棚，既可以栽种，又有办法储存。长距离进口外地蔬菜不是好办法，例如，黑龙江省和内蒙古自治区这样的省区，长达半年的冬季，要吃海南岛或者云南的蔬菜，运费太高，运输时间也很长，本地的居民，要吃高价菜，不是一般居民可以负担得起的，特别是在发生公共卫生事件时，远距离运输蔬菜，就难以及时解决本地蔬菜的急需。本地的菜篮子工程搞好了，不但可以满足本地的需要，而且还可以将蔬菜销售到邻近地区。

第5章 绿色基础设施

5.1 概　述

基础设施包括交通、邮电、供水供电、商业服务、科研与技术服务、园林绿化、环境保护、文化教育、卫生事业等市政公用工程设施和公共生活服务设施等。它是一切企业，单位和居民生产经营工作和生活的共同的物质基础，是城市主体设施正常运行的保证，既是物质生产的重要条件也是劳动力再生产的重要条件。基础设施建设是指在基础设施方面进行的完善、改造等社会工程。

基础设施是指为直接生产部门和人民生活提供共同条件和公共服务的设施。主要包括以下方面：
① 铁路、公路、航空、水运、道桥、隧道、港口等交通运输项目。
② 石油、煤炭、天然气、电力等能源动力项目。
③ 电信、通信、信息网络等邮电通讯。
④ 水库、大坝、污水处理、空气净化等环保水利项目。
⑤ 高档酒店、商场、写字楼，办公楼等办公商用建筑项目。
⑥ 住宅区、别墅、公寓等居住建筑项目。

5.2　基础设施重要性

1. 经济社会发展的基础和必备条件

基础设施抓好了可以为发展积蓄能量、增添后劲，而建设滞后则可能成为制约发展的瓶颈。

2. 经济起飞离不开基础设施建设的助推

沿海地区经济快速发展和某些区域开发的成功，一条共同的经验就是通过率先启动大规模的基础设施建设，为经济高速增长奠定坚实的基础。经过这些年的超常规发展，中国的基础设施面貌有了翻天覆地的变化，促进了全国经济社会的快速持续增长。然而，由于过去基础薄弱和历史欠账多，中国基础设施的某些瓶颈制约因素仍未消除。在新的起点上推进新跨越，加强基础设施建设显得更加紧迫。

3. 集中力量抓好重点项目建设

重点项目对经济社会发展具有明显的带动和支撑作用，基础设施建设须有大手笔和大动作。与城市相比，农村基础设施尤其薄弱。要按照新农村建设总体部署，紧紧围绕改善农民生产生活条件和发展农村社会事业，将政府基本建设的增量主要用于农业和农村，逐步把基础设施建设的重点转向农村，推动城市基础设施向农村延伸。特别是要加强支撑现代农业的基础建设，抓好农田水利基本建设，实施农村饮水安全工程，建设和改造通乡通村公路，加快发展农村清洁能源，促进农业可持续发展。

5.3　我国基础设施的巨大成就

截至 2019 年底，全国铁路营业里程 13.9 万千米，其中高铁超过 3.5 万千米，位居世界第一。

公路里程 501.3 万千米，其中高速公路 15 万千米，跃居世界第一。

生产性码头泊位 2.3 万个，其中万吨级及以上泊位数量 2520 个，内河航道通航里程 12.7 万千米，也是世界第一。

民用航空颁证运输机场 238 个；全国油气长输管道总里程 15.6 万千米；邮路和快递服务网络总长度 4085.9 万千米，实现了乡乡设所、村村通邮……

这一项项"世界第一"彰显出几十年来，尤其是党的十八大以来，中国交通取得的历史性成就。我国毫无疑问已经成为交通大国，并正在一步步向交通强国迈进。

2021 年 3 月，十三届全国人大四次会议审议通过了"十四五"规划和 2035 年远景目标纲要。按照党中央、国务院的决策和部署，未来 30 年，我国将加快建设交通强国，其中到 2035 年，基本建成"人民满意、保障有力、世界前列"的交通强国，到 2050 年全面建成交通强国，实现"人享其行、物优其流"的美好愿景。

1949 年，中国铁路总里程仅 2.2 万千米。中华人民共和国成立后，我国以沟通西南、西北为重点，修建了大量铁路线路和枢纽。成渝、兰新等大批铁路干线陆续建成，延伸到除西藏外的所有省区。到 1978 年末，我国铁路营业里程增至 5.2 万千米。

改革开放后，我国铁路建设突飞猛进，路网规模进一步扩大，路网质量显著提升。到 2018 年末，全国铁路营业总里程达到 13.2 万千米，较 1949 年增长 5.0 倍，年均增长 2.6%。

在这其中，高铁无疑是我国交通运输领域一张亮丽的名片。

2008 年，京津高铁开通运营，标志着我国铁路开始迈入高铁时代。经过近十年快速建设，"四纵四横"高铁网建成运营，我国成为世界上唯一高铁成网运行的国家。截至 2019 年末，全国铁路营业里程达到 13.9 万千米，其中高速铁路 3.5 万千米，位居世界第一。

在路网建设方面，"四纵四横"高速铁路主骨架全面建成，"八纵八横"高速铁路主通道和普速干线铁路加快建设，重点区域城际铁路快速推进。智能京张高铁、北煤南运重载通道浩吉铁路等一大批新线开通运营。全国路网布局持续优化，路网质量显著提高，中西部地区铁路网不断完善，枢纽及配套设施不断强化。

在运输质量方面，铁路行业大力实施铁路供给侧结构性改革，运输供给能力、服务品质、安全水平持续提升。2015 ~ 2019 年，全国铁路旅客发送量年均增长 9.6%，货物发送量年均增长 6.9%，客货运输能力大幅提升，旅客出行更加便捷，能源、资源等重点物资运输得到有力保障。

与此同时，铁路装备水平也得到全面提升。复兴号中国标准动车组实现了时速 350 千米商业运营，系列化产品谱系基本形成。智能型动车组在世界上首次实现了时速 350 千米自动驾驶。

几十年来，我国民航事业从小到大，由弱变强，经历了不平凡的发展历程。经过几十年持续、快速的发展，我国民航机场设施水平不断提升，航线网络覆盖率大幅提高，航空运输保障能力显著增强，民航面貌焕然一新。

2015~2019 年，民航运输的总周转量、旅客运输量、货邮运输量年均增长分别达到 11%、10.7%和 4.6%。中国民航航运输规模连续 15 年稳居世界第二位，并逐年缩小与第一位的差距。

其次，航线网络通达性大幅提升。"十三五"以来，民航局以枢纽建设为牵引，积极服务国家战略，支持地方经济社会发展，引导航空公司优化航线网络布局，航线网络不断完善。

截至 2019 年，境内通航城市已达 234 个，国内航线 4568 条（包括港澳台航线 111 条）；境外通航 65 个国家的 167 个城市，国际航线 953 条。我国已与 127 个国家或地区签署了双边航空运输协定。

再次，行业安全水平持续保持世界领先。截至 2020 年 9 月底，全国运输航空已连续安全飞行 121 个月、8669 万小时。从运输航空每百万飞行小时重大事故率 5 年滚动值看，中国民航为 0，世界平均水平为 0.088，中国民航的安全水平处于世界前列。

此外，运输服务品质也稳步提升。"十三五"期间，民航局大力提升航班正常水平，航班正常率已从"十二五"期末的 67%大幅提升到 2019 年的 81.6%，连续两年超过 80%。

"家书抵万金，快递暖人心"。这些年来，在党中央、国务院的坚强领导下，整个邮政快递行业发展迅速,高峰期快递量达到每天 3 亿件的规模,对经济社会的发展起到了重要支撑作用。

以"十三五"期间的一组数据为例:"十三五"期间整个邮政行业的业务收入规模从 2015 年的 4039 亿元增长到 1.1 万亿元,五年净增 7000 亿元,每年的增长速度达到了 22%;全行业新增吸纳社会就业超过 100 万人,每年年均增长 20 万人;快递年业务量从 2015 年的 207 亿件增长到今年的 800 亿件以上,五年翻了两番。

不仅如此,邮政业每年服务的用户数从 2015 年的 700 亿人次增长到今年的 1500 亿人次;邮政服务网络实现了行政村以上全覆盖,快递乡镇网点覆盖率达到了 98%,自营国际快递网络服务覆盖超过了 60 个国家和地区,全行业拥有的国内快递专用货机从 71 架增长到 130 架,投入运营智能快递箱超过 40 万组。

邮政企业的综合实力也大幅度增强。中国邮政集团公司位列世界 500 强的第 90 位,我国已经有 7 家快递企业通过改制上市,其中有 3 家品牌快递企业 2020 年的业务收入规模突破了 1000 亿。

5.4 城市基础建设情况

城市基础设施状况是城市发展水平和文明程度的重要支撑,是城市经济和社会协调发展的物质条件。2005 年中国城镇人口 5.6 亿,城市化率达 43.0%,随着城市人口不断增加,对城市基础设施需求也不断增加。2005 年城市市政公用设施固定资产投资完成 5602 亿元,占同期全社会固定资产投资总额的 6.32%,城市基础设施建设的发展,为城市化进程提供了物质保障。

中国建设部城市统计公报显示,中国城市供水日生产能力从 1999 年的 562 万立方米增长到 2005 年的 872 万立方米,增长了 55.2%;煤气日生产能力从 202 万立方米增长到 414 万立方米,增长了 105%;天然气储气能力从 22 万立方米增长到 1023 万立方米,增幅高达 44.5 倍;城市道路长度从 3032 公里增长到 10170 公里,增长了 2.35 倍;城市污水日处理能力从 224 万立方米增长到 1309 万立方米,增长了 3.8 倍。2005 年底,全国城市蒸汽集中供热能力和热水集中供热能力分别为 8160 吨/小时和 1.9 万兆瓦,集中供热面积 25.2 亿平方米;城市轨道交通运营线路长度 114 公里,排水管道长度 1.3 万公里,城市生活垃圾日处理能力为 3.7 万吨。

基础设施的增长不仅是城市容量的基础,更是城市生活品质提高和城市文明的保证。城市供水设施保障城市居民饮水的卫生标准。2005 年中国城市自来水供水总量达 501 亿立方米,居民家庭用水量达到 172.5 亿立方米,用水人口 32682 万人,人均日生活用水量为 204.1 升。城市燃气工程建设使居民用上了洁净方便的煤气、天然气或者液化石油气。2005 年全国人工煤气供应总量 255.8 亿立方米，天然气供应总量 210.5 亿立方米，液化气供应总量 1222.0 万吨，城市用气人口达到 29488 万人，燃气普及率为 82.2%。全国城市拥有公共交通车辆 30.96 万标台，每万人拥有公共交通车辆 8.63 标台，城市公共交通全年运送乘客 483.7 亿人次，城市出租车辆 93.7 万辆，为方便市民工作、购物、娱乐、交流提供了物质条件。

5.5 基础设施建设水平

中国城市基础设施的现代化程度显著提高，大量使用新技术、新手段，基础设施功能日益增加，承载能力、系统性和效率都有了显著的进步，推动了城市经济发展和居民生活条件改善。

1. 领域拓展

随着生活水平的提高，中国城市基础设施除了交通、能源、饮水、通信等的供给外，已经扩展到环境保护、生命支持、信息网络等新的领域。

（1）城市信息网络设施建设日益受到重视

数字化建设成为城市建设新宠，信息网络构成城市发展的基础性条件。以移动通信和互联网为代表，城市移动通信和网络基础设施建设异军突起。2006 年全国城镇用于信息传输、计算机服务和软件业的固定资产投资达到 1786 亿元。在北京市总体规划修编中，通信网络的专项规划覆盖辖区 1.67 万平方千米，五年拟建设 4000 沟公里通信管道，总投资达 20 多亿元。

（2）防灾减灾、处置突发事件的能力建设受到重视

城市紧急避险平台、消防和人防设施、紧急医疗救护设施等成为城市基础设施建设新的重点。城市基础设施不仅要保持良好的运行状态，还要保证在特殊情况下不中断。提高城市基础设施安全保障系数，建设供电双回路及多回路、备用水源、备用气源、备用热源、备用通道等得到加强。

（3）基础设施构成变化明显

除增加信息网络、城市应急设施和备用设施外，环境保护设施和电力、天然气等洁净能源建设份额明显加大。原有设施的改造、升级和换代成为重要建设内容。

（4）基础设施的技术条件进步显著

新技术、新材料不断得到应用，技术和装备水平普遍提升，例如为了提高饮用水的水质标准，自来水厂进行净水工艺技术改造，除常规处理工艺外，实施预处理工艺，同时对供水管网、供水检测、供水计量、再生水生产等普遍进行技术更新和升级。

2. 合理规划

　　城市基础设施建设与城市发展的均衡协调是保证城市科学发展、可持续发展的前提。这种均衡协调包括基础设施与城市规模、功能和空间的均衡，与城市发展阶段和城市外部环境的均衡，城市基础设施系统本身以及各个子系统的完整性和有效性，各子系统之间的均衡和协调等等。在强调均衡的基础上，城市基础设施的投资建设必须适度超前，避免建设滞后和盲目性。所以科学合理的城市基础设施发展规划是重要前提。

　　以城市供水为例，建设部政策研究中心的资料显示，要基本满足约 3.5 亿人口在饮用水数量和质量上的需要，解决全国近 400 座城市的供水紧张矛盾，估计到 2010 年约需供水投资 2000 亿元。建设部以 2004 年为现状水平年，以 2010 年为规划，以 2020 年为规划远期，编制了城市给水系统布局、净水厂改造和建设、供水管网改造和建设、再生水设施建设等规划。这一规划的制定和实施，不仅将满足全国城市发展对供水的需求，还将大幅度地提升水资源的利用水平。

3. 设施建设

　　随着城市容量的扩张和人们生产、生活方式的改变，对水的需求量与日俱增，缺水已经成为制约中国城市经济和社会发展的障碍，节约用水、提高用水效率和加强水资源的再利用成为新形势下城市水务设施建设的重要内容。中国城镇万元工业增加值水效率较低，城镇供水管网漏损率达 20%左右。提升节水能力，增加水资源再利用设施是节水重要环节，"十五"期间，中国城市每年平均节水约 35 亿立方米以上，2005 年达 38 亿立方米。2005 年全国城市工业用水重复利用率提高到 83.6%；人均日生活用水量由 2000 年的 220.21 升减少到 204.1 升，呈稳中有降的趋势，用水结构朝着合理的方向调整。在城市供水管网改造力度不断加大的同时，中国全面推进节水型技术、设备的研究和应用，加强用水设备的日常维护管理，推进中水回用、雨水收集等水资源再利用基础设施建设。

4. 推进节能

　　"十一五"规划确定全国单位 GDP 能耗比"十五"期末降低 20%。城市耗能是中国能源消耗的主体，实现"十一五"能耗降低目标首先取决于城市基础设施的升级和改造。城市冬季供暖和夏季制冷是城市节能的主战场。建筑能耗占全国能源消费的 20%左右，而采暖和空调能耗约占建筑能耗的 65%左右，供热采暖年耗能约为 1.3 亿吨标煤。按"十一五"规划要求，全国节能 2.4 亿吨标煤，其中建筑节能 1.01 亿吨，供热采暖须承担至少 1/3。集中供热比分散小锅炉供热效率高50%。适应中国能源条件和居民居住状况，加快城市集中热源和管网等供热基础设施的建设，运用先进适用技术改进和完善集中供热系统，在满足居民采暖需要的同时提高能源利用效率和改善环境质量。据美国 1995 年对商用楼宇终端能耗消费的统计，CHP 的供热只能解决 29% 的用能及提供电力，而 CCHP 可以提供 47% 的用能及电力。中国 CHP 在大城市中发展较快，北京、武汉、上海等有天然气供应的中心城市，严格限制煤炭使用，天然气热电联供正在逐渐兴起。部分城市在拥有燃煤热电厂的基础上正在建立 CCHP 系统。与此同时一些城市在开发和利用地热、太阳能等可再生能源及清洁能源供热等方面取得了进展。

5.6　基础设施体制改革

在社会主义市场经济体制框架下，中国城市基础设施建设体制发生了巨大变化。从 20 世纪 80 年代开始，中央政府颁布了一系列有关城市基础设施建设的法规和政策。包括强调公用设施建设是城市政府的主要职能，从工商业利润中提取城市建设维护税，新建项目必须配套建设市政公用设施，土地使用权出让收入的部分用于城市建设等等。以桥梁道路征收通过费为开端，施行"贷款建设、收费还贷"的基础设施建设模式，

开辟了城市综合开发的道路。20 世纪 90 年代开始，城市基础设施建设投融资体制市场化改革步伐加快，成立了国家开发银行，放宽了基础设施使用的收费限制，基础设施建设投资必须依据《中华人民共和国公司法》成立项目法人，投资收益和风险市场化，对城市基础设施的经营权、使用权、收益权做出了明确的界定，对外资进入城市基础设施领域进行了规定。2001 年开始允许和鼓励民间资本进入城市基础设施建设领域。按照中国政府加入世界贸易组织所做出的承诺，电信、燃气、热力、给排水等领域对外资开放，特许经营制度成为城市基础设施经营和管理的主要形式。

城市基础设施的特许经营制度，是指在市政公用行业中，由政府授予企业在一定时间和范围对某项基础设施的使用和服务进行经营的权利，即特许经营权。政府通过合同协议或其他方式明确政府与获得特许权的企业之间的权利和义务。中国现实行特许经营的范围已包括城市供水、供气、供热、污水处理、垃圾处理及公共交通等行业，初步形成了与社会主义市场经济体制相适应的城市基础设施建设体制。

①鼓励社会资金、外国资本采取独资、合资、合作等形式参与市政公用设施的建设，形成多元化的投资结构。对供水、供气、供热、污水处理、垃圾处理等经营性市政公用设施建设公开向社会招标，选择投资主体。

②允许跨地区、跨行业参与市政公用企业经营。采取公开向社会招标的形式选择供水、供气、供热、公共交通、污水处理、垃圾处理等市政公用企业的经营

单位，由政府授权特许经营。

③通过招标发包方式选择市政设施、园林绿化、环境卫生等日常养护作业单位或承包单位。实施以城市道路为载体的道路养护、绿化养护和环卫保洁综合承包制度。

城市政府负责本行政区域内特许经营权的授予工作，各市政公用行业主管部门负责特许经营的具体管理，承担授权方相关权力和责任。市政公用行业主管部门直接由管理转变为宏观管理，从管行业转变为管市场，从对企业负责转变为对公众负责、对社会负责。其主要职责是，贯彻国家有关法律法规，制定行业发展政策、规划和建设计划；制定市场规则，创造公开、公平的市场竞争环境；加强市场监管，规范市场行为；对进入企业的资格和市场行为、产品和服务质量、履行合同情况进行监督；对市场行为不规范、产品和服务质量不达标和违反特许经营合同规定的企业进行处罚。

为了吸引更多的资金进入城市基础设施建设，近几年中国各城市实施了公有公营、私有私营、公有私营、用户和社区自助模式等基础设施建设与运营模式。其中公有私营又分为两种主要形式即 BOT 方式和 TOT 方式。

①BOT 模式。BOT 是英文 Build-Operate-Transfer 的缩写，即建设—运营—移交。联合国工业发展组织、世界银行、亚洲开发银行、国家发展和改革委员会对 BOT 的定义略有差别。在此选取比较通行的定义：政府（中央或地方政府/部门）通过特许权协议，授权项目发起人（民营企业、外资企业、法人国企）联合其他公司或股东为某个项目（主要是自然资源开发和基础设施项目）成立专门的项目公司，负责该项目的融资、设计、建造、运营和维护，在规定的特许期内向该项目（产品/服务）的使用者收取适当的费用，由此回收项目的投资（还本付息）、经营和维护等成本，并获得合理的回报；特许期满后，项目公司将项目（一般免费）移交给政府。在国际融资领域 BOT 不仅仅包含了建设、运营和移交的过程，更主要的是项目融资的一种方式，具有有限追索的特性。

BOT 项目融资的优点，一是有利于分散和转移项目风险，降低项目所在地政府的债务风险。二是有利于加快基础设施建设，减少政府财政负担。三是可以借鉴外来先进的技术和项目管理经验。四是有利于提高基础设施项目的建设和使用效率。BOT 项目具有系统外风险和系统风险。系统外风险主要包括：不可抗力风险、国有化风险、政府越权干预风险、违约风险、公共政策及法律变化风险、金融风险等。系统风险又称可控风险，主要包括：信用风险、市场风险、竞争性风险、建设工程风险（完工风险）、运营维护风险和环境风险。

②TOT 模式。TOT（Transfer-Operate-Transfer）即转让-经营-转让，是指通过转让出售现有投产项目在一定期限内的现金流量从而获得资金建设新项目的一种融资方式。具体来说，就是指把已经投产运行的项目在一定期限内移交给受让方

经营，以项目在该期限内的现金流量为标的，一次性地从受让方融得资金，用于建设新的项目；受让方经营期满后，再把项目移交回来。中国山东的烟台至威海高速公路、上海南浦大桥、杨浦大桥及过江隧道均成功实施了 TOT 融资方式。

TOT 方式的优势，一是融资方式只涉及已建基础设施项目经营权的转让，不存在产权、股权的让渡，避免不必要的争执和纠纷。回避了国有资产流失问题，保证了政府对公共基础设施的控制权，使得问题尽量简单化。二是减少政府财政压力，促进投资体制的转变。三是有利于盘活国有资产存量，实现国有资产保值增值，为新建基础设施筹集资金，提高基础设施运营管理效率，提高项目产品质量。四是风险小，项目引资成功率高。五是项目成本和项目产品价格相对较低。六是受体制因素制约较少，方便外资和国内民营资本参与基础设施和国企投资。

城市基础设施投融资体制改革为中国城市基础设施建设提供了广阔的资金平台，投融资主体实现多元化，为加快城市基础设施建设奠定了基础。

5.7 政 府 作 用

（1）审定和监管市政公用产品和服务价格

在充分考虑资源的合理配置和保证社会公共利益的前提下，遵循市场经济规律，根据行业平均成本并兼顾企业合理利润确定市政公用产品或服务的价格（收费）标准。

（2）保障市政公用企业通过合法经营获得合理回报

若为满足社会公众利益需要，企业的产品和服务定价低于成本，或企业为完成政府公益性目标而承担政府指令性任务，政府应给予相应的补贴。

（3）以法律的形式明确投资者、经营者和管理者的权力、义务和责任，明确政府及其主管部门与投资者、经营者之间的法律关系

目前，我国市政公用事业的行业法规建设还滞后于行业发展的步伐，行业法规与行业改革发展相脱节的情形依然普遍存在。主要体现在市政公用事业行业法规滞后于社会环境的新变化，以及法规之间存在冲突、衔接不力。为此，需建立健全法律法规体系，真正实现依法监管。

（4）通过规定的程序公开向社会招标选择投资者和经营者

按照《中华人民共和国招标投标法》的规定，首先向社会发布特许经营项目的内容、时限、市场准入条件、招标程序及办法，在规定的时间内接受申请；组织专家根据市场准入条件对申请者进行资格审查和严格评议，择优选择特许经营权授予对象；在新闻媒体上对被选择的特许经营权授予对象进行公示，接受社会监督；公示期满后，由城市市政公用行业主管部门代表城市政府与被授予特许经营权的企业签订特许经营合同。政府直接委托经营权的，由主管部门与受委托企

业签订经营合同。

5.8　农村基础设施

1. 概述

2019 年 8 月 7 日统计局发布新中国成立 70 周年经济社会发展成就系列报告，指出：我国乡村基础设施显著增强。具体表现为：农田水利建设得到加强，防灾抗灾能力增强；农业机械化程度明显提高，大大解放了生产力；水电路网建设提速，农民生活更加方便快捷；垃圾污水处理能力提升，农村人居环境明显改善等。

（1）农田水利建设得到加强，防灾抗灾能力增强

藏粮于地是保障国家粮食安全、推动现代农业发展的重要举措。新中国成立初期，农业生产基础单薄。20 世纪 50~70 年代，在十分困难的条件下推进了农田水利设施建设。改革开放以来，我国持续开展农业基础设施建设，不断完善小型农田水利设施，农田灌溉条件明显改善。2018 年全国耕地灌溉面积 10.2 亿亩，比 1952 年增长 2.4 倍，年均增长 1.9%。深入实施耕地质量保护与提升工程，加快建设集中连片、旱涝保收、高产稳产、生态友好的高标准农田，全国累计建成高标准农田 6.4 亿亩，完成 9.7 亿亩粮食生产功能区和重要农产品生产保护区划定任务。农业生产条件持续改善，"靠天吃饭"的局面逐步改变。

（2）农业机械化程度明显提高，大大解放了生产力

深入实施藏粮于技战略，推进农业机械化发展，加快农业科技创新及成果转化。农业物质技术装备水平显著提升，1952 年全国农业机械总动力仅 18.4 万千瓦，1978 年为 11750 万千瓦，2018 年达到 10.0 亿千瓦。主要农作物耕种收综合机械化率超过 67%，其中主要粮食作物耕种收综合机械化率超过 80%。农业机械化水平大幅提高，标志着我国农业生产方式以人畜力为主转入以机械作业为主的阶段。科技在农业生产中的作用日益增强，2018 年我国农业科技进步贡献率达到 58.3%，比 2005 年提高了 10.3%。科技助力粮食单产不断提升，由 1952 年的 88 千克/亩提高到 2018 年的 375 千克/亩。

（3）水电路网建设提速，农民生活更加方便快捷

新中国成立初期，我国绝大部分农村照明靠煤油灯，饮水直接靠井水、河水。20 世纪 50~70 年代农村建设有了发展。改革开放以来，农村基础设施建设不断加强，电气化有序推进。农村用电量由 1952 年的 0.5 亿千瓦时增加到 2018 年的 9359 亿千瓦时。实施农村饮水安全工程，乡村饮水状况大幅改善。农普结果显示，47.7%的农户饮用经过净化处理的自来水。公路和网络建设成效明显，据交通运输部统计，全国农村公路总里程由 1978 年的 59.6 万千米增加到 2018 年的 404 万千

米。截至 2018 年底，99.6%的乡镇、99.5%的建制村通了硬化路，99.1%的乡镇、96.5%的建制村通了客车，建好、管好、护好、运营好的"四好"农村路长效机制正在形成。农普结果显示，61.9%的村内主要道路有路灯；99.5%的村通电话；82.8%的村安装了有线电视；89.9%的村通宽带互联网。

（4）垃圾污水处理能力提升，农村人居环境明显改善

党的十八大以来，各地牢固树立"绿水青山就是金山银山"的理念，积极推进美丽宜居乡村建设，村容村貌日益干净整洁。建立健全符合农村实际、方式多样的生活垃圾收运处置体系，推广低成本、低能耗、易维护、高效率的污水处理技术，推动城镇污水管网向周边村庄延伸覆盖，曾经"垃圾靠风刮、污水靠蒸发"的农村环境逐渐成为历史。农普结果显示，90.8%的乡镇生活垃圾集中处理或部分集中处理，73.9%的村生活垃圾集中处理或部分集中处理，17.4%的村生活污水集中处理或部分集中处理。农村"厕所革命"加快推进，基本卫生条件明显改善。农普结果显示，使用水冲式卫生厕所的农户占 36.2%；使用卫生旱厕的农户占12.4%。

大力加强农田水利、耕地质量和生态建设。在搞好重大水利工程建设的同时，不断加强农田水利建设。加快发展节水灌溉，继续把大型灌区续建配套和节水改造作为农业固定资产投资的重点。加大大型排涝泵站技术改造力度，配套建设田间工程。大力推广节水技术。实行中央和地方共同负责，逐步扩大中央和省级小型农田水利补助专项资金规模。切实抓好以小型灌区节水改造、雨水集蓄利用为重点的小型农田水利工程建设和管理。继续搞好病险水库除险加固，加强中小河流治理。要大力加强耕地质量建设，实施新一轮沃土工程，科学施用化肥，引导增施有机肥，全面提升地力。增加测土配方施肥补贴，继续实施保护性耕作示范工程和土壤有机质提升补贴试点。农业综合开发要重点支持粮食主产区改造中低产田和中型灌区节水改造。按照建设环境友好型社会的要求，继续推进生态建设，切实搞好退耕还林、天然林保护等重点生态工程，稳定完善政策，培育后续产业，巩固生态建设成果。继续推进退牧还草、山区综合开发。建立和完善生态补偿机制。做好重大病虫害防治工作，采取有效措施防止外来有害生物入侵。加强荒漠化治理，积极实施石漠化地区和东北黑土区等水土流失综合防治工程。建立和完善水电、采矿等企业的环境恢复治理责任机制，从水电、矿产等资源的开发收益中，安排一定的资金用于企业所在地环境的恢复治理，防止水土流失。

2. 指导方针

加快乡村基础设施建设。要着力加强农民最急需的生活基础设施建设。在巩固人畜饮水解困成果基础上，加快农村饮水安全工程建设，优先解决高氟、高砷、苦咸、污染水及血吸虫病区的饮水安全问题。有条件的地方，可发展集中式供水，

提倡饮用水和其他生活用水分质供水。要加快农村能源建设步伐，在适宜地区积极推广沼气、秸秆气化、小水电、太阳能、风力发电等清洁能源技术。从 2006 年起，大幅度增加农村沼气建设投资规模，有条件的地方，要加快普及户用沼气，支持养殖场建设大中型沼气。以沼气池建设带动农村改圈、改厕、改厨。尽快完成农村电网改造的续建配套工程。加强小水电开发规划和管理，扩大小水电代燃料试点规模。要积极推进农业信息化建设，充分利用和整合涉农信息资源，强化面向农村的广播电视电信等信息服务，重点抓好"金农"工程和农业综合信息服务平台建设工程。引导农民自愿出资出劳，开展农村小型基础设施建设，有条件的地方可采取以奖代补、项目补助等办法给予支持。按照建管并重的原则，逐步把农村公路等公益性基础设施的管护纳入国家支持范围。

3. 方式

加强村庄规划和人居环境治理。随着生活水平提高和全面建设小康社会的推进，农民迫切要求改善农村生活环境和村容村貌。各级政府要切实加强村庄规划工作，安排资金支持编制村庄规划和开展村庄治理试点；可从各地实际出发制定村庄建设和人居环境治理的指导性目录，重点解决农民在饮水、行路、用电和燃料等方面的困难，凡符合目录的项目，可给予资金、实物等方面的引导和扶持。加强宅基地规划和管理，大力节约村庄建设用地，向农民免费提供经济安全适用、节地节能节材的住宅设计图样。引导和帮助农民切实解决住宅与畜禽圈舍混杂问题，搞好农村污水、垃圾治理，改善农村环境卫生。注重村庄安全建设，防止山洪、泥石流等灾害对村庄的危害，加强农村消防工作。村庄治理要突出乡村特色、地方特色和民族特色，保护有历史文化价值的古村落和古民宅。要本着节约原则，充分立足现有基础进行房屋和设施改造，防止大拆大建，防止加重农民负担，扎实稳步地推进村庄治理。

5.9　基础设施建设"绿色化"

党的十九届五中全会审议通过的《中共中央关于制定国民经济和社会发展第十四个五年规划和二〇三五年远景目标的建议》明确提出二〇三五年"美丽中国建设目标基本实现"的社会主义现代化远景目标和"十四五"时期"生态文明建设实现新进步"的新目标新任务，为新时代加强生态文明建设和生态环境保护提供了方向指引和根本遵循。

基础设施建设逐步实现"绿色化"，将成为未来我国推进基础设施建设的重要方向。

基础设施高质量发展，要求现代基础设施达到"集约高效、经济适用、智能绿色、安全可靠"要求。应该说,我们目前还存在较大差距,包括绿色基础设施建设的财税支持政策仍不健全,基础设施绿色化评价标准空缺,没有统一标准衡量基础设施的绿色化水平,生态环保基础设施建设与5G、人工智能、工业互联网等产业融合的市场机制还没有建立起来。

与此同时,一些大型基础设施建设对生态空间的占用问题仍比较突出,施工过程中的废水、废气、固废排放管理仍不到位,对生物栖息地的干扰仍然存在,这些问题都需要通过基础设施建设的绿色化予以解决。

1. 制定基础设施绿色化准入标准

依据资源环境空间分布特点,明确基础设施选址选线的准入、监管等绿色化要求。按照传统基础设施和新型基础设施的不同类别,从节能降耗、生态保护、污染防治、资源循环利用等方面制定绿色评价标准。

2. 推动传统基础设施和技术装备的绿色化更新换代

例如,加快淘汰老旧车,高污染排放生产工艺和设备提标改造等。依托国家生态环境保护科技成果转化平台,搭建技术成果与用户的桥梁,让先进的科技成果加快基础设施建设绿色化进程。

3. 提高基础设施建设和运行过程的绿色化水平

针对一些河流湖泊断流干涸、生态流量不足的问题,科学确定生态流量、生态水位要求,作为水资源工程建设的重要依据。在市政基础设施建设方面,针对施工扬尘污染问题,推广绿色施工模式。对于城镇污水处理、生活垃圾收集处理等设施,对建设和运行全过程开展绿色评价。超前布局生态环境信息网络基础工程、覆盖全国的生态环境5G监测网络、生态环境大数据平台。

4. 推进绿色城镇化,重视生态基础设施建设

目前生态环保基础设施多侧重于污染防治,市政基础设施与当地自然环境、景观协调性的融入普遍不足,生态保护修复对经济发展的带动作用发挥也不够。在这方面,可以以生态文明示范城市建设、"海绵城市"为切入点,按照目前国际上推行的"基于自然解决方案"的思路,鼓励各地开展生态景观、绿地系统、生态廊道等生态基础设施建设和生态修复,通过生态系统服务功能恢复提升,拓展公众休憩空间,提高生活品质。结合乡村振兴战略实施,统筹城乡生态环保基础设施规划和建设,通过生态基础设施联通城乡,链接被切断的生态廊道。

基础设施建设模式的绿色化转型,将成为"十四五"时期生态文明建设的重

要内容之一。

5. 加强农村基础设施建设

全面建成小康社会，农村是短板，而农村的短板最直观地体现在基础设施等领域。投入大、周期长、影响广，投资建设不可能一蹴而就。精准识别乡村基础设施建设的短板、对农村基础设施的供给类别进行精准排序、把财政资源向亟须补齐的短板倾斜是补短板的前提。

从供给导向向需求导向转变，准确把握农业农村基础设施供给方向。

1）精准识别乡村基础设施建设的痛点、堵点

交通物流设施、农田水利基础设施网络、农村现代能源体系、信息化基础设施是乡村产业迈向现代化、智能化、平台化、虚拟化的关键纽带。农村饮水、宽带网络等是与乡村居民生活关系最密切的基础设施，这些基础设施对农业生产、生活的影响存在滞后性，需要超前规划和建设。这样，投资建设的重点就要放在农村水利、电力、通信、道路、供水、垃圾污水处理、农村互联网普及等农业生产和生活基础设施供给上。要鼓励商贸、仓储、运输、邮政、快递、供销等企业向农村延伸服务网络，构建农村物流基础设施骨干网络，推进农产品电商配套设施建设，着力解决物流入村"最后一公里"问题，突出基础设施的普惠性和可持续性。

2）坚持因村施策、精准施策，分区域解决好生产性基础设施、生活性基础设施薄弱问题

特别是当前要遵循乡村振兴规划，按照城乡融合类、集聚提升类、特色保护类、搬迁撤并类明确每个村庄的建设重点和发展方向。目前我国有 60.2 万个村（行政村）、238.5 万个组（自然村），空间上呈分散分布式的形态。因此，单一的农业、旅游、国土空间、产业等基础设施规划思路，会导致投资数量巨大，地方财政压力增大。特别是"人少地多"的空心村、大城市远郊区乡村，如果因循集中化的公共投资方式，势必造成运营维护和公共投资的巨大浪费。所以，有必要在对供给类别进行精准排序的前提下，因地制宜地寻找差异化的发展策略，分类统筹推进农村基础设施建设。

3）高效率、高质量推进乡村基础设施项目建设，不仅注重数量的增加，更关注质量的提升

经过多年的建设，我国乡村基础设施特别是生活基础设施建设已经取得很大成就，但与城市相比仍有差距，尚未有效支撑起农业强、农村美、农民富的发展需求。因此，乡村基础设施建设尚需提档升级。

4）创新乡村基础设施投入长效机制

乡村基础设施大多属于公共产品和准公共产品范畴，补短板需要政府、社会资本与广大农村居民的共同努力。所以，应构建起事权清晰、权责一致、中央支持、省级统筹、县级负责的农村基础设施投入体系，既要发挥政府的主导性作用，也要发挥市场机制的决定性作用和社会机制的辅助性作用。

5）厘清乡村基础设施投资中政府与市场机制的作用及其关系机理，进而建立起多方参与、机制互补的乡村基础设施投入模式

①突出政府在乡村基础设施投入中的主导地位。提供公益性乡村基础设施是各级地方政府的基本职责和义务。在财政资金充足的情况下，政府应发挥主导作用，为乡村提供充足的基础设施资金保障。特别是在投资规模巨大、外部生态效益和社会效益明显的基础设施领域，中央和地方政府财政投入是最有效的投资模式。

②发挥社会资本的辅助作用。当政府的财政实力不能满足准公益性乡村基础设施巨大的投资需求时，就需要进一步破除市场与社会主体进入补短板各领域和各环节的门槛。地方政府探索通过政府购买服务、政府与社会资本合作、贷款贴息等方式，吸引社会力量广泛参与，引导工商资本、金融资本积极主动承接政府的服务供给职能，大力提升农村基础设施投资的市场化、社会化水平，实现政府、社会资本、农村居民等多方共赢。

③积极探索让农村居民参与的内生型与可持续性的补短板路径。广大农村居民是农村基础设施建设的直接受益群体，所以应引导农村集体经济组织和居民也参与到项目建设和管理上来，推广中小型基础设施"政府投资+村民自建"机制，保障其知情权、参与权和监督权。

6）补齐乡村数字化基础设施短板

随着物联网、大数据、区块链、人工智能、5G通信网络、智慧气象等现代信息技术在农业领域的应用，打造集约高效、绿色智能、安全适用的乡村信息基础设施成为各方共识和趋势。2019年5月中共中央、国务院发布《数字乡村发展战略纲要》，其中把"加快乡村信息基础设施建设"作为第一项重点任务，指出乡村数字化基础设施建设是有效推进农村数字经济发展的物质基础。在实践中，我们也要看到，补齐农村信息基础设施短板，抢占数字农业农村制高点，弥补城乡数字鸿沟，是推动农业高质量发展和乡村全面振兴、实现全面建成小康社会目标的重要一步。

如何利用新一代信息技术完善乡村基础设施建设，满足农村居民对信息的需求，就成为当前建设数字乡村必须考虑的首要问题。

（1）大幅度提升乡村网络设施水平

通信基础设施是数字经济发展的基础和网络支撑，根据数字乡村发展规划，加快构建高速通畅的通信网络是补齐乡村数字短板最重要的一环。要实现到2025

年明显缩小城乡"数字鸿沟"的目标，重点应该放在提升乡村通信网络设施建设水平方面。具体而言，就是要把补短板重点放在提高乡村光纤宽带接入能力上，持续提高乡村光纤宽带网络家庭住户覆盖率和接入速率，加快推进各行政村特别是偏远地区通宽带工程建设。全面打通信息传播的"最后一公里"，让农民享受更多的互联网红利，为全面建成小康社会提供坚实的网络保障。

（2）按照"存量共享，增量共建"的原则加强乡村通信基础设施的共建共享

通信基础设施具有很强的基础性、公共性和强外部性，必须与其他基础设施和各类技术高度耦合才能实现新基建的集约建设和规模化发展。另外，共建共享还要特别强调大力推进跨行业的共建共享，以避免各种基础设施的重合开工和建设。

（3）健全城乡通信基础设施一体化建设、管护机制

在新型基础设施建设中加大对县域及县域以下的支持力度，让农村社会经济生活和农业生产经营呈现网络化、信息化、数据化、平台化和智能化等特点，为生产信息化、经营信息化、管理信息化、服务信息化提供基础支撑。

（4）培育壮大农业信息化产业

引导大型传感器制造商、物联网服务运营商、信息服务商等进入农业、农村信息化领域，积极提升农业信息化科技创新能力，完善相应的支付体系、征信体系和网络监管体系。特别是要鼓励大型互联网企业积极参与农村数字普惠金融，构建"政、企、银"三位一体的多方合作机制，为乡村数字化基础设施建设提供金融支撑。

5.10　我国新型基础设施建设面临的机遇与挑战

从国际国内发展经验看，每当经济面临下行压力，基础设施建设便成为发展经济的重要动力。2018 年以来，我国面临着外有国际贸易保护主义抬头、中美经贸问题，内有经济增速放缓等多重压力。但在我国以"铁公基"为主的传统基础设施建设逐步完善，建设边际效益趋减的情况下，传统基建投资对经济的拉动作用正在减弱，而信息基础设施对于国民经济的拉动作用在学界已早有公认。因此，将人工智能、工业互联网、物联网等为代表的新一代信息化基础设施纳入国家基础设施建设的范畴中，不仅有利于发展数字经济为代表的经济新动能，形成新的经济增长极，而且还有利于推动传统产业的数字化转型，成为拉动国民经济发展新的重要引擎。

1. 新型基础设施建设面临三大机遇

1）中央高度重视，地方积极响应，为新型基础设施建设提供了优越的政策环境

①中央高度重视、超前布局。中央及各部门不断加强顶层布局，早在"十三五"规划纲要中就提出"积极推进第五代移动通信（5G）和超宽带关键技术研究，启动 5G 商用"，并于 2017 年首次写入政府工作报告，进一步提出要"加快人工智能、第五代移动通信（5G）等技术研发和转化，做大做强产业集群。"2018 年 12 月，中央经济工作会议首次提出要"加快 5G 商用步伐，加强人工智能、工业互联网、物联网等新型基础设施建设"。2019 年 7 月 30 日，中央政治局会议针对下半年经济工作部署，再次提出要"加快推进信息网络等新型基础设施建设"。

②各地政府积极响应，快速行动。近几年来，有 80% 以上的省级政府成立了大数据局或大数据中心，各地争相举办互联网大会、数博会、智博会等高层次的专业化论坛、会议，并积极推动 5G、大数据、云计算、物联网等各类数字化项目试点示范。同时，与人工智能、物联网、工业互联网等新型基础设施相关的政策也密集出台。2018 年以来，各地出台的工业互联网相关政策就多达 120 项，人工智能相关政策有 75 项，物联网相关政策也有 32 项。这些政策为加大新型基础设施建设力度、提升信息产业基础能力和产业链水平、推动新一代信息技术与制造业深度融合创造良好政策环境。

2）我国互联网发展速度和规模在全球遥遥领先，为新型基础设施建设提供了良好的发展基础

目前，我国在互联网发展和信息技术方面有三方面优势，为新型基础设施建设提供较好基础。

（1）我国互联网快速普及，形成较好的用户基础

2002 年，我国互联网普及率仅为 4.6%，到 2019 年 6 月，我国网民规模达 8.54 亿，位居全球第一，普及率达 61.2%，超过全球平均水平（55%）6.2%。与此同时，中国移动互联网也高速发展，至 2019 年 6 月，网民使用手机上网的比例达 99.1%。随着我国互联网尤其是移动互联网的快速普及和"互联网+"战略的深入推进，移动支付、共享出行等一批跨界融合催生的新业态、新应用发展迅猛，并进一步促进互联网更深度融入民众生活，强大的用户基础为新型基础设施提供了深厚的发展土壤。

（2）我国数据正呈爆炸式增长，数据价值将进一步被激活

国际数据公司（IDC）和数据存储公司希捷的一项研究显示，2018 年中国约产生 7.6ZB 的数据，美国约产生 6.9ZB 的数据，到 2025 年预计中国将增至 48.6ZB，美国增至 30.6ZB，中国在数据量方面已超过美国，领先幅度还将不断增大。十九

届四中全会首提数据作为生产要素并参与分配，更彰显了中央对数据价值的充分认可。在这个数据正日渐成为全球经济赖以运行的"通货"且对人工智能、工业互联网和物联网等新一代技术至关重要的时代，我国的数据"原材料"储备领先全球。

（3）我国在移动通信领域处于领先，形成较好的技术基础

在移动通信领域，我国经历了 1G 空白、2G 跟随、3G 突破、4G 同步、5G 引领的追赶并反超的历程。以 5G 为代表，中国有史以来第一次在信息技术领域领先全球。中国持有的 5G 核心专利数量占世界的 34%，远远领先于韩国的 25%、美国的 14% 和日本的 5%。特别是华为率先推出 5G 终端芯片、网络设备芯片和鸿蒙操作系统，进一步增强了我国在未来数字技术领域发展的底气和信心，使我国在数字技术方面有了可能换道超车的重大机遇，也为新型基础设施建设提供了坚实的技术支撑。

3）我国经济社会数字化转型的巨大需求，为新型基础设施建设提供了广阔的应用空间

当前，我国经济已由高速增长阶段转向高质量发展阶段，正处于转变发展方式、优化经济结构、转换增长动力的攻关期。面对国际国内复杂形势，特别是当前国内经济下行压力，亟须向创新要动力。根据美联储测算，2004~2012 年美国劳动生产率增长中，数字化技术贡献度达 43%，接近其他所有技术对生产率增长的贡献之和。正因如此，以数字化技术促进传统行业转型升级，全力推动经济模式向形态更高级、结构更合理的方向演进成为各国经济角逐的重点领域。根据中国信息通信研究院测算，2016 年 G20 国家中数字经济融合规模我国已经跃居第二，但仅为美国体量的三分之一，GDP 占比也仅为 23.3%，远低于美、德、英等占比 50% 以上的水平。

我国幅员辽阔、人口众多、经济体量庞大，经济社会运行各方面产生的数据规模、复杂程度和潜在价值均十分巨大，为加强新型基础设施建设提供了广阔的应用空间。从新型基础设施发展规模的测算来看，2018 年移动通信产生了 7500 亿美元的经济贡献，占 GDP 的 5.5%，预计到 2023 年将达到 8700 亿美元，到 2025 年，中国 5G 渗透率将超出全球平均 10%，将成为最大的 5G 单一市场，对 GDP 的贡献将超过万亿美元。人工智能在 2018 年市场规模达到 560 亿元，预计到 2022 年，对我国经济贡献将超过 5580 亿元。物联网方面，我国相关产业规模预计 2020 年有望突破 1.5 万亿元，比 2016 年的 9300 亿元增幅将近 61.3%。工业互联网方面，预计到 2020 年市场规模将达到 6964.4 亿元，相比于 2017 年的 4709.1 亿元，增幅超过 47.9%。

2. 当前新型基础设施建设存在的主要问题

1）新型基础设施所需核心元件高度依赖进口

如同传统基础设施建设需要夯实地基一样，芯片可谓是新型基础设施建设所必需的基础。而我国在这方面起步较晚，自主研发能力薄弱，总体水平尚未迈入世界先进行列，庞大的市场需求主要由进口支撑，以致贸易逆差巨大。海关总署数据显示，2013年以来，我国每年进口芯片金额在2000亿美元以上。2018年我国芯片行业进出口总额为3966.8亿美元。其中，出口额为846.3亿美元，进口额为3120.5亿美元，贸易逆差额为2274.2亿美元，贸易逆差首次突破2000亿美元关口，增幅近18%。可以看出，我国对进口芯片的依赖程度不仅没有缓和，甚至不断加深。2018年以来的中美经贸问题中，美国政府肆意以断供芯片来制裁我国高新技术企业，使我们感受到信息技术的"命门"受制于人的切肤之痛，同时更清楚地看到，芯片以及操作系统等已经不是一般的核心技术和产品，而是和国家安全息息相关。如果新型基础设施建设的"地基"受制于人，再好的互联网应用软件都是空中楼阁，经不起风雨。

2）新型基础设施建设所需人才供不应求

新型基础设施建设相关行业发展较快，人才需求增长迅猛。而教育行业反应相对滞后，导致现阶段人才缺口较大。互联网招聘大数据显示，在5G领域，2018年企业人才需求同比2017年增长57.62%。在人工智能领域，仅2017年一年，人才需求量就增长将近2倍，知识型、技术型人才更为抢手，而程式化、重复性的岗位呈现下降趋势。在物联网领域，2019年春招旺季中，相关的嵌入式工程师人才需求同比增速超过46%，同时传输工程师和无线射频工程师的需求同比增幅也均超过80%，人才紧缺程度高于其他技术职位。人才的缺口不仅体现在数量上，也体现在质量上。新型基础设施相关领域中鲜有高端人才，后续技术创新、研发能力极大受限。在人工智能领域，据清华大学中国科技政策研究中心发布的《中国人工智能发展报告》显示，截至2017年，中国人工智能人才占世界总量的8.9%，虽然全球排名仅次于美国的13.9%，但按高H因子（用于评价科学家科研绩效的指数）衡量，中国在该领域的杰出人才只有977人，不及美国的五分之一。

3）新型基础设施相关科研创新水平相对较低

目前我国与新型基础设施有关的科研论文存在"量大质低"的现象。部分科研人员缺乏长期深入研究，只盲目追求发论文数量，质量上则只在较低水平重复，论文国际影响力不足。例如，对《科学引文索引SCI》中与"物联网"相关论文数据分析显示，2009~2018年，中国共发表相关论文2495篇，是美国1609篇的1.55倍，但论文的平均被引次数仅为9.68次，远低于美国的14.51次，甚至低于全球平均水平10.39次。这表明我国的相关研究在深度和创新性方面都较为欠缺，距离世界先进水平整体差距明显。从专利申请看，我国与欧美发达国家也存在明显差距。例如，在我国物联网核心技术射频识别 RFID 领域，专利申请数量排名前十的机构有七家是外国企业，申请专利占比超过 64%。这种现象一方面表明我国相关研发较国外仍有距离，另一方面也显示出外国优势企业积极在我国新型基础设施领域进行专利布局，客观上对我国相关产业发展和科研成果产业化构成一定打压和封锁的态势。

4）新型基础设施平台应用不足、效益不明

我国传统工业企业设备数字化率较低，推进工业互联网基础薄弱。清华大学《2017 中国数字经济发展报告》显示，2017 年我国企业设备数字化率为 44.8%、数字化设备联网率为 39%。用云量是衡量工业互联网改造程度的一个重要指标，据腾讯《用云量与数字经济发展报告》显示，2017 年，传统工业企业用云量只占全国用云量的 1.4%，不及金融行业上云量的 1/3。究其原因，一是受景气程度影响，制造业企业尤其是中小企业受自身能力和资金限制，设备改造和数据采集难度较大。二是出于对工业互联网改造所能带来的经济效益持怀疑态度，部分企业对投入资金进行改造的动力不足。三是工业互联网智能软件数量不多，企业联网后可使用的功能有限，无法有效提升生产效率，影响企业意愿。

5）新型基础设施面临的信息安全风险更加凸显

在新型基础设施建设的推进过程中，大量设备联网也给我国的网络安全带来新压力。与电脑有所不同，路由器、交换机和网络摄像头等联网智能设备本身抵御攻击能力较弱，并且被控后不易发现。数据显示，2017 年国家信息安全漏洞共享平台收录的安全漏洞中，联网智能设备安全漏洞多达 2440 个，同比增长 118.4%。大量设备联网后，如果遭受网络攻击可能造成电力、交通、金融、医疗等方面大规模瘫痪，导致灾难性后果。此外，民众对于信息技术高速发展带来个人隐私安全问题也存在着担忧，抵触情绪有升高的可能。近期，智能音箱可能"窃听"、AI 换脸可能招致用户脸被伪造、自家摄像头监控可能成网络直播现场、智能家居泄露用户信息等话题，再度引发舆论的广泛关注。如果不能有效处理安全问题，随着新型基础设施建设的推进，上至国家下至民众都会面临巨大安全隐患。

3. 加快推进我国新型基础设施建设和应用的建议

1）形成顺畅高效的体制机制

新型基础设施建设前期资本投入量大而投资回报期较长，且建设过程存在较大不确定性，需要充分发挥我国集中力量办大事的制度优势，强化顶层统筹力度，形成统一领导、分工合理、责任明确、运转顺畅的推进机制，打造数字化转型的"新型举国体制"。

2）强化核心技术自主创新能力

构建有利于我国高技术产业自主创新的制度环境，积极开展对外技术交流，学习借鉴国外有益经验，提高自主创新的起点和水平。加强培养和吸引创新人才，构建具有全球竞争力的人才制度，加快形成良性有序的人才流动机制以及与创新相容的人才激励机制。大幅度增加基础研究投入，在5G、人工智能、工业互联网、物联网的核心技术领域长期投入，以期取得基础研究的较大突破。

3）加大新型基础设施产业应用

一方面，推进数字产业化，将新型基础设施创新成果转化为推动经济社会发展的现实动力，通过现代信息技术的市场化应用，不断催生新产业、新业态、新模式，最终形成数字产业链和产业集群。另一方面，推进产业数字化，以增量带动存量，利用好现代信息技术对传统产业进行全方位、全角度、全链条的改造，通过推动5G商用、人工智能和工业互联网、物联网的深度融合，提高全要素生产率。

4）优化新型基础设施空间布局

一方面，充分发挥东部地区的技术、人才、产业优势和中西部地区的资源优势，实施"东数西算"工程，即在东部依托新型基础设施加快发展无人驾驶、智能制造等产业，在中西部地区建设若干大规模数据中心，重点承接东部运算需求，缓解东部地区算力不足的矛盾，同时促进中西部地区将"瓦特"产业转化为"比特"产业。另一方面，在海南、云南、贵州、新疆、内蒙古等地，建设面向东南亚、南亚、中亚、东北亚的离岸数据中心，推进与"一带一路"相关国家的数字合作，把新型基础设施应用推广到有关国家和地区，巩固我国数字化应用的领先地位。

我国基础设施建设取得举世公认的成就，同时也存在各种问题，如缺乏高质量的政策指导和系统性规划，重工程建设、轻运营管理，结构性矛盾突出，发展存在不平衡不充分等问题，创新性和竞争力欠缺，对经济社会高质量发展的保障能力不足，存在各种类型的瓶颈制约因素，基础设施补短板的任务仍很艰巨。

5.11 学习心得和启示

（1）基础设施建设是国民经济的物质基础，它的重要性是非常清楚的，我国在这方面已经取得了重大的成就，例如我国的交通网络、可再生能源、水利工程、网络通信等等。但是我们还有一些迫切需要解决的短板问题，例如大型民用飞机的制造、现代水利工程、生态环保工程、公共卫生系统等等。

（2）新型基础设施建设。从短期看，加快新型基础设施建设能够扩大国内需求、增加就业岗位，有助于消除疫情冲击带来的产出缺口、对冲经济下行压力。从长远看，适度超前的新型基础设施建设能够夯实经济长远发展的基础，显著提高经济社会运行效率，为我国经济长期稳定发展提供有力支撑。当前，我国经济已进入高质量发展阶段，具有多方面优势和条件，同时发展不平衡不充分问题仍然突出。加快新型基础设施建设，必须坚持以新发展理念为引领，面向高质量发展需要，聚焦关键领域、薄弱环节锻长板、补短板。比如，聚焦新一代信息技术关键领域锻长板。适度超前布局 5G 基建、大数据中心等新型基础设施，通过 5G 赋能工业互联网，推动 5G 与人工智能深度融合，加快建设数字中国，从而牢牢把握新一轮科技革命和产业变革带来的历史性机遇，抢占数字经济发展主动权。

在此基础上，推动新一代信息技术与制造业融合发展，加速工业企业数字化、智能化转型，提高制造业数字化、网络化、智能化发展水平，推进制造模式、生产方式以及企业形态变革，带动产业转型升级。又如，聚焦区域一体化发展薄弱环节补短板。目前，中心城市和城市群等经济发展优势区域正成为承载发展要素的主要空间，但同时面临着地理边界限制、区域能源安全保障不足等薄弱环节和短板。需要加快布局城际高速铁路和城际轨道交通、特高压电力枢纽以及重大科技基础设施、科教基础设施、产业技术创新基础设施等，统筹推进跨区域基础设施建设，不断提升中心城市和重点城市群的基础设施互联互通水平。

（3）交通强国建设，是我国基础设施建设的一个十分重要的部分，我国的高速铁路网里程位居世界第一，低速、中速和高速磁悬浮系统都已经开发成功。目前，《交通强国建设纲要》中明确提出"合理统筹安排时速 600 千米级高速磁悬浮系统"。广东、海南、安徽、成都多省市政府都提出高速磁悬浮规划。发展 600 千米级高速磁浮系统有多个重大意义。一是有助于实现"交通强国"建设 123 交通圈的目标，支撑实现"交通强国建设纲要"主要城市间"3 小时交通圈"的目标及城市群 2 小时交通圈的发展目标的实现。二是有助于实现世界一流交通服务。时速 600 千米磁悬浮交通系统，能大大提升人们远途旅行的快速性、舒适性、便捷性，改变经济地理区位特点、区域竞争力和生活方式。三是有利于巩固我国高速铁路技术等新技术装备的领先地位，对推动我国科学研究与尖端工程技术引领、带动相关产业发展升级有重要意义。

我国的高速铁路系统已遍及各种纬度地区，可以适应各种气候条件，"八纵八横"的高铁网，基本可以补足我国大飞机不足的短板，加上密集的高速公路网，就可以形成相当先进的陆上和空中交通系统。

（4）住房建设也是基础设施重要的组成部分，其中包括了城乡旧房的改造。第一轮旧房改造，解决了旧房外表残缺、网络布线混乱等等问题，取得了很大成绩，第二轮旧房改造，应当着重对旧房内部的能源应用进行绿色化，节能减排，最大限度减少对环境的污染，这方面的工作相当繁重复杂，而且与碳达峰和碳中和的目标有密切关系，时间紧迫，必须抓紧进行。

第6章 绿色能源

6.1 概　述

　　能源是国民经济的基础，在军事方面，及提高人民生活方面，也非常重要。此外，在解决全球气候变暖和建立全人类命运共同体方面更有极大的关联性。

　　我国的能源结构，化石能源比重仍然比较高，污染环境，破坏生态平衡，因此必须对能源进行绿色化，建立绿色能源。在全球其他国家，也在对能源进行绿色化，已经逐渐建立了广泛的共识。

1. 能源危机

　　能源是整个世界发展和经济增长的最基本的驱动力，是人类赖以生存的基础。自工业革命以来，能源安全问题就开始出现。由于石油、煤炭等大量使用的传统化石能源日渐枯竭，到 21 世纪中叶，也即 2050 年左右，按照已探明储量，石油资源将会开采殆尽，其价格也会飙升，如果新的绿色能源体系尚未建立，能源危机将席卷全球，最严重的状态，莫过于工业大幅度萎缩，或甚至因为抢占剩余的油气资源而引发战争。

　　为了避免上述窘境，发达国家都在积极开发如太阳能、风能、海洋能（包括潮汐能和波浪能）等可再生新能源，或者将注意力转向海底可燃冰（水合天然气）等新的化石能源。同时，开发氢气、甲醇等燃料作为汽油、柴油的替代品，也受到了广泛关注。发展中国家为了满足发展的需求，对石化能源也越来越依赖，同时谋求开发可再生能源和清洁能源。

　　20 世纪 70 年代爆发的两次石油危机，使能源安全的内涵得到极大拓展，特别是 1974 年成立的国际能源署正式提出了以稳定石油供应和价格为中心的能源安全概念，西方国家据此制定了以能源供应安全为核心的能源政策。在此后的二十多年里，在稳定能源供应的支持下，世界经济规模取得了较大增长。但是，人类在享受能源带来的经济发展、科技进步等利益的同时，也遇到一系列无法避免的能源安全挑战，能源短缺、资源争夺以及过度使用能源造成的环境污染等问题，威胁着人类的生存与发展。

　　世界已探明的常规能源储量，有的只能维持半个世纪（如石油），最多的也能维持一两个世纪（如煤）来满足人类生存的需求。

世界人口已达 76 亿，比 20 世纪末期增加了 2 倍多，而能源消费据统计却增加了 16 倍多。无论多少人谈论"节约"和"利用太阳能"或"打更多的油井或气井"或者"发现更多更大的煤田"，能源的供应却始终跟不上人类对能源的需求。

当前世界能源消费以化石资源为主，其中中国等少数国家是以煤炭为主。按消耗量，专家预测，石油、天然气最多只能维持不到半个世纪，煤炭也只能维持一、两个世纪。所以不管是哪一种常规能源结构，人类面临的能源危机都日趋严重。

就可预见的未来来看，汽车不会大量减少的，但是石油危机的确会对汽车业有一定的影响，比如开发新型汽车（像混合动力、燃料电池、氢动力、太阳能等）以减轻对石油的依赖，减少一些不必要的汽车使用（主要是指私家车）以节约燃料，或者开发更加先进的交通系统，缓解大城市的交通拥堵等，但是，总的来看，不管是发达国家，或者发展中国家，汽车的数量不会减少，反而会越来越多。

2. 化石能源带来的危害

化石能源对发展经济和提高人民的生活水平，都已经起过不可估量的作用。今天仍然起着重要的作用，但是，它带来的危害非常严重，造成空气、水体和土壤污染、气候变暖、生态系统恶化、放射性危害等。

1）空气污染

化石燃料和生物质燃料的燃烧，可生成一些在不同空间规模产生影响的各不相同的气载污染物。这些空气污染的性质、规模和影响，在很大程度上取决于诸如地形、当地和区域气象情况、接受环境的特点、工业化水平和步伐以及整体社会和经济发展等因素。即使在同一模式的排放范畴内，两个不同地区可能会经历完全不同的空气污染后果，从而很难设计出相应具有整个类别特性的对策。

在工业化国家中，交通和运输部门是造成城市空气污染的最主要来源，尽管在各级实行的技术改进和政策，已完全消除了铅，并已减少了许多与交通和运输业有关的、除二氧化碳以外的污染物浓度。

在发展中国家和经济转型国家，情况则更为复杂：许多大型都市都苦于繁重的交通和运输所生成的排放，以及那些产生于工业活动和住家的化石和生物质燃料燃烧的排放。规模较小和人口密度较低的城市地区，可能会在交通和运输排放方面遇到较少问题，但这些地区因缺乏适宜的管理条例或不具备取代陈旧和低效率设备的能力而面对的住家和工业排放问题，则更为严重。

技术控制战略在很大程度上都已订立，但其实际使用情况，则取决于所涉国家政府是否有能力设计出和切实实施相关的政策、是否有意愿切实执行相关的法律和条例、能否得到充足的资金以及获得技术的情况等。

因此，采用控制战略的能力，在很大程度上与发展水平有关。最近在非洲区域采用无铅燃料方面取得的成功便表明，尽管许多国家的经济手段十分有限，但仍可在此方面取得迅速的进展。

污染物的气载排放，可导致在远离排放源的地方造成污染。例如，在某一欧洲国家上空纬度的大气中存在的硫和氮氧化物的平均驻留时间为 2~3 天，而在这一时间内，这些污染物通常可迁移至 1500~3000 千米以外的地区，同时，还会在迁移过程中发生从环境角度看来十分有害的化学变化。美国的加州山火产生的烟尘，可以越过大西洋，飘散到 5000 千米以外的欧洲。

一些已知的空气污染所造成的区域环境影响涉及因硫和氮化合物沉积所造成的土壤和水系统酸化、富营养化（即水系统中的诸如氮等营养物的超量富集），以及因阳光而引发、涉及多种污染物的大气化学反应对对流层中的臭氧造成的损害等。

数十年来，欧洲和北美洲已认识到酸化现象是一个特别严重的问题，但同时也认识到这一问题可通过区域和国家协定——诸如《长程越境空气污染公约》等予以大幅缓解。

随着发展中国家能源消费量的不断增加，酸化问题的危险性正在相应增加，特别是在那些煤炭使用率较高的地区。例如，中国和印度的一些地区，业已遇到了欧洲 20 年前所经历的严重的酸雨问题。鉴于酸雨问题具有越界性质，因此它也引起了其周边国家的关注。

可设法在工厂采用过滤器和洗涤器等技术手段解决这一问题，但要有效使用这些手段，便需要首先从政治上做出决断，其原因是，因安排和操作这些设备所造成的额外费用，必须由消费者和城市公用事业单位来承担。

转用更为清洁的燃料，是另外一种替代性缓解办法。然而，在这两种情形中，都会涉及替代成本问题。由于过滤器和洗涤器本身也需要相当多的能源来操作，因此其使用同时也会减少发电厂的整体能源使用效率，从而意味着某一电力产出单位所产生的二氧化碳排放量增大。转而采用更清洁的天然气的办法，可减少二氧化硫的排放，因此可在环境上取得惠益。但另一方面，如果必须因此而进口天然气，则会使能源的不安全性有所增加。

2）气候变化

过去数十年来，气候变化已逐步成为一项全球性关注的问题。人类对排放水平、大气中的温室气体浓度以及全球气候系统变化之间关系的了解程度正在不断提高。科学界和政治界人士在此方面日益达成的共识是，有必要大幅减少排放量，以便把气候变化程度控制在可加以管理的范围内。

促使温室气体排放量增加的主要人为原因，来自以化石燃料为基础的能源使用活动，这些活动目前约占能源消费总量的 80%以上，其中不包括土地使用、土地使用方面发生的变化以及林业等。工业化国家应对目前和历史上大多数排放量负责，但同时亚洲国家等的能源消费量的迅速增加，也意味着发展中国家的责任比例正在大幅度增加。其中中国已成为化石能源生产和消费的第一大国，温室气体的排放量极大。

大多数情况假设方案都表明，依照在《联合国气候变化框架公约》下订立的《京都议定书》的要求减少排放量，尚不足以遏制不断上升的温度和遏制气候变化。随后的《巴黎协定》，尽管有关规定的科学性和可行性大大提高，但各国对于这一协定的法律认可，并没有强制性，因此在执行过程中，缺乏法律保障，对于达到全球减缓气候变暖的目标，增加了更多的不确定性。

3）破坏生态系统

如上所述，存在于煤炭、褐煤和石油燃料中的二氧化硫排放，以及二氧化氮及其次级衍生产品可导致生成酸性沉积物，从而影响到森林、土壤和淡水生态系统。酸化现象造成土壤中的化学构成发生变化、损害植被和业已成形的环境、并可对陆界和水生生态系统产生不利影响。氮化合物可导致水体富营养化，从而扰乱受到影响的生态系统的营养平衡。

能源的生产、消费和使用需要利用土地资源。在地表开采煤炭的作业、冶炼厂和船运码头、发电厂及电力输送线路等都需要占用土地。水力发电站可占用大片土地，其运作也可在河岸沿线造成土壤侵蚀，其中包括水坝所在地的上游和下游地区。与此相类似，为取得燃料而培植的生物量，也需要使用大片土地，而且随着时间的推移，可使土壤中的养分趋于枯竭。

可再生能源技术本身也可产生不利影响。例如，风力发电作业尽管经常会因其在地理分布上的优点而得到人们的赞同，但也会在景观方面引起关注，而且所安装的风力涡轮发电机也会被安装在不适当的地点，从而造成鸟类死亡、产生噪声和形成视觉上的干扰。

能源生产作业，还可导致生成众多的危险废物，其对环境所造成损害的性质和程度因所使用技术的不同而不同。火力发电厂和其他工厂企业排出的废水污水，没有经过处理或者处理不足向外排放，场址所在地的土壤可被各种不同污染物所污染，特别是各种重金属，而且在所涉工厂关闭之后需要很长的时间才能恢复到其先前的自然状态。与此相类似，源自石油冶炼工厂遗漏在土地上的石油和废物产品，诸如废水沉渣和残余物等，也很容易在未能以负责任的方式予以处理的情况下污染土地。

在不同的时段范畴内，那些曾用于存储使用过的核能源的场址及其周边地区的土地，特别是那些曾经发生核事故的地方，今后实际上已无法再派任何用场。日本福岛核电站发生核事故以后，那里的放射性污水越积越多，日本政府想排入太平洋，遭到强烈批评和反对，成为一大生态隐患。

大多数形式的能源生产和传输也以某种形式消费或使用水资源，因此可对水源资源产生各种影响。化石燃料热能和核工厂需要大量的水用于冷却作业,而鱼类和其他水生生命常常会在这些工厂周围的湖泊或河流中汲水或因水温升高而被杀死。煤矿通常需要大量的水来去除煤炭中的杂质,也即煤炭清洗作业。与此相类似,地热能工厂也需利用水来提取干燥岩石中蓄积的能源。近海地区的石油和天然气生产作业以及原油和冶炼产品的运输也会涉及灾害性遗漏风险,从而特别使海洋环境受到影响。海洋油轮倾覆屡见不鲜,对海洋生物造成灾难性危害。生物燃料制作场所需要的用水量也十分巨大。

3. 对人体健康的负面影响

在全球范围内,估计约有24亿民众依赖生物量能源从事烹饪活动,其中大多数人生活在中国、印度和撒哈拉以南的非洲地区。约有3 000~5 000万民众使用简单的煤炉。由于烧饭煤炉的分布十分分散,因此,相对而言,对人体产生的影响未开展任何科学评估。

根据各种研究所做的估算,室内空气污染造成约250万妇女和年龄低于5岁儿童的死亡,占全球总疾病发生率的4%~5%。室内空气污染特别与下列四种类型的人体健康影响相关:

①诸如急性呼吸道感染和肺病等呼吸道感染疾病。

②诸如慢性气管炎和肺癌等慢性呼吸道疾病。

③对孕期妇女产生严重影响,其中包括造成那些在孕期受到污染的妇女发生死胎和所产婴儿重量过低等现象。

④失明、哮喘和心脏病。

如果人们同时在受到污染的地区居住、旅行和工作,则与污染物发生接触的时间便要长得多,可导致死亡率和发病率增加的各类呼吸道疾病。

除以上所介绍的对人体健康所产生的影响之外,能源生产、消费和使用,也可释放出各种有毒化学品。汽油和柴油燃料的燃烧,可造成微小颗粒和碳氢化合物的排放,其中包括具有致癌性的多环芳香族碳氢化合物,而煤炭燃烧则可排放出吸入或吞入后对人体和动物具有毒性的砷、汞和其他重金属。与此相类似,为回收能源而进行的城市废物燃烧作业,也可生成汞和二噁英颗粒。极大影响空气质量的雾霾,就是减少蓝天数目的主要原因。

核能源对人体健康产生的主要影响,来自所涉电离子造成的辐射。虽然可把对低浓度和中等浓度废物的处置看成一种可取的做法,但对高浓度废物的处置方式,仍然引起各方的关注。

4. 对物种的负面影响

科学家们推断,地球正面临第六次生物大灭绝。

自工业革命以来，地球上已有冰岛大海雀、北美旅鸽、南非斑驴、印尼巴厘虎、澳洲袋狼、直隶猕猴、高鼻羚羊、普氏野马等物种不复存在。世界自然保护联盟发布的《受威胁物种红色名录》表明，2009 年，世界上还有 1/4 的哺乳动物、1200 多种鸟类以及 3 万多种植物面临灭绝的危险。

自从人类出现以后，特别是工业革命以来，地球人口不断地增加，需要的生活资料越来越多，人类的活动范围越来越大，对自然的干扰越来越多。大批的森林、草原、河流消失了，取而代之的是公路、农田、水库……生物的自然栖息地被人类活动的痕迹割裂得支离破碎。

有科学家估计，如果没有人类的干扰，在过去的 2 亿年中，平均大约每 100 年有 90 种脊椎动物灭绝，平均每 27 年有一种高等植物灭绝。但是因为人类的干扰，使鸟类和哺乳类动物灭绝的速度提高了 100~1000 倍。美国杜克大学著名生物学家斯图亚特•皮姆认为，如果物种以这样的速度减少下去，到 2050 年，四分之一到一半的物种将会灭绝或濒临灭绝。

来自欧洲、澳大利亚、中南美洲和非洲的科学家们在对占地球表面面积 20% 的全球 6 个生物物种最丰富的地区进行了为期两年的研究后，得出了一个惊人的初步结论：由于全球气候变暖，在未来 50 年中，地球陆地上四分之一的动物和植物将遭到灭顶之灾。他们预计，到 2050 年地球上将有 100 万个物种灭绝。根据科学家们的研究，由于气候变暖已经是既成事实，因此在将要灭绝的物种中，有十分之一物种的灭绝将是不可逆转的。但是，各国控制全球有害气体排放量的努力，将能够拯救更多的物种免遭同样的命运。

要使地球的生物多样性保持一种平衡状态，适应人类的发展，这个任务是非常艰巨的，人类本身面临一个非常重要的问题，那就是控制人类自身人口的增长，同时进行有效有序合理的生产方式。要想把物种灭绝的速率控制到一定范围内，必须要充分意识到，目前广泛利用化石能源的生产方式，尽管能够提高生产效率，但是对人类的可持续发展会造成很严重的后果。

作为我国的母亲河长江，曾经是多种鱼类以及珍稀动物扬子鳄和江豚繁殖自由生长的最佳水域，由于河水污染和过度捕捞，已经濒于无鱼可捕，即使捕捞到的少数鱼类，也因质量低劣不适于食用，至于珍稀动物，则濒于绝迹。因此，2020 年出台了 10 年禁渔的政策。我国江河两岸和湖畔的池塘渠道，曾经是鱼虾繁殖生长的福地，稻田更是泥鳅、黄鳝繁衍生息的好地方。如果我们稍微细心观察一下，如今在很多地方，已经难得一见。

在很多林区、丘陵地区以及森林、城市，还有各种水体中，鸟类越来越少。这些都是生物链断绝物种减少明显的警报。

6.2 应对影响的人类生存之策

对我国来说，化石能源仍然是能源供应的主体。

十九大报告指出，我国经济已由高速增长阶段转向高质量发展阶段。能源是经济社会发展的基础产业，要实现经济社会高质量发展，离不开能源的高质量发展。当前和今后一段时期，我国能源行业处于向高质量发展的全面转型期。

化石能源作为我国的主体能源，在我国能源消费结构中占比很高，约56%以上。在为经济发展提供了充足动力的同时，也面临着资源约束的危机和碳减排的压力，全球应对气候变化行动对化石能源发展也提出了新的挑战。随着人民群众对美好生活和生态文明的要求不断提高，化石能源同样面临着继续满足清洁低碳、安全高效的发展要求。

1. 化石能源发展面临的形势

经济进入高质量发展阶段后，适应人民群众对美好生活和生态文明要求的不断提高，当前能源格局发生了较大调整，供需形势相对宽松，创新、低碳、智能、绿色成为新一轮能源变革加速推进的特征。

1）化石能源供需形势相对宽松

当前及今后一段时期，预计国内外能源供需形势相对宽松，发达国家能源需求稳中趋降，发展中国家能源需求平稳增长，全球能源消费增速趋缓。全球化石能源供给能力较为充裕，煤炭供应潜力充足，石油天然气储量、产量将稳定增加，加上新能源快速发展，将在更大程度上满足新增用能需求，能源供需将总体保持宽松态势。

2）化石能源消费出现达峰倾向

能源结构持续优化，低碳化进程进一步加快，天然气和非化石能源成为能源清洁发展的主要方向。2030年非化石能源占比将达到20%左右。可再生能源和天然气对煤炭、石油等传统能源替代作用继续加快，煤炭、石油等化石能源品种消费增速回落，预计消费峰值将相继出现。

3）创新智能引领能源发展方向

新一轮能源科技革命和产业变革正在积聚力量，给全球发展和人类生活带来巨大的变化。近年来世界各国出台一系列政策措施推进能源技术创新，加快研发新兴能源技术，抢占发展制高点，增强国家竞争力。能源行业智能化进程加快，智慧矿山、绿色矿山、数字化油田建设大步推进。化石能源与非化石能源进一步融合发展，多能互补、冷热气电联供、分布式用能、"互联网+"智慧能源等新的生产消费模式大量涌现。

4）高质量发展提出更高要求

经济由高速增长阶段进入高质量发展阶段后，经济社会发展对能源的需求重点已从保障能源供应转向持续稳定、经济安全等体现高质量发展的属性。适应生态文明和人民群众美好生活需要，同时按照碳减排要求，天然气和非化石等清洁能源理应保持持续快速发展，成为能源需求增量的主体能源。能源发展方式要由粗放向集约发展，提高化石能源利用水平，加快能源市场开放，发挥市场配置资源的决定性作用。

2. 化石能源发展面临的问题

我国化石能源的发展，为经济社会发展提供了必要的物质基础，但也存在许多需要关注和解决的问题，给能源和经济高质量发展带来了一定程度的不确定性，需要梳理这些问题，并制定有效的解决方案。

1）化石能源供需逆向分布矛盾凸显

我国能源资源地域分布不均衡，北多南少、西富东贫。煤炭资源主要分布在华北、西北地区，石油资源集中分布在西北、东北、华北地区，天然气主要分布在西南、西北、华北地区。总体来看，化石能源资源主要分布在西部，而能源消费较为集中的地区却是能源资源稀缺的中东部。资源分布和经济布局的矛盾，决定中国能源的流向是由西向东和由北向南。

在化解煤炭过剩产能过程中，煤矿关闭退出了一部分，使得煤炭生产重心加速向资源富集、开采条件好的西北地区转移。近几年来，京津冀、华东、中南等地区退出煤炭产能近3亿吨，供需缺口进一步扩大。

2）资源约束日益严重，出现时段性供需失衡

我国地质构造复杂，按照现有探明储量，油气成藏和聚集条件相对较差，油气资源总体来看并不丰富。随着主要含油气盆地进入勘探中期、东部老油田进入开发中后期，新增探明储量品质逐渐变差，低渗透、非常规、难动用储量越来越多，开采难度加大，效益变差。石油、天然气剩余探明可采储量仅占全世界的1.5%、3.0%，后续发展受资源约束较大，原油产量恢复并稳定在2亿吨的难度较大，天然气快速上产的难度也较大。

随着我国进入高质量发展阶段，石油需求仍然保持稳定增长，天然气需求保持快速增长，在国内供给能力有限情况下，油气进口量增速明显，油气对外依存度也持续上升，能源安全形势越发紧张。近几年，北方地区清洁供暖快速推进，部分地区供暖季出现天然气供需失衡。随着"蓝天保卫战"等政策的实施，未来天然气需求量仍将继续增加。

相较油气来说，煤炭资源条件较好，煤炭剩余探明可采储量占全世界的21%还要多，仅次于美国，居世界第2位。基于我国能源资源禀赋，长期以来我国形

成了以煤为主的能源体系，碳排放强度较大，生态环境压力较大。

3）煤炭产业结构不合理，清洁利用水平偏低

全国煤矿企业数量大，截至2018年6月全国共有煤矿企业近4500家。小煤矿数量偏多，30万吨以下煤矿约3200个，其中约2000个小煤矿面临着淘汰落后、提高质量和效益的艰巨任务。

煤炭绿色开采等技术推广进度较慢，受制于我国煤炭资源禀赋，绝大部分煤矿通过井工开采。开发过程中，应用煤矿保水开采、充填开采等绿色开采技术的成本过高，推广存在较大滞后。每年有大量新增煤矸石、矿井涌水和抽采瓦斯无法得到有效利用。工业散煤和民用散煤消费环节由于缺乏必要的环境保护措施，造成的污染损害是燃煤发电环节的10~20倍，大量燃用散煤给大气环境带来了严重污染，散煤燃烧已经成为影响煤炭清洁高效利用的主要原因。

4）油气基础设施建设缓慢

截至2017年底，全国原油和成品油管道总里程约为3.0万千米和2.6万千米，天然气干支线管道约7.4万千米，与美国石油管道20万千米、天然气管道55万千米相比，差距较大。"十三五"前三年，天然气管道年均增长里程远低于规划增长目标。

天然气产供储销体系不完善，管网规划建设统筹协调性较差，不同企业之间油气管网互联互通性也较差，管网建设"最后一公里"问题未能很好解决，制约了消费规模的扩大。

我国石油储备起步较晚，储备规模不足，距国际通行的"储备90天进口量"标准差距较大。天然气地下储气库启动更晚一些，工作气量仅占全年消费量的3%~4%左右，远低于世界10%的平均水平。

5）石油化工产品竞争力不足

除少部分较为先进的石油化工产品外，我国生产的大部分石化产品尚处于国际市场的中低端水平，产品结构亟须优化，在部分核心工艺技术方面储备不足，缺乏国际竞争力，主要石油企业的渠道建设和营销理念停留在初级阶段。

中国在石化产品领域存在较大贸易逆差，近年来进口量不断增加，出口量逐年下降，特别是高端聚烯烃、合成橡胶、添加剂等高附加值产品，反映了现阶段我国对于高端化工产品日益增长的需求。与此同时，我国石化行业人均劳动生产率和发达国家相比仍较低，生产成本相对较高，在新产品研发方面投入比例低，产品更新慢，无法形成市场优势，阻碍了石化行业快速发展。

6）体制机制和市场化改革进展较慢

油气体制改革进展较慢，油气矿业权配置形式单一，流转性差；勘探开发主体限制较多，社会资本进入困难；行业管理不完善，监管体制不健全；管网开放等问题尚未得到有效解决，油气销售市场化和进出口充分竞争的格局仍未形成，

储备调峰机制不完善，还不能适应我国能源高质量发展的需要。

现阶段，我国的石油行业市场集中度高，石油公司产品的差异性较小，石油企业的品牌意识和服务水平都亟须提升，消费者体会不到市场化带来的便利。油气行业的进入门槛很高，社会资本和民营企业进入十分困难，考虑到油气前期勘探开发投入巨大，一定程度上制约了民企参与到石油行业的竞争中来。

现行的成品油和天然气定价体系不甚合理，非常规天然气和液化天然气的价格已由市场自由化和固定化；传统成品油和天然气的价格仍由政府确定。此外，管道气价中也存在双轨制。价格机制的不合理，在一定程度上制约了天然气需求的释放。

3. 化石能源高质量发展措施建议

"十四五"时期，化石能源既面临高质量发展的机遇，也面临着安全、低碳、清洁等要求的挑战，要坚持新发展理念，继续推进化石能源供给侧结构性改革，推动质量变革、效率变革、动力变革，构建清洁低碳、安全高效的能源体系。

1）优化煤炭生产开发布局

煤炭是我国的基础能源，是能源供应的压舱石。要统筹煤炭产能开发和消费潜力，完善煤炭产能调控机制。做好新增产能与化解过剩产能衔接，加快推进煤炭资源整合和煤矿企业兼并重组，淘汰落后产能和不符合产业政策的产能。严格控制新建产能，适度释放山西、陕西、内蒙古、新疆等部分先进产能。

推进煤炭安全生产、绿色智能化开采和精细化开发。加快研发煤炭新兴技术，加大安全技术研发与投入，提升技术水平和硬件安全水平，提升煤炭开采机械化程度和单人产煤效率。加快科技成果转化，加快煤矿数字化智能化，建设一批智慧矿山、绿色矿山，助推煤矿安全绿色生产。

分析煤炭供需分布及运输格局，研究煤炭合理流向。适应煤炭生产重心向晋陕蒙新集中的趋势，计算公路、铁路运输经济半径，优化煤炭外送通道规划。推进运输方式变革，加强煤炭产运储销体系建设。

2）推进煤炭清洁高效利用

优化煤炭消费结构。提高开发利用水平，合理提升电煤利用比重。"十四五"末杜绝散煤利用，煤炭集中利用比重大幅提高。全面推广一流水平的能效标准，提高煤电机组效率，降低供电煤耗。实施煤电超低排放节能和灵活性改造，进一步关停高污染、高耗能的小火电机组，优化煤电发展结构。

适度发展煤炭深加工。按照能源战略技术储备和产能要求，合理控制煤炭深加工发展节奏，有序推进新疆、内蒙古、陕西等地煤制油、煤制气、煤制烯烃等现代煤化工示范项目，增强示范项目竞争力和抗风险能力，防止出现过剩产能。

3）稳油增气保障能源供应

石油是我国最重要的战略能源，是能源安全的基石。天然气是重要的清洁低碳能源，也是我国能源转型发展和应对气候变化过程中的主体能源，事关民生，清洁环保，仍需大力发展。

加大勘探开发投入。要统筹国家战略需要和企业效益，加大勘探开发资金投入，加快产能项目建设，推进塔里木、准噶尔、四川、深海等新区勘探开发进程，稳定松辽、渤海湾等东部老区油田产量，提高油田开发技术水平，加快推动用储量的开发，有序推进常规油气资源开发利用。

加快非常规油气发展。要在目前成功经验的基础上，加快涪陵、长宁-威远、昭通等四川盆地周缘页岩气开发；加快新疆吉木萨尔、三塘湖等地区页岩油开发；加快沁水盆地、鄂尔多斯盆地东缘、贵州毕水兴等地区煤层气开发；推进天然气水合物勘探开发。

4）扎实推进天然气产供储销体系建设

加快重点油气管道建设进度。要大力推进西气东输三线、四线、中俄东线、新疆煤制气等重点天然气管道建设进度，完善原油、成品油管网布局，加强省内联络线和配气管网建设，推进各层级油气基础设施互联互通，实现管道公平开放。

构建多层次储气系统。要继续优选枯竭油气藏和盐穴场址，加快天然气储气库建设，尽快提升储气库工作气量。统筹规划沿海 LNG 布局，推进列入规划的 LNG 接收站及储气附属设施建设。以地下储气库和沿海 LNG 接收站为主，构建多层次储气系统。加快城市燃气管道建设，建立完善储气调峰辅助服务市场机制，落实储气调峰责任。

5）推进炼油化工持续稳定发展

有序推进先进炼能建设。要认真研究炼油合理产能规模，统筹炼油产能规划与建设进度，积极淘汰炼油落后产能，升级部分产能，从严控制新增产能，适度建设先进炼油产能。要继续提高并推广更高级别成品油标准，大力推广清洁油品使用。

引导石油化工产业转型发展。提高工艺技术水平，提高石油化工环节效率。突出石油化工产品的多样性，科学论证并适当扩大石油化工产业规模，延伸产业链，引导产业链向高附加值化工产品延伸。

6）深化油气体制机制改革

推进油气勘查开采领域市场化。加快油气矿业权改革，放宽勘查开采准入主体限制。实行矿业权竞争出让；严格区块退出，规范矿业权流转。合理确定油气最低勘查投入标准，探索下放部分油气矿业权审批权限。完善勘查开采监管机制，规范监管程序。

推进油气管网运营机制改革。推动形成全国"一张网"，完善油气管网建设投资体制，实现全国油气管网的统一高效集输。健全油气管网运营机制，完善管输容量分配机制。完善管输服务价格体系，推进管道容量费和使用费的"两部制"收费模式。

推进油气行业下游市场化改革。加快推进油气销售市场化，鼓励多种市场主体参与天然气交易。完善石油进出口管理体制，推进油气价格市场化。加快油气交易平台建设，完善石油加工环节准入和淘汰机制。完善油气储备和调峰体系。

7）健全多元化海外供应体系

充分利用国际能源供需相对宽松的契机，深入实施能源"走出去"战略，以"一带一路"国家为重点，加快推进油气合作项目建设，扩大管道天然气进口规模。巩固深化俄罗斯、中亚、中东、非洲、亚太等传统合作区域，巩固四大油气战略进口通道，推进中巴经济走廊等相关能源通道建设，实现油气资源来源多元化。保障长约合同供应稳定，发挥现货市场调节作用，维护运输通道安全，增强海外能源供应保障能力。

总之，我国经济已由高速增长阶段转向高质量发展阶段，能源行业也处于向高质量发展的全面转型期。化石能源作为我国主体能源，面临着清洁低碳、安全高效的发展要求。要从优化煤炭生产布局、煤炭清洁高效利用、稳油增气保障供应、天然气产供储销体系建设、炼油化工健康发展、油气体制机制改革、海外多元供应等七个方面，提出了促进发展的措施，力求推动化石能源高质量发展，建立清洁低碳、安全高效的现代能源体系。

6.3 应对全球气候变暖

1. 概述

全球变暖影响到所有国家，需要通过国际努力加以解决。巴黎协定是应对气候变化的重要里程碑。在会议上世界上首次几乎所有国家承认全球变暖的威胁，并且普遍认为"控制全球气温并使气温与工业革命以前的水平相比不高于 2 摄氏度，努力把温度差控制到 1.5 摄氏度以下"。迄今为止，已有 180 多个国家向联合国提交了国家自主贡献（NDCs），并公布了国家温室气体减排目标。要求做到：

①国际经验交流互鉴。

②明确的长期目标，制定和定期修订中期目标，灵活的思路调整短期目标。

③允许跨部门优化能源的综合方法。

此外，在过去几年中，许多国家已开始将其能源系统转型到以可再生能源为基础的更加可持续的能源供应系统。因此，中国能源系统的转型，应该放在全球类似发展的背景下看待。但是，到目前为止，所有这些国家采取的路径差距很大，这是由于能源转型取决于若干变数，例如它们的时间和起点、地理位置或它们的政治和社会环境。

欧盟（EU）作为全球最大的市场，是全球领先的参与者，也是应对气候变化的坚定倡导者。随着"欧洲所有人的清洁能源"一揽子计划，欧洲能源转型的重要立法目前已经通过。

德国作为欧洲最大的经济体和人口最多的国家，是一个旨在实现经济脱碳的高度工业化国家的一个特别好的例子。全世界都在聚焦德国煤炭委员会煤炭逐步退出的实现路径。

丹麦在可再生能源，特别是风能以及电力和供暖系统的转型方面，被广泛认为是先锋。丹麦的政党达成了雄心勃勃的新能源协议。

美国是一个拥有复杂政治制度的广袤领土国家，是上述各种变数的另一个例子。

这些国家都具有在高度动态和国际交织的环境中行动的经验，同时将其能源系统从相当集中的方法（基于化石燃料的持续能源生产）转变为更加分散的系统，从数千个能源生产中产生波动的能量设施（风能、太阳能和生物质能）。这要求政治和监管具有明确的长期愿景，短期内构建坚实基础，以及定期修订的中期目标，并通过持续调整加以实现。

2. 中国的情况

1）建立清洁低碳、安全高效的现代能源体系

中国正处于为建立未来能源体系的能源转型初期。在十九大上再次强调，中国将推动能源生产和能源消费革命。报告明确指出，中国经济发展将从高速增长转向高质量增长，这也是适用于能源行业的发展模式转型。通过把 2020 年、2035 年和 2050 年作为 3 个重要时间节点，中国谋划建立"清洁低碳、安全高效的能源体系"。

2018 年，中国的二氧化碳排放强度（单位 GDP 的二氧化碳排放量）下降了 4.0%，能源强度（单位 GDP 的能源消耗）下降了 3.1%。虽然两个强度均有所下降，但火电发电量仍增长了 6.7%，第二产业能源消费增长了 7.6%，这意味着二氧化碳排放和能源强度的改善主要是经济产出超过碳排放和能源消费增长的结果。不断增长的第二产业能源消费，可能会对中国的煤炭总量控制和碳减排政策施加压力。

2）能源消费结构持续转变

中国正在努力实现煤炭能源转型并已取得了进展，其中包括扩大其他能源，以及限制关键地区的煤炭使用。2018 年，中国的一次能源消费总量约为 135.98×10^{15} 焦耳，年增长率为 3.3%。虽然原煤产量增加了 4.5%，但其在一次能

源消费总量中的占比首次降至 60% 以下。同时，2018 年原油消费量增长 6.5%，天然气消费量增长 17.7%。中国越来越依赖石油和天然气的进口：2018 年石油消费总量的 70.9% 和天然气消费总量的 45.3% 均来自于进口。

3）用电量持续增加

2018 年中国总用电量达到 6846 太瓦时，年增长 8.5%，是 2012 年以来的最高的年增长率。第二产业贡献了 5%，其中高端科技和装备制造业的电力消费增长了 9.5%。在电信、软件和信息技术的带动下，第三产业消费也将急剧增长。随着城市化、供暖电气化和生活水平不断提高，住宅用电量也继续呈现强劲增长态势。

4）煤电回暖，可再生能源仍继续增长

2018 年，中国新增了 120 吉瓦的电力装机容量，总装机容量达到 1900 吉瓦。非化石能源占这一新增装机容量的 73%。2018 年，中国电力行业发电量为 6990 太瓦时，其中 30.9% 来自非化石能源，26.7% 为可再生能源，其余为核能。中国新增风电装机容量 20.59 吉瓦，其中 47% 位于中东部和华南地区，风电发展在全国更多地区呈现出多样化发展的态势。中国新增太阳能光伏装机容量 44 吉瓦，比 2017 年的新增装机容量下降了 17%，但高于市场预期。分布式太阳能光伏发电的新增装机容量占增量的 47%。太阳能光伏市场呈现出集中式和分布式并行发展的局面。

5）2019 年以后新建风电项目需要参与招投标

国家能源局正大力推进降低新建风电项目的上网电价。自 2019 年年初以来，中国相关部门要求所有新建省级集中式陆上风电和海上风电项目需要参与投标，以获得建设允许和上网电价补贴。评估中出价价格权重至少占 40%。2018 年 12 月，风资源丰富的宁夏公布了第一批风电项目的竞标结果。结果显示，价格并不是决定中标的唯一因素。

6）全国统一光伏招投标系统正在研究讨论

自 2016 年以来，政府要求所有公用事业规模的光伏项目均需要参与招标。作为对使用竞争性招标方式降低上网电价补贴金额地区的奖励，政府按比例提高年度省级光伏建设配额。这项旨在降低成本和减少补贴负担的政策已部分实现了这些目标。政策制定者正在研究一个全国范围的太阳能招标系统，以取代省级上网电价配额。一种可能的实施方案是，在全国范围内的招标过程中，省级政府将向国家能源局提供当地招标项目清单，国家能源局将以低价中标的方式选择项目，直到年度补贴金额用完为止。省政府必须确认新增装机容量可以实现本地消纳。

7）计划扩大无补贴的风电和光伏项目

2019 年 1 月，国家能源局与发展和改革委员会联合宣布了一项计划，在风能或太阳能资源优越、地方用电量高的地区推出无补贴的风能和太阳能试点项目。由于这些试点项目不需要国家政府补贴，其容量不会影响年度省级风电和太阳能上网电价项目建设配额。试点项目的上网电价必须与当地煤电上网标杆电价相同或更低。通过提供另一手段以促进可再生能源发展和降低成本，试点政策应该有助于在一些有成本效益的地方扩大风能和太阳能发展规模，并加速逐步淘汰补贴。预计中国在"十四五"（2021~2025年）初期，风能和太阳能将不再获取任何补贴。

8）建立国家碳排放交易体系

中国的国家碳排放交易体系于2017年底正式启动。当时，建立碳排放交易体系的时间表包括准备阶段、试运行和正式运行三个阶段。中国碳排放交易体系目前仍处于准备阶段；中国一直致力于监管体系建设、基础设施建设、主要排放实体的历史排放数据核查、能力建设以及发电行业的碳交易。已经建立了一个国家数据上报系统，其中包括2016年和2017年的工业排放数据。虽然分配系统的设计尚未公布，但国家已经确定了适当从紧的碳配额原则，同时现代试点普遍采用基准线分配法。

9）电力现货市场试点延迟

国家发展和改革委员会与国家能源局于2017年8月共同宣布了第一批电力现货市场试点。这些试点覆盖了8个地区，试点应该在2019年6月底前开始试运行，并解决相应的障碍，各省应每月向上级政府部门报告进展情况。目前，已经启动了三个试点：广东、甘肃和山西。虽然省外电力不能参与交易影响其反映实际电力需求和供应信息的能力，但广东现货市场正在顺利运行。该系统还缺乏辅助服务市场和金融期货等支持机制。

10）现货市场形势对风电和光伏市场竞争的影响

在电力现货市场的第一个运营期，可再生能源可能面临与煤电竞争的更大的挑战。到2020年，在没有补贴的情况下，风电应与煤电上网标杆电价竞争，太阳能光伏应与零售电价竞争。目前风能和太阳能很可能较为容易地达到目前的煤电上网标杆电价，但市场交易可能导致煤电价格仍然较低，从而降低风能和太阳能的竞争力。目前，环境税和其他外部性的税费价格太低，不会对煤电相对于可再生能源的价格产生重大影响。

11）展望："三大变革"是中国能源领域的未来发展趋势

十九大政府提出了3大变革，以促进经济发展，包括经济发展质量变革、效率变革和动力变革。国家能源局2018年的工作中在以下几个方面深入贯彻落实了这一理念。质量变革是关于通过淘汰煤炭和扩大可再生能源规模以优化现有和增量能源结构。效率变革促进了能源工业的协同发展，从而提高了整个能源系统的效率。动力变革依赖于技术和市场导向的创新战略，以推动多样化能源领域的发展。根据国家可再生能源中心（CNREC）的预测，中国应在未来10年左右时间每年增加150~350吉瓦的风电和太阳能光伏发电装机容量，其中风电为65~183吉瓦，太阳能光伏为71~183吉瓦，以实现低于2摄氏度的目标。从长远来看，在这种情况下，风能和太阳能将主导电力领域的电力供应。

为了建立清洁低碳、安全高效的能源体系，政府为了促进可再生能源大力发展采取了一系列新政策和相关法规。2018 年，国家能源局要求所有新建风电项目自 2019 年起参与招标，并启动了无补贴的风能和太阳能发电项目，这些项目将获得相应的激励。目前，可再生能源配额制和全国太阳能招标系统正在研究和讨论中。这些努力将有助于促进具有成本效益的可再生能源发展。未来，中国的能源转型将侧重于发展质量、效率和动力的提升。

2020 年 9 月，我国宣布将提高国家自主贡献力度，力争 2030 年前二氧化碳排放达到峰值，努力争取 2060 年前实现碳中和。

我国提出碳达峰、碳中和的目标和愿景，意味着我国更加坚定地贯彻新发展理念，构建新发展格局，推进产业转型和升级，走上绿色、低碳、循环的发展路径，实现高质量发展。这也将引领全球实现绿色、低碳复苏，引领全球经济技术变革的方向，对保护地球生态、推进应对气候变化的合作行动，具有非常现实和重要的意义。

2030 年前实现碳达峰，是在长期碳中和愿景导向下的阶段性目标。碳排放达峰时间越早，峰值排放量越低，越有利于实现长期碳中和愿景，否则会付出更大成本和代价。实现达峰，核心是降低碳强度，以"强度"下降抵消 GDP 增长带来的二氧化碳排放增加。

我国还处在工业化和城市化发展阶段的中后期，对未来经济增长，我们还有比较高的预期。尽管不断加大节能降碳力度，能源总需求在一定时期内还会持续增长，碳排放也将呈缓慢增长趋势。2030 年前尽快使碳强度年下降率赶上 GDP 年增长率，从而实现二氧化碳排放达峰。

实现碳强度持续大幅下降，一方面要大力节能，降低能耗强度。通过加强产业结构调整和优化，大力发展数字经济、高新科技产业和现代服务业，抑制煤电、钢铁、石化等高耗能重化工业的产能扩张，实现结构节能；同时通过产业技术升级，推广先进节能技术，提高能效，实现技术节能。

另一方面，要加快发展新能源，优化能源结构。我国提出，到 2030 年非化石能源占一次能源消费达 25%左右。也就是说，经济发展对新增能源的需求将基本由新增非化石能源供应量满足。

根据我们的研究测算，要实现尽早达峰，"十四五"期间要争取实现煤炭消费量零增长，到"十四五"末实现煤炭消费的稳定达峰并开始持续下降；"十五五"期间努力实现石油消费量达峰。天然气消费增长导致碳排放的增加量，可由煤炭消费量下降带来碳排放减少抵消，推动能源消费的碳排放总量达峰。

"十四五"期间非常关键。中央经济工作会议把"加快调整优化产业结构、能源结构，推动煤炭消费尽早达峰"作为重要措施，并提出完善能源消费双控制度，这是当前最为务实的举措，也是最紧迫的任务。

"十四五"期间，要强化 GDP 能耗强度和能源消费总量双控指标，探索二氧化碳排放强度和总量双控，同时要加快能源结构调整和优化，确保"十四五"期间碳强度持续下降，非化石能源占比不断提高，坚决控制煤炭消费。

2030 年前实现碳达峰，是指全国范围二氧化碳排放要达到峰值。但我国各地区发展不平衡，产业布局和自然资源禀赋存在较大差异。各地需要根据自身情况，研究确定各自战略重点和实施路径，实现差别化和包容式低碳转型。

东部沿海较发达省份要严格控制化石能源消费，率先实现碳达峰，21 世纪中叶实现净零碳排放；西南可再生能源资源丰富地区可以率先实现碳达峰，并率先建立 100%可再生能源示范区。

根据研究测算，从行业来说，"十四五"期间，产业转型升级将继续推进，钢铁、水泥、石化等高耗能行业有望率先达峰，工业部门总体上 2025 年前后可实现达峰。交通部门可争取 2030 年左右实现达峰。建筑部门估计在"十五五"期间达峰。

推动碳达峰和碳中和的政策措施和行动，将成为深入打好污染防治攻坚战的重要驱动力和关键着力点，并为 2030 年全国重点地区 $PM_{2.5}$ 年均浓度达到 35 微克/立方米的标准提供根本保证。

全球长期碳中和目标导向将加剧世界经济技术革命性变革，重塑大国竞争格局，也将改变国际经济贸易规则和企业发展业态。比如，在低碳化导向下，企业产品和原材料的碳含量指标将成为与成本、质量和服务同等重要的竞争要素。全球低碳金融的投资导向，将使高碳排放行业和企业面临融资困难。

同时，先进深度脱碳技术和发展能力将成为一个国家核心竞争力的体现，走上深度脱碳发展路径也是现代化国家的重要标志。实现长期碳中和目标需要技术创新的支撑，先进能源和低碳技术将成为大国竞争的高科技前沿和重点领域。从目前情况看，世界主要经济体都在加速这方面的布局。

我国实现碳中和的愿景，是现代化强国的重要标志和核心竞争力的体现。当前，要在长期碳中和愿景导向下，制定国家、部门和地方层面长期低碳发展战略，做到超前部署和行动。必须加强技术创新，在先进脱碳技术竞争中争取先机和优势，打造核心竞争力。各省份各部门要远近统筹，加快形成绿色、低碳、循环的产业体系。

6.4 做好发展可再生能源工作

1. 概述

可再生能源是指风能、太阳能、水能、潮汐能、波浪能、海洋温差能、生物质能、地热能等非化石能源，也是清洁能源。可再生能源是绿色低碳能源，从持续不断地补充的自然过程中得到的能量来源，环境影响无害或危害极小，是中国多轮驱动能源供应体系的重要组成部分，对于改善能源结构、保护生态环境、应对气候变化、实现经济社会可持续发展具有重要意义。

2020 年，中国可再生能源发电量达 22148 亿千瓦时，同比增长约 8.4%。截至 2020 年底，中国可再生能源发电装机达到 9.34 亿千瓦，同比增长约 17.5%。

2022 年 1 月 14 日，三峡集团发布消息，2021 年三峡集团可再生能源发电量超过 3400 亿千瓦时，同比增长 9.5%，居世界第一。据测算，3400 亿千瓦时清洁电能可替代标准煤约 1 亿吨，减排二氧化碳约 2.8 亿吨。

2021 年，三峡集团国内水电发电量约 2758 亿千瓦时，国内风能和太阳能发电量约 353 亿千瓦时，其他可再生能源发电量达 312 亿千瓦时。截至目前，三峡集团可再生能源装机容量突破一亿千瓦，占全国可再生能源装机约 1/10，其中水电装机容量占比近 7 成。新能源方面，三峡集团已形成以内蒙古、新疆、西北等区域为重点的陆上"风光"布局；以及北起辽宁、南至广东的海上风电集中连片规模化开发布局。

2021 年我国新能源产业发展迅速，2021 年海上风电装机量首次超过了英国，居全球第一名；包括水电在内的可再生能源的装机容量首次超过了十亿千瓦；我国新能源发电量首次超过了一万亿千瓦时。

可再生能源在自然界可以循环再生，取之不尽，用之不竭，是清洁、绿色、低碳的能源。在人类历史进程中，有相当长的一段时间是完全依靠可再生能源的，如薪柴用于炊事、取暖，风力用于提水、磨面等。

2005 年，全国人大常委会审议通过了可再生能源法，根据推进可再生能源产业快速发展的实际需要，构建了总量目标、强制上网、分类电价、费用分摊和专项资金 5 项基本法律制度。

2009 年，全国人大常委会又对可再生能源法进行了修订，明确可再生能源开发利用规划、可再生能源发电全额保障性收购制度和可再生能源发展基金等内容。

为促进清洁能源持续健康发展，国家发展和改革委员会 2015 年 10 月下发通知，明确在甘肃省和内蒙古自治区部分地区开展可再生能源就近消纳试点，以可再生能源为主、传统能源调峰配合形成局域电网，降低用电成本，形成竞争优势，促使可再生能源和当地经济社会发展形成良性循环。

习近平总书记做出系列重要讲话，明确提出中国二氧化碳排放力争于2030年前达到峰值，努力争取2060年前实现碳中和，到2030年非化石能源占一次能源消费达到25%左右，风电和太阳能发电总装机容量达到12亿千瓦以上，进一步指明了中国能源转型变革的战略方向，为中国可再生能源发展设定了新的航标。

2. 发展成果

新中国成立以来，在党中央、国务院高度重视下，在《可再生能源法》的有力推动下，中国可再生能源产业从无到有、从小到大、从大到强，走过了不平凡的发展历程。近年来，特别是党的十八大以来，在党中央坚强领导下，中国能源行业深入贯彻习近平生态文明思想和"四个革命、一个合作"（指推动能源消费革命、能源供给革命、能源技术革命、能源体制革命，全方位加强能源国际合作）能源安全新战略，齐心协力、攻坚克难，大力推动可再生能源实现跨越式发展，取得了举世瞩目的伟大成就。

1）开发利用规模稳居世界第一，为能源绿色低碳转型提供强大支撑

发电装机实现快速增长，截至2020年底，中国可再生能源发电装机总规模达到9.3亿千瓦，占总装机的42.4%，较2012年增长14.6%。其中：水电3.7亿千瓦、风电2.8亿千瓦、光伏发电2.5亿千瓦、生物质发电2952万千瓦，分别连续16年、11年、6年和3年稳居全球首位。利用水平持续提升，2020年，中国可再生能源发电量达到2.2万亿千瓦时，占全社会用电量的29.5%，较2012年增长9.5%，有力支撑中国非化石能源占一次能源消费的15.9%，如期实现2020年非化石能源消费占比达到15%的庄严承诺。我们的装机现在40%左右是可再生能源，发电量的30%左右是可再生能源，全部可再生能源装机是世界第一。

2）技术装备水平大幅提升，为可再生能源发展注入澎湃动能

中国已形成较为完备的可再生能源技术产业体系。水电领域具备全球最大的百万千瓦水轮机组自主设计制造能力，特高坝和大型地下洞室设计施工能力均居世界领先水平。低风速风电技术位居世界前列，国内风电装机90%以上采用国产风机，10兆瓦海上风机开始试验运行。光伏发电技术快速迭代，多次刷新电池转换效率世界纪录，光伏产业占据全球主导地位，光伏组件全球排名前十的企业中中国占据7家。全产业链集成制造有力推动风电、光伏发电成本持续下降，近10年来陆上风电和光伏发电项目单位千瓦平均造价分别下降30%和75%左右，产业竞争力持续提升，为可再生能源新模式、新业态蓬勃发展注入强大动力。

3）减污降碳成效显著，为生态文明建设夯实基础根基

可再生能源既不排放污染物、也不排放温室气体，是天然的绿色能源。2020年，中国可再生能源开发利用规模，达到 6.8 亿吨标准煤，相当于替代煤炭近 10亿吨，减少二氧化碳、二氧化硫、氮氧化物排放量分别约达 17.9 亿吨、86.4 万吨与 79.8 万吨，为打好大气污染防治攻坚战提供了坚强保障。同时，中国积极推进城乡有机废弃物等生物质能清洁利用，促进人居环境改善；积极探索沙漠治理、光伏发电、种养殖相结合的光伏治沙模式，推动光伏开发与生态修复相结合，实现可再生能源开发利用与生态文明建设协调发展、相得益彰。

4）惠民利民成果丰硕，为决战脱贫攻坚贡献绿色力量

在推进无电地区电网延伸的同时，中国积极实施可再生能源独立供电工程，累计让上百万无电群众用上绿色电力，圆满解决无电人口用电问题。2012 年以来，贫困地区累计开工建设大型水电站 31 座、6478 万千瓦，为促进地方经济发展和移民脱贫致富做出贡献。创新实施光伏扶贫工程，累计建成 2636 万千瓦光伏扶贫电站，惠及近 6 万个贫困村、415 万户贫困户、每年产生发电收益 180 亿元，相应安置公益岗位 125 万个，光伏扶贫已成为中国产业扶贫的精品工程和十大精准扶贫工程之一。

5）国际合作不断拓展，为携手应对气候变化做出中国贡献

作为全球最大的可再生能源市场和设备制造国，中国持续深化可再生能源领域国际合作。水电业务遍及全球多个国家和地区，光伏产业为全球市场供应了超过 70%的组件。可再生能源在中国市场的广泛应用，有力促进和加快了可再生能源成本下降，进一步推动了世界各国可再生能源开发利用，加速了全球能源绿色转型进程。

与此同时，近年来中国在"一带一路"沿线国家和地区可再生能源项目投资额呈现持续增长态势，积极帮助欠发达国家和地区推广应用先进绿色能源技术，为高质量共建绿色"一带一路"贡献了中国智慧和中国力量。

2018 年，中国可再生能源发电量 18670 亿千瓦时，占全部发电量的 26.7%，比 2005 年提高 10.6%。其中非水可再生能源总装机容量是 2005 年的 94 倍，发电量是 2005 年的 91 倍。可再生能源占一次能源消费总量达到 12.5%左右，比 2005年翻了一番。

2020 年，中国可再生能源保持高利用率水平。中国主要流域弃水电量约 301亿千瓦时，水能利用率约 96.61%，较上年同期提高 0.73%；中国弃风电量约 166亿千瓦时，平均利用率 97%，较上年同期提高 1%；中国弃光电量 52.6 亿千瓦时，平均利用率 98%。

6.5　学习心得和启示

（1）当今的能源结构，必须进行根本性的变革，也就是进行能源革命。地球的生态遭到破坏失去平衡，环境污染，导致二氧化碳等温室气体越积越多，全球气候变暖，这对于建立人类命运共同体，造成非常大的负面影响，问题必须抓紧解决。

（2）绿色能源必须把安全性放在第一位，无论是和平时期，或者非常时期，都必须具有安全性。

例如，在新冠肺炎疫情蔓延时期，如果能源不能保证安全供应，那就对于疫情管控，会产生非常负面的影响。万一爆发战争，那就更不用提了。

能源的绿色化，对于解决污染和防止破坏生态，具有重大意义。最重要的是，每个国家都要做好自己的事情。我国是人口众多的大国，是化石能源最大的消费者，我国已经明确提出，在2050年达到碳平衡，就必须实现这个目标，责无旁贷。

（3）《巴黎协定》对不同发展程度的国家应当担负的责任和义务，都有明确的规定。它不足的地方是没有法律效力。

（4）世界上不少发达国家已经立法和制订计划，制止化石能源造成的污染，大力利用太阳能、风能、潮汐能、地热能等可再生能源，以及氢能、核能等清洁能源，对能源进行绿色化，并且取得了不俗的成效，是值得我们学习和借鉴的。我国必须取其所长，结合我国的特定情况，洋为中用，建立具有中国特色的多元化绿色能源系统。

（5）我国在能源绿色化方面，虽然起步较晚，但已经做了大量的工作，有了不少后发的优势，在以国内循环为主的国内国际双循环理念的指导下，我们可以把陆地太阳能产能，更多地向国内循环倾斜，同时也适度地向"一带一路"沿线国家倾斜。

发展绿色能源系统，政府必须进行立法，通过立法和政策，对原有的化石能源的绿色化以及太阳能、风能的开发，形成一个优势互补多元化可持续发展的能源结构。

（6）发展绿色能源系统，围绕产业链的要求，必须培养人才，第一，设立专科专业，进行系统的教育培养；第二，通过工作实践，培养人才。第三，吸引相关专业的人才。

（7）发展绿色能源，实现能源系统转型，是一个十分复杂的系统工程，既涉及大量的工程技术问题，也涉及深层次的结构和管理问题，不过，今天我们有互联网、大数据、云计算、智能化等多种工具，无论是顶层设计、细化的项目，都可以迎刃而解，实现既定的目标。

（8）我国在发展绿色能源方面取得的一个又一个新成就，是非常鼓舞人心的，但是必须在全国一盘棋的指导思想引领下，做出计划，制定行动纲领，实现路径，把已经取得的成功范例，在条件类似的其他地区以及"一带一路"沿线国家进行普及和推广，努力扩大战果。

第7章 风 能 源

7.1 概　　述

1. 风电制氢将成下一个风口

在"30-60"这样可遇不可求的历史机遇中，以风电为代表的可再生能源最大的掣肘是消纳能力的提升。可再生能源大规模发展的前提，取决于多元化消纳渠道与消纳方式的拓展。在降低度电成本的同时，延伸产业链条，采取如可再生能源制氢、多电源一体化建设、微电网直供电等模式，提高消纳能力，促进产业整体效益的提高。

在氢能被推上风口的今天，氢能产业也成为可再生能源更大规模发展的必要的手段。

2020年12月13日，吉电股份与国家电投氢能科技公司签署协议，双方将利用各自优势，共同开拓氢能市场，围绕燃料电池推广应用、PEM制氢设备研发制造等开展广泛合作，引导和推动燃料电池、PEM制氢等关键核心技术研发及产业发展。

协议中提到的"PEM制氢"即水电解制氢技术。而吉电股份作为国家电投旗下控股公司，截至2020年上半年，其新能源装机422.22万千瓦，这或许就是双方开展优势合作的前提。

可再生能源制氢可以简单地理解为"风光发电—电解水—制氢制氧—氢能—应用"流程。根据国际氢能委员会预测，到2030年，氢能在交通领域的应用将达到17%的份额，在热电联产中将达到19%。从我国近年来对于新能源汽车的政策支持来看，交通领域应用已成为目前氢能发展的强劲动力。

电能作为燃料电池的上游产业，此前业内存在诸多"弃风电量制氢"的呼吁，但随着三北地区弃风弃光率逐年下降，以及外送通道的落实，使得"弃电"已不仅是"绿氢"最具价值的选择。而从更大的规模上促使氢能产业与可再生能源联合的"双打"模式，无疑是一个既落实了消纳又能促进能源转型的双赢选择。

数字显示，以千万千瓦风电基地1小时生产1000万千瓦时的电量、5千瓦时电能产生1立方米氢气来计算，千万千瓦风电基地1小时可以生产200万立方米氢气，相当于 24000 吨优质煤炭热值的能量。

有业内专家指出，如果将全球最大的风电开发商国家能源集团（截至 2019 年底国家能源集团风电装机超 4000 万千瓦）的风电所发电量全部用来制氢，按照当前燃料电池汽车每天消耗量来看，也仅能供 20 万~25 万辆车使用。

根据 2019 年《中国氢能及燃料电池产业白皮书》显示，氢能将成为中国能源体系中的重要组成部分，若 2050 年氢能应用达到 10%，则需氢气量约 6000 万吨，氢能在交通运输和工业领域得到普及应用，氢燃料电池车将达到 500 万辆/年。如此看来，燃料电池产业的扩大对上游可再生能源发电的带动无疑是巨大的。

2020 年 9 月，财政部等四部委发布《关于开展燃料电池汽车示范应用的通知》，在燃料电池汽车示范城市申报指南中明确规定了氢的来源问题，鼓励低碳氢，当然也包括可再生能源制氢。

可以说，相对于化学制氢、煤炭制氢，可再生能源制氢解决的是碳排放的问题，而氢能属于二次能源，具有零碳排放的显著优势。随着上游电源成本的进一步下降，氢能成本也随之降低，无论是从减碳角度，还是从产业发展来讲，未来风电制氢都将是行业发展的重要趋势之一。

目前国际上已不乏海上风电制氢的项目案例，如全球首个海上风电制氢示范项目荷兰 PosHYdon 风电场，以及全球首个商业化海上风电制氢项目 Hyport Oostende。在由全球能源巨头沃旭投资建设的 1.4 吉瓦的 Hornsea2 海上风电场中，部分海上风电转化为氢能，为英格兰北部的一家石油和天然气厂提供动力。

在国内，张家口已经成为我国氢能产业生产和应用的标杆城市，其氢燃料电池整车制造等上下游产业配套、以氢燃料电池为重点的全产业链已经形成。据最新报道显示，目前张家口全市已投运氢燃料电池公交车 244 辆，是全国燃料电池汽车运行数量最多、最稳定的城市之一，在氢能示范应用上处于国内领先地位。

依托优越的风电资源，待张家口当地海珀尔、建投沽源制氢项目二期等项目投产后，2021 年底张家口日制氢能力可达 38 吨。

燃料电池汽车的燃料经济性决定了使用成本。如果说大力发展可再生能源制氢唯一的问题是成本的话，那么随着风、光发电的度电成本逐年降低，可再生能源与氢能这两个产业将很快具备紧密耦合的条件。

专家介绍称，按照当前市场氢气价格 60~70 元/千克计算，电解水制氢的电费需要控制在 0.3 元/千瓦时以内，才能实现氢气的经济性。在 BNEF 最新发布的"2020 年下半年各类电源 LCOE"中，新建陆上风电项目全球基准 LCOE 为 41 美元/兆瓦时，约等于 0.26 元/千瓦时。随着国内平价，陆上风电的 LCOE 基准还将继续降低。

2020 年 10 月，由工业和信息化部指导，中国汽车工程学会联合汽车行业 1000 多名专家共同修订编制的《节能与新能源汽车技术路线图 2.0 版》发布，路线图要求，2025 年燃料电池汽车应用达到 5 万~10 万辆，并打造 1000 座加氢站。

以此目标为基准，高工产研氢电研究所（GGII）预计，2025 年中国氢燃料电池汽车运行对应的氢气年需求量约达 49 万吨。如果以"绿氢"作为低碳发展主力，意味着"十四五"期间将会迎来风电制氢产业的快速发展阶段。

2. 分布式风力发电

风能源大多考虑陆上和海上大型风电场，但是，在陆上其他地方，还拥有较小的风力资源，可以用来进行分布式风力发电，这种分布式风力发电，特指采用风力发电机作为分布式电源，将风能转换为电能的分布式发电系统，发电功率在几千瓦至数百兆瓦（也有的建议限制在 30~50 兆瓦以下）的小型模块化、分散式、布置在用户附近的高效、可靠的发电模式。它是一种新型的、具有广阔发展前景的发电和能源综合利用方式。

风力发电技术是将风能转化为电能的发电技术，可分为独立与并网运行两类，前者为微型或小型风力发电机组，容量为 100~10000 瓦，后者的容量通常超过 150 千瓦。风力发电技术进步很快，单机容量在 2 兆瓦以下的技术已很成熟。随着全球能源紧张进一步加剧，可再生能源越来越受到人们的广泛关注。作为重要的可再生能源，风电资源得到了进一步的开发利用。风力发电技术发展到今天已经相对成熟，其应用前景在全球能源枯竭的背景下也越来越光明。风电资源清洁无污染、安全可控，是一种优质的可再生新能源，分布式发电技术在我国已经得到广泛的应用。

分布式风力发电系统主要可在农村、牧区、山区，发展中的大、中、小城市或商业区附近建造，解决当地用户用电需求。

分布式风力发电的原理，是利用风力带动风车叶片旋转，再通过增速机将旋转的速度提升，来促使发电机发电。系统主要由风力发电机、蓄电池、控制器、并网逆变器组成，依据现有风车技术，大约是 3 米/秒的微风速度（微风的程度），便可以开始发电。风力发电正在世界上形成一股热潮，因为风力发电不需要使用燃料，也不会产生辐射或空气污染。

1）分布式风力发电的特点

①环境适应性强，无论是高原、山地，还是海岛、边远地区，只要风能达到一定的条件，都可以正常运行，为用户终端供电。

②分布式风力发电系统中各电站相互独立，用户由于可以自行控制，不会发生大规模停电事故，所以安全可靠性比较高。

③分布式风力发电可以弥补大电网安全稳定性的不足，在意外灾害发生时继续供电，已成为集中供电方式不可缺少的重要补充。

④可对区域电力的质量和性能进行实时监控，非常适合向农村、牧区、山区，

发展中的中、小城市或商业区的居民供电，可大大减小环保压力。

⑤输配电损耗很低，甚至没有，无须建配电站，可降低或避免附加的输配电成本，同时土建和安装成本低。

⑥可以满足特殊场合的需求，如用于重要集会或庆典的（处于热备用状态的）移动分散式发电车。

⑦调峰性能好，操作简单，由于参与运行的系统少，启停快速，便于实现全自动。

2）原理

风力发电从技术角度可以分为恒速恒频和变速恒频两种类型。

①恒速恒频技术。当风力发电机与电网并联运行时，要求风力发电机的频率与电网频率保持一致，即恒频。恒速恒频指在风力发电过程中，保持发电机的转速不变，从而得到恒定的频率。采用恒速恒频发电机存在风能利用率低、需要无功补偿装置、输出功率不可控、叶片特性要求高等不足，成为制约并网风电场容量和规模的严重障碍。

②变速恒频技术。变速恒频是指在风力发电过程中发电机的转速可随风速变化，通过其他控制方式来得到恒定的频率。

变速恒频发电是 20 世纪 70 年代中后期逐渐发展起来的一种新型风力发电技术，通过调节发电机转子电流的大小、频率和相位，或变桨距控制，实现转速的调节，可在很宽的风速范围内保持近乎恒定的最佳叶尖速比，进而实现追求风能最大转换效率；同时又可以采用一定的控制策略灵活调节系统的有功、无功功率，抑制谐波、减少损耗、提高系统效率，因此可以大大提高风电场并网的稳定性。尽管变速系统与恒速系统相比，风电转换装置中的电力电子部分比较复杂和昂贵，但成本在大型风力发电机组中所占比例并不大，因而发展变速恒频技术将是今后风力发电的必然趋势。

3）实际运用

变速恒频技术因其利用风能充分、控制系统先进、灵活而成为风电技术的主流。在实际利用中，分布式风力发电一般与其他发电形式相互组合，例如风力发电与太阳能发电相组合形成的风光互补发电系统；风力发电与柴油机组发电组合形成的"风油"发电系统；还有三者共同组合成的"风光油"发电系统。

风光互补发电系统不同地区根据各自不同的特点选择适合自身条件的组合形式，充分利用环境优势发展新型能源。尤其值得关注的是"风光"组合发电系统，使用纯天然、无污染的风能和光能发电，代表着分布式发电技术的未来发展方向。从严格意义上来说，风能也是来自于太阳能，是太阳对地球大气造成影响产生的气流，无论是在时间还是在空间上，二者都有着很强的互补性，太阳能光伏发电技术和风力发电技术在环境适应性上不相上下，都适合建立分布式发电机组，二者组合拥有良好的匹配性，在未来很长一段时间里会成为引领可再生能源开发的趋势潮流。

从风能资源的地域分布上看，越是位置偏远、人烟稀少的地方风能资源就越丰富，而这些地方无论是交通成本还是常规电网供电成本都相当的高，由于人口稀少，用电负荷普遍不高，在这些地区周边发展风力发电，能够充分利用好丰富的风能资源，除供应周边居民用电外，还可以接入大电网支持周边城市的电网供应。

4）风机应用

考虑到分布式发电系统的安全性、可靠性、经济性与适用广泛性的要求，需要风力发电机有较宽的工作风速范围（3~25米/秒），在不稳定的自然风况中，能可靠运行并有良好的电能品质，能捕获最大风能以提高发电效率、降低单位功率发电成本。

以上技术在大型风力发电机中得到了较好的解决，例如，为捕获最大风能，大型风力发电机主要通过两个阶段来实现。在额定风速（14米/秒）以下时，通过调节发电机反力距使转速跟随风速变化，在高于额定风速时，通过变桨距系统使系统输出功率稳定。所谓变桨距指安装在轮毂上的叶片通过控制改变其风源WP-5000A风力发电机桨距角的大小，定桨距是指桨叶与轮毂的连接是固定的，桨距角固定不变，即当风速变化时，桨叶的迎风角度不能随之变化。

中小型风力发电机在中小型风力发电机方面，面向分布式发电的高效、可靠、低成本、大功率（5~50千瓦）的并网型变桨距中小型风力发电机，输出功率不会因风速大于额定风速而下降。从分布式电源本身入手提高电能质量。如风源WP-5000A风力发电机，额定功率：5000瓦，最大功率：6500瓦，启动风速：0.2~0.4米/秒，额定风速：12米/秒，工作风速：1.8~25米/秒，当风速大于额定风速12米/秒时，其输出功率仍然向上平缓上升，所获风能并没减少，发电效率高，非常符合分布式风能发电的要求。

5）发展影响

（1）分布式风力发电对电网规划的影响

分布式发电的引入使得配电网的结构发生根本性变化，主要表现在分布式发电的引入使传统的配电网络规划、运行（如无功补偿、电压控制等）发生彻底改变，配电网自动化和需求侧管理的内容也需要重新加以考虑，分布式电源之间的控制和调度必须加以协调。

配电网规划是动态规划问题，其动态属性与其维数密切相关，配电网本身节点数非常多，系统增加大量分布式发电机节点使得在所有可能网络结构中寻找最优网络布置方案更加困难。因此，系统运行规划者必须准确评估这些影响，寻求精确的负荷预测和合适的优化方法，并给出DG最优位置和容量以保证含DG的配电系统运行安全性和经济性。

（2）分布式风力发电对电网调度的影响

中国地区电网的电源接入的网架有限，大量分布式电源接入配电网将给电网的电源平衡带来难度。一般地区电网的负荷主要为民用负荷，因此负荷的峰谷差较大，风力发电的随机性、反调峰性给电网的调峰以及常规火电机组的开机方式安排增加了难度，必须做到尽可能多地接纳风电电力，同时保证火电机组运行的经济性。

（3）分布式风力发电对继电保护的影响

大多数配电系统其结构呈放射状，采用这种结构的主要目的是为了运行的简易性和线路过电流保护的经济性，当配电网中接入了分布式电源后，放射状网络将变成遍布电源和用户的互联网络，电流在变电站母线与负荷点间不定向流动，这对配电网原有的继电保护将产生较大影响。

6）发展意义

（1）分布式风力发电是解决我国环境污染和保障我国电力安全的重要途径之一

我国是人口大国，也是能源消耗大国，随着经济的发展对电能的需求更加迫切，传统的火力发电已经很难满足社会的电能需求，而且日益突出的环境问题也不适合再大力发展。放眼全球，能源紧张已经成为困扰世界各国的一大难题，能源安全成为新的国际问题。在这种背景下，大力发展可再生能源成为解决这一难题的有效途径。分布式风力发电技术投资小，见效快，无二次污染，系统运行安全可靠，是解决我国环境污染和保障我国电力安全的重要途径之一。

（2）分布式风力发电是发挥分布式风力发电供能系统效能的最有效方式

分布式风力发电除直接向终端电能用户提供电能外，还可以将分布式发电供能系统以微网的形式接入电网，与大电网并网运行，相互支撑，在电能利用结构上，有效调节用电峰谷，减轻用电高峰期电网负荷压力，促进电能资源的优化配置，是发挥分布式风力发电供能系统效能的最有效方式。

（3）采用分布式发电技术实行离网发电可以有效解决边远地区的用电难题

在众多的可再生能源中，风电资源是目前应用最为广泛、技术条件最完备、投资成本与产出比例最高的一种，随着分布式发电与供能技术的发展，风能与太阳能等可再生能源作为分布式电源并网发电是必然趋势。

我国风能资源分布广泛，很多地区都具备利用风能建设分布式风力发电厂的优良条件，当前应当大力发展可再生能源，加大对相关科学研究项目的投入力度，提高风力发电装备制造水平，对分布式发电系统与接入电网并网运行相关控制技术加快研究步伐，尽快优化电网运行结构，提高电力资源的利用率。

7）发展现状

风能作为一种清洁的可再生能源，越来越受到世界各国的重视。其蕴藏量巨大，全球风能资源总量约为 $2.74×10^9$ 兆瓦，其中可利用的风能为 $2×10^7$ 兆瓦。

我国利用风电起步较晚，与世界上风电发达国家如德国、美国、西班牙等相比还有很大差距。风电是 20 世纪 80 年代开始迅速发展起来的，初期研制的风机主要是 1 千瓦、10 千瓦、55 千瓦、220 千瓦等小型风电机组，后期开始研发可充电型风电机组，并在海岛和风场广泛应用。至今，我国已经在河北张家口、内蒙古、山东荣成、辽宁营口、黑龙江富锦、新疆达坂城、广东南澳和海南等地建成了多个大型风电场，并且计划在江苏南通、灌云及盐城等地兴建吉瓦级风电场。

中国风电累计装机容量已达 1585 万千瓦，获悉，据不完全统计，2021 年前三季度国内 19 个风电重点省（区）新建成风电项目 93 个，总装机容量 559 万千瓦，国内累计总装机容量达到约 1585 万千瓦。

国家发展和改革委员会原副主任、国家能源局原局长张国宝指出，发展风电是国际经济和能源发展的必然趋势，也是中国新兴战略产业发展的必然选择。

但随着中国风电的快速发展，电网接入运行难、风电制造盲目发展等问题逐步产生，需要在风电开发规划和建设管理，风电开发与电网的协调，风电设备技术和生产能力，大规模风电发展的技术和产业配套条件，财政、税收、价格政策支持等方面深入研究，以促进风电产业更好更快发展。

2020 年 1 月 19 日，国家能源局公布了 2020 年新能源装机数据。数据显示，2020 年新增风电装机 7167 万千瓦、太阳能发电 4820 万千瓦，风光新增装机之和约为 1.2 亿千瓦。

7.2 风能开发领域不断取得新成果

风能开发领域取得的新成果，犹如雨后春笋，非常鼓舞人心。

1. 2021 年 12 月 29 日，国内建设难度最大！中广核福建平潭大练 240 兆瓦海上风电项目全容量并网

中广核平潭大练海上风电项目位于福建省平潭大练岛东北侧一带海域，水深为 5~30 米，安装 60 台 4 兆瓦风电机组，新建一座 220 千伏陆上升压站。平潭是全球海上三大风口之一，风速高、涌浪大、海流急，台风频发，全年施工窗口期不足 100 天。该项目所处海域地质结构复杂、地形起伏多变，遍布礁石及孤石，其复杂程度被称作"海底的山地风电项目"。该项目嵌岩机位占比达 54%，采用 7 种基础型式，是国内基础型式种类最多的项目，同时项目施工人员、施工船舶

及施工作业面也是全国之最，被行业内公认为国内施工难度最大。

中广核平潭大练海上风电项目年上网电量约 9.6 亿度，相当于每年可节约标煤 30.81 万吨，减排二氧化碳 90 万吨，将为福建省"十四五"期间海上风电发展和平潭综合实验区打造智慧清洁能源示范基地，助推平潭成为全省乃至全国首个"零碳"城市示范区贡献力量。

2. 2021 年 12 月 21 日，河南南阳新野批量 150 米混塔 4.5 兆瓦/172 机组风电项目并网发电

新野项目位于河南省南阳市新野县高速入口附近，是国电投河南公司今年首个平原混塔风电项目，仅用三个月就完成了机组吊装与并网，是具有典型代表意义的高塔平原风电场。

该项目装机规模为 48 兆瓦，共安装有 12 台 3.2、3.4 兆瓦/160 与 2 台 4.5 兆瓦/172 风电机组，相比常规机组，高塔机组风速提升明显，等效利用小时数提高约 3%~5%，发电量提升效益显著。项目投产后，每年等效满负荷利用小时数可达 2533 小时，年上网电量可达 1.2 亿千瓦时，可减少使用约 3.75 万吨标准煤，减排二氧化碳 9.35 万吨，具有良好的经济效益和环保效益。

3. 2021 年 12 月国家电投近期 3 个风电项目并网投产

2021 年 12 月 25 日、26 日，国家电投新疆能源化工平凉崆峒 12.5 万千瓦分散式风电项目和张掖临泽 5 万千瓦风电项目首批机组先后并网发电。

12 月 23 日，江西南城上唐、城东 2 个 40 兆瓦分散式风电项目城东 10#风机成功接入电网，几乎同一时期，国电投江苏公司宜兴杨巷 42.9 兆瓦风电项目实现全容量并网。

其中，江西南城上唐、城东 2 个 40 兆瓦分散式风电项目是云南国际现有单机容量最大、吊装重量最重、风机高度最高的陆上风电项目，上唐、城东两个分散式风电场总装机容量为 80 兆瓦，布置 20 台单机容量 4 兆瓦的永磁直驱风力发电机组，叶轮直径 165 米、轮毂中心高度 99.45 米。

张掖临泽两项目全容量投运后预计每年可提供清洁电力 3.8 亿千瓦时，可节约标煤 11.6 万吨，减少二氧化碳排放量 22 万吨。

4. 华能在江苏建设的 110 万千瓦海上风电全容量并网

2021 年 12 月 25~26 日，中国华能集团有限公司在江苏建设的射阳、启东两个海上风电项目共计 110 万千瓦相继实现全容量并网，年上网总电量可超 30 亿千瓦时，每年可节约标煤约 97.7 万吨，减少二氧化碳排放约 215.6 万吨，有效促进

当地能源结构调整和社会经济可持续发展。

华能射阳海上风电项目位于盐城市射阳港海域，总容量30万千瓦，共安装风机67台，年上网电量可达8.24亿千瓦时，可满足约103万户普通家庭一年用电量。

江苏启东海上风电项目位于南通市启东近海海域，总容量80万千瓦，共安装风机134台，年上网电量可达22.26亿千瓦时，可满足启东市全年一半用电量。

5. 国内首个百万千瓦级海上风电项目全容量并网发电

2021年12月25日，三峡集团广东阳江沙扒、江苏如东和大丰H8-2海上风电项目宣布实现全容量并网发电目标。该项目位于广东省阳江市沙扒镇南面海域，由三峡集团所属中国三峡新能源（集团）股份有限公司投资建设，总装机容量170万千瓦，共布置269台海上风电机组及3座海上升压站。

该项目每年可为粤港澳大湾区提供约47亿千瓦时的清洁电能，可满足约200万户家庭年用电量，每年可减排二氧化碳约400万吨。

6. 国内首批、广东省首个近海深水区海上风电项目首批风机成功并网发电

2021年12月23日，在距离阳江海岸线55公里的蓝海深处，广东华电阳江青洲三500兆瓦海上风电项目首批风机成功并网发电。

广东华电阳江青洲三 500 兆瓦海上风电项目每年可为社会提供清洁电能约15.5亿度电，可节约标准煤47.8万吨，减少二氧化碳排放127万吨、烟尘48.52吨。

7. 陕西化建首个EPC风电项目并网发电

2021年12月31日，陕西化建公司首个EPC总承包的延长石油风电项目——巴拉素20MW分散式风电项目实现一次并网发电成功。

该项目位于榆林市榆阳区巴拉素镇，由延长石油售电公司投资建设，位于榆林市榆阳区巴拉素镇巴拉素煤矿周边，总装机容量20兆瓦，年发电量约4000万千瓦时，年节约标煤1.2万吨，减少二氧化碳年排放量4.4万吨。

8.吉林乾安融智风电项目一期工程全容量并网发电

2022年1月3日，山西粤电能源公司所属吉林乾安融智风电项目一期工程实现全容量并网发电。

该项目位于国家松辽新能源保障基地核心区、吉林"陆上风光三峡"主体区，规划总装机容量200兆瓦，一期工程建设49.5兆瓦，安装11台4.5兆瓦风力发电机组，配套建设一座220千伏升压站。

9. 陕煤集团首个风电项目成功并网发电

2022 年 1 月 3 日,陕煤集团府谷能源长安电力榆林配售电公司 50 兆瓦分散式风电项目顺利并网发电,标志着陕煤集团首个风电项目正式并网运营。

该风电项目位于陕西省榆林市府谷县境内,总投资约 3.8 亿元,安装 14 台 3.6 兆瓦风电机组,配套建设一座 110 千伏升压站。

项目投运后,预计每年可提供清洁电能 1.07 亿千瓦时,节约标准煤约 3.4 万吨,减排二氧化碳约 12.7 万吨、二氧化硫约 600 吨、氮氧化物约 900 吨。

10. 甘肃省会宁之恒分散式风电项目顺利并网

日前,由国网甘肃综合能源有限公司总包的会宁之恒风力发电项目顺利并网,这是会宁县首座风电场。会宁之恒 20 兆瓦分散式风电项目位于会宁县草滩镇,本期并网 5 台 3.45 兆瓦与 1 台 2.5 兆瓦机组,共计 19.75 兆瓦。

该风电场年上网电量为 4120.497 万千瓦时,年利用小时数为 2050 小时,容量系数 0.205。

11. 大唐华银明月 49 兆瓦风电项目成功并网发电

大唐华银明月风电项目 2021 年 6 月 8 日开工建设,总投资 4.1 亿元。目前,17 千米道路施工完毕,新建的 110 千伏升压站于 2021 年 12 月 21 日一次性受电成功,12 月 30 日 1 号风机成功并网发电。虽然现在属于枯风季节,风力还不是很足,但每台机组运转平稳,预计年发电量可以达到 1 亿度。

12. 国内单机容量最大的山地风电项目并网发电

2021 年 12 月 22 日,国内单机容量最大的山地风电项目——山西大同天镇县南高崖乡分散式风电总承包项目首台风机成功启动,项目正式并网发电。

该项目位于大同市天镇县,是中国能源建设集团山西省电力设计院首批投建营一体化项目,项目总装机容量 20 兆瓦,单机容量 5 兆瓦,叶轮直径 171 米,轮毂高度 100 米,是国内单机容量最大的山地风电项目。项目建成后,与传统能源相比,每年可节约标煤约 1.31 万吨,减排二氧化硫约 8.507 吨,减排氮氧化物约 8.082 吨,减排二氧化碳约 3.291 万吨,减排烟尘 1.702 吨。

13. 华能通榆 70 万千瓦风电项目全部并网发电

华能通榆风电项目位于吉林省白城市通榆县,包括良井子 40 万千瓦风电和什花道 30 万千瓦风电两部分,实现了当年开工当年投产。良井子风电项目共安装

108 台风电机组，于 2021 年 3 月 12 日开工建设，9 月 30 日全容量并网发电；什花道风电项目共安装 89 台风电机组，于 2021 年 3 月 31 日开工建设，12 月 30 日全容量并网发电，其中 3 台单机容量 5 兆瓦风电机组刷新了东北地区陆上风电机组并网最大单机容量纪录。

项目全部投产后预计年均发电量 25.17 亿千瓦时，相当于节约标准煤约 73.5 万吨，减少二氧化碳排放量约 199.72 万吨。

14. 大庆海智 100 兆瓦风电项目并网发电

该项目装机容量 100 兆瓦，位于黑龙江省大庆市红岗区境内，配备技术先进的单机 4.0 兆瓦/4.2 兆瓦风力发电机组，风机轮毂高度 100 米，叶轮直径 160 米，设计年平均利用小时数约 3000 小时，新建一座 110 千伏升压站，经 3 千米送出线路接入国网变电站。

15. 国内首创：江西核电帽子山八边形超高混塔风电项目实现全容量并网发电

帽子山风电项目位于彭泽核电厂址内，是江西核电开发性保护核电厂址的重点工程，也是该公司投资建设的首个风电项目。项目国内首创采用 4 台 3.125 兆瓦大功率八边形超高混塔风电机组，具有机组振幅小、叶轮迎风角稳定、发电量高、运维成本低等优点。

16. 甘肃通渭县顺利建成陇中首个百万千瓦级风电基地

2021 年 12 月 30 日，国家能源局重点帮扶项目通渭风电基地尖岗山 20 万千瓦风电场实现并网发电，至此，通渭县风电装机容量达到 110 万千瓦，成为陇中地区首个百万千瓦级风电基地。

在整个风能开发和利用方面，今后还会涌现更多的成功范例，可以断定，陆上和海上大量风能的不断开发，具有极大潜在力量，对于实现"3060"双碳目标，一定会做出重大贡献。

7.3　学习心得和启示

（1）发展绿色能源系统，改变能源结构，从我国资源禀赋来看，除了太阳能以外，最有前途的是发展风能源，陆上风能源，新疆、青海等风能源充沛的地方，全国所有乡村，都可以发展小风电。而最有前途的是开发近海、远海和深海风力资源。作为可再生能源的水力资源，容量终归有限，要彻底改变能源结构，除了将煤炭能源液化、气化和智能应用，开发近海、远海和深海风力资源是大有可为的，这方面我国已经取得了很大的进展。

（2）我国在发展陆上风能源和海上风能源两方面，不管是不同的形式和大小容量，已经取得了一个又一个令人鼓舞的成绩，潜在力量惊人。

（3）我们必须开发更多的新材料、新技术、新器件、新控制系统，提高风力发电机的效率、安全性，降低成本。

（4）我们必须培养更多的风电人才。

（5）产学研协同作战，设计和完成更多的高质量风电项目。

（6）吸引国外高端风电人才，参与我国的重大风电项目，我国以前在新疆的风电建设项目中，就有成功的经验，可以学习和借鉴。

（7）我国可以和"一带一路"沿线风力资源禀赋好的国家，共商共建有关项目，这方面大有可为。

第8章 氢能源

8.1 概　　述

氢能是指氢和氧进行化学反应释放出的化学能，是一种清洁的二次能源，具有能量密度大、燃烧热值高、来源广、可储存、可再生、可电可燃、零污染、零碳排等优点，有助于解决能源危机以及环境污染等问题，被誉为 21 世纪的"终极能源"。

氢具有高挥发性、高能量，是能源载体和燃料，同时氢在工业生产中也有广泛应用。现在工业每年用氢量为 5500 亿立方米，氢气与其他物质一起用来制造氨水和化肥，同时也应用到汽油精炼工艺、玻璃磨光、黄金焊接、气象气球探测及食品工业中。而液态氢可以作为火箭燃料。

1. 氢能的主要优点

氢位于元素周期表之首，它的原子序数为 1，在常温常压下为气态，在超低温高压下又可成为液态。作为能源，氢有以下特点：

燃烧热值高，燃烧同等质量的氢产生的热量，约为汽油的 3 倍，乙醇的 3.9 倍，焦炭的 4.5 倍。氢的燃烧效率非常高，燃烧产物是水，是世界上最干净的能源。资源丰富，氢气可以由水制取，而水是地球上最为丰富的资源，演绎了自然物质循环利用、持续发展的经典过程。

①所有元素中，氢质量最小。在标准状态下，它的密度为 0.0899 克/升；在–252.7 摄氏度时，可成为液体，若将压力增大到数百个大气压，液氢就可变为固体氢。

②所有气体中，氢气的导热性最好，比大多数气体的导热系数高出 10 倍，因此在能源工业中氢是极好的传热载体。

③氢是自然界存在最普遍的元素，据估计它构成了宇宙质量的 75%，除空气中含有氢气外，它主要以化合物的形态储存于水中，而水是地球上最广泛的物质。据推算，如把海水中的氢全部提取出来，它所产生的总热量比地球上所有化石燃料放出的热量还大 9000 倍。

④除核燃料外，氢的发热值是所有化石燃料、化工燃料和生物燃料中最高的，为 142 351 千焦耳/千克，是汽油发热值的 3 倍。

⑤氢燃烧性能好，点燃快，与空气混合时有广泛的可燃范围，而且燃点高，燃烧速度快。

⑥氢本身无毒，与其他燃料相比，氢燃烧时最清洁，除生成水和少量氨气外，不会产生诸如一氧化碳、二氧化碳、碳氢化合物、铅化物和粉尘颗粒等对环境有害的污染物质，少量的氨气，经过适当处理，也不会污染环境，而且燃烧生成的水，还可继续制氢，能反复循环使用。

⑦氢能利用形式多，既可以通过燃烧产生热能，在热力发动机中产生机械功，又可以作为能源材料，用于燃料电池，或转换成固态氢，用作结构材料。用氢代替煤和石油，不需对现有的技术装备做重大的改造，现在的内燃机稍加改装即可使用。

⑧氢可以以气态、液态或固态的氢化物出现，能适应储运及各种应用环境的不同要求。

由以上特点可以看出，氢是一种理想的新的含能体能源。目前液氢已广泛用作航天动力的燃料，但氢能大规模的商业应用，还有待解决以下关键问题：

2. 氢能的缺点

1）制氢成本高

氢是一种二次能源，它的制取不但需要消耗大量的能量，而且目前制氢效率很低，因此寻求大规模廉价的制氢技术，是各国科学家共同关心的问题。目前还没有很好地解决。

2）现有储氢和输氢方法还不够安全可靠

由于氢易气化、着火、爆炸，因此如何妥善解决氢能的储存和运输问题，也就成为开发氢能的关键。

3. 应用前景

许多科学家仍然认为，21世纪氢能有可能在世界能源舞台上，成为一种举足轻重的二次能源。它是通过一定的方法，利用其他能源制取的，而不像煤、石油和天然气等，可以直接从地下开采。在自然界中，氢易和氧结合成水，必须用电分解的方法，把氢从水中分离。如果用煤、石油和天然气等燃烧所产生的热转换成的电流分解水制氢，那显然是不合算的。

现在看来，高效率制氢的基本途径，是利用太阳能。如果能用太阳能来制氢，那就等于把无穷无尽的、分散的太阳能转变成了高度集中的清洁能源，其意义十分重大。目前利用太阳能分解水制氢的方法，有太阳能热分解水制氢、太阳能发电电解水制氢、阳光催化光解水制氢、太阳能生物制氢等等。

利用太阳能制氢，有重大的现实意义，但却是一个十分困难的研究课题，有大量的理论问题和工程技术问题要解决，然而世界各国都十分重视，投入不少的人力、财力、物力，并且也已取得了多方面的进展。因此在以后，以太阳能制得的氢能，将成为人类普遍使用的一种优质、清洁的燃料。

8.2 氢能是最清洁的能源

氢能利用方面很多，有的已经实现，有的人们正在努力追求。为了达到清洁新能源的目标，氢的利用将充满人类生活的方方面面。

氢是一种高效燃料，每千克氢燃烧所产生的能量为33.6千瓦小时。氢气燃烧不仅热值高，而且火焰传播速度快，点火能量低（容易点着），所以氢能汽车比汽油汽车总的燃料利用效率可高20%。当然，氢的燃烧主要生成物是水，只有极少的氮氢化物，绝对没有汽油燃烧时产生的一氧化碳、二氧化硫等污染环境的有害成分。氢能汽车是最清洁的理想交通工具。

现在有两种氢能汽车，一种是全燃氢汽车，另一种为氢气与汽油混烧的掺氢汽车。掺氢汽车的发动机只要稍加改变或不改变，即可提高燃料利用率和减轻尾气污染。使用掺氢5%左右的汽车，平均热效率可提高15%，节约汽油30%左右。因此，近期多使用掺氢汽车，待氢气可以大量供应后，再推广全燃氢汽车。德国奔驰汽车公司已陆续推出各种燃氢汽车，其中有面包车、公共汽车、邮政车和小轿车。以燃氢面包车为例，使用200千克钛铁合金氢化物为燃料箱，代替65升汽油箱，可连续行车130多千米。德国奔驰公司制造的掺氢汽车，可在高速公路上行驶，车上使用的储氢箱也是钛铁合金氢化物。

掺氢汽车的特点是采用汽油和氢气的混合燃料，可以在稀薄的贫油区工作，能改善整个发动机的燃烧状况。在中国许多大城市交通拥挤，汽车发动机多处于部分负荷下运行，采用掺氢汽车尤为有利。特别是有些工业余氢(如合成氨生产)，未能回收利用，若作为掺氢燃料，其经济效益和环境效益都是可取的。

8.3 我国氢能源产业发展现状

全球范围来看，世界主要发达国家从资源、环保等角度出发，都十分看重氢能的发展，目前氢能和燃料电池已在一些细分领域初步实现了商业化，预计五年后氢能将迎来产业爆发。

氢能是集中式可再生能源大规模、长周期存储的最佳途径。氢气可以从天然气、煤炭、生物质、废弃材料（例如塑胶）、水分子中实现零碳排放制取。我国具备大规模制氢潜力，氢气有望替代非电能源需求。

1. 我国主要使用煤制氢技术路线

目前制氢技术路线按原料来源主要分为化石燃料制氢、化工原料制氢、工业尾气制氢和电解水制氢几种。常规的制氢技术路线中以传统化石燃料制氢为主，全球范围内主要是使用天然气制氢，我国由于煤炭资源比较丰富，因此主要使用煤制氢技术路线，占全国制氢技术的 60%以上。

2. 煤制氢成本最低，电解制氢成本有较大下降空间

各类氢气来源存在一定的技术和成本差别，电解制氢与煤炭、天然气制氢成本仍有较大差距，其中煤炭制氢成本最低，为 0.9~1.2 元/立方米，天然气制氢成本为 1.2~1.5 元/立方米，而我国的电解制氢发展仍处早期，成本为 3 元/立方米左右，未来还有较大下降空间。

3. 我国制氢企业集中于煤制氢和化工工业副产氢

从目前的几种制氢技术来看，新型技术制氢处于概念阶段，技术不成熟尚停留于实验室阶段；天然气制氢受制于我国天然气资源紧缺，对外依存度较高以及定价等问题，暂时不适合用来制氢以支持氢能行业发展；电解水制氢虽然技术相对较为成熟，但是成本高而且产量小，适合氢气需求量不大或氢燃料电池车应用规模小的地区或城市。

因此短时间内我国氢能产业发展的氢源主要将来自化石燃料制氢（煤制氢）和化工工业副产氢（焦炉气副产氢、氯碱副产、PDH 即丙烷脱氢副产等）。

目前，国内仅涉及煤制氢的企业就有数十家，而且大部分的煤制氢项目为石化行业炼化配套。同时，在化工工业副产氢方面，无论是焦炉气副产氢气、氯碱工业副产氢气还是丙烷脱氢副产氢气，涉及的企业多达百家。其中，主要的企业有国家能源集团、中国石化、美锦能源、万华化学等。

4. 电解水制氢具备发展潜力

中国是世界第一产氢大国，目前全国氢气产量超过 2000 万吨，中国发展氢能产业具有较好的基础。从氢气供给来看，一般由企业购买煤炭、天然气、石油等制氢原料，利用自有设备制得氢气。

在现有的制氢技术中，使用煤或天然气制氢具有显著的成本优势，而且我国具有丰富的煤炭资源，目前化石燃料是主要的氢气来源。但使用化石燃料作为原料终究不可持续，并会产生新的污染。使用甲醇等化工原料制氢受上游产品约束，产量和价格浮动较大，难以形成稳定有效的氢能供给。使用工业尾气制氢同样存

在原料少、来源不稳定的问题。

目前看来，可以支撑未来巨大氢能需求量，原料来源稳定的制氢方式应为电解水制氢。虽然目前由于成本太高，电解水在氢能制备产业中只占 4% 左右，与其他方式相比暂时不具备竞争优势。但如果能考虑利用我国每年大量不能上网的风能和光伏等可再生能源电力作为能源，可以极大地降低制氢用电成本，推动电解水技术推广使用，同时可有效解决可再生电力消纳问题。

8.4 我国氢能源开发取得的新成就

1. 千亿化工园区用上氢绿色能源赋能宁夏高质量发展

2021 年的中央经济工作会议就明确提出："要正确认识和把握碳达峰碳中和。实现碳达峰碳中和是推动高质量发展的内在要求，要坚定不移推进，但不可能毕其功于一役"。同时也提出"要狠抓绿色低碳技术攻关"。

宁东能源化工基地就矗立在毛乌素沙地的边缘。这里是我国重要的大型煤炭生产基地、煤化工产业基地和"西电东送"火电基地。

宁东基地"依煤而建、因煤而兴"，是西北唯一产值过千亿元的化工园区，更是区域工业经济的稳定器和动力源。但宁东能源化工基地每年消耗煤炭 9000 多万吨，除了火力发电之外，有 5000 万吨用于煤化工，占比超过了 50%。

作为煤化工的基础原料，煤制氢的消耗量每年高达 240 万吨。生产这些煤制氢，就需要消耗 2880 万吨标煤，并产生 5600 万吨的二氧化碳排放。

宁东基地急需找到一把破解能源资源环境瓶颈的"钥匙"。最终，宁东基地瞄准了氢能源。

在宁东基地，大部分的氢气主要是通过碳与水反应得来的煤制氢，俗称灰氢。尽管成本低，但这样的方式，不可避免增加能耗、水耗和排放大量二氧化碳。

宝丰能源是宁东基地一家大型的煤化工企业，从 2019 年开始组成了技术攻关小组，研发以太阳能发"绿电"，电解水制"绿氢""绿氧"，直供煤化工生产系统的总体技术方案。

过去，传统的碱水电解槽主要用于电厂以及多晶硅生产等，制氢规模大多为每小时 200~300 标准立方米，最大的也不超过 500 标准立方米。但是第一期就要建造可以每小时生产 10000 标准立方米氢气的厂房。

2021 年 4 月，这套每小时可产氢气 10000 标准立方米的电解水制氢厂房在宁东正式投产。

随后，这些由太阳能发电，电解水制出的绿氢和绿氧，成功耦合进了宝丰能源的煤化工生产系统，实现了稳定运行和规模化生产。

这个目前世界单厂规模最大的电解水制氢项目，每年可产 2.4 亿标准立方米的绿氢，1.2 亿标准立方米的绿氧，直供煤化工，替代原来的煤制氢。

目前，采用光伏发电来进行的电解水制绿氢，行业内大部分项目的成本为每标准立方米 1.7~2 元，而煤制氢因为产业链更加成熟，成本仅为每标准立方米 0.6~0.7 元。

除了技术工艺和流程优化，规模效益，是降低成本的法宝。早在 2016 年，宝丰能源就已经布局了太阳能光伏发电项目。目前，这家企业总的光伏发电的建设规模已经达到了一百万千瓦。

宝丰能源这样的煤化工企业，制造绿氢是为了改造煤化工生产流程。发电企业之所以要上马制氢项目，还要从电厂调峰的角度考虑。

制、储、加、用，在宁东基地氢能产业的发展规划上，从上游的绿色发电到中游的绿电制氢，再到下游的煤化工产业耦合应用，是一个完整的氢能的产业链闭环。

宁东基地年日照时间超过 3000 小时，太阳能有效发电时间可达 1700 小时，利用太阳能光伏电制备绿氢具有得天独厚的优势。

早在 2019 年，宁东就已经率先开始了氢能源的布局。根据宁东基地最新的发展规划，到 2025 年，绿氢的年产能将达到 30 万吨以上，每年可以降低煤炭消费 360 万吨，减排二氧化碳 700 万吨。

2. 中国石化齐鲁石化首套氢能项目试运行

2021 年 12 月 30 日，随着齐鲁石化氯碱厂氢能制备装置成功实现试充装，中国石化集团齐鲁石化公司首套氢气压缩充装项目全面建成进入试运行阶段。

2021 年 11 月 18 日，中国石化山东石油建设的全国首座高速公路加氢站在济青高速公路淄博服务区投入运营，串联起了以齐鲁石化为中心的淄博、济南、滨州氢能产业圈。齐鲁石化氢气压缩充装项目全面投用后，在为社会提供高品质清洁能源的同时，还将助力齐鲁石化-胜利油田百万吨级 CCUS 项目绿色低碳运输，实现经济效益和社会效益共赢。

该项目由齐鲁石化二氧化碳捕集和胜利油田二氧化碳驱油与封存两部分组成。在碳捕集环节，齐鲁石化通过冷却和压缩技术，回收所属第二化肥厂煤制气装置尾气中的二氧化碳，回收提纯后的液态二氧化碳纯度达到99%以上；在碳利用与封存环节，胜利油田运用超临界二氧化碳易与原油混相的原理，向油井注入二氧化碳，增加原油流动性，并可驱替微孔中的原油，大幅提高石油采收率，同时二氧化碳通过置换油气、溶解与矿化作用实现地下封存。

项目建成后，每年可减排二氧化碳 100 万吨，将对保障国家能源安全提供有力支撑，有力推进化石能源洁净化、洁净能源规模化、生产过程低碳化。

目前，齐鲁石化 CCUS 项目总体施工完成 80%，主要核心设备全部提前到货，正陆续安装，开车前培训及相关准备工作同步进行中。

3. 安徽六安兆瓦级氢能综合利用示范站首台燃料电池发电机组并网发电

2021 年 12 月 28 日，六安兆瓦级氢能综合利用示范站首台燃料电池发电机组成功并网发电，标志着国内首座兆瓦级电解纯水制氢、储氢及氢燃料电池发电系统，首次实现全链条贯通。

该项目是国网公司《兆瓦级制氢综合利用关键技术研究与示范》科技项目的配套示范工程，项目研制的兆瓦级 PEM 纯水电解制氢系统及燃料电池系统设备均为具有自主知识产权的国内首台首套设备。

4. 中国石化江西首座综合加能站正式投营

2021 年 12 月 31 日，江西首座综合加能站——九江浔阳城西港加油加氢站正式投营。该站日供氢能力达 500 千克，集加油、加氢、充电、光伏、汽服、便利店等多项能源供给服务项目于一体，将促进江西新能源产业发展，助力实现"双碳"目标。

九江浔阳城西港加油加氢站位于江西省九江市经济技术开发区城西港工业园区内，占地面积 5405 平方米。站内采用固定式加氢设备，配备了双枪标准接口，每天可满足 30~50 辆氢燃料电池公交、物流等车辆用氢需求。站内还配备 60 千瓦充电桩 4 台，可同时为 4 辆电动汽车充电，每天可提供充电服务近 200 次；布局分布式光伏发电装置 140 平方米，预计年发电量约 2 万度，可满足站内自用电需求，光照充足时可以"自发自用，余电上网"，有效促进循环经济。

5. 内蒙古"氢"装上阵

氢燃料重卡可实现零排放，其原理是氢气和空气中的氧气发生电化学反应，产生电能驱动车辆行驶，排出水，从而达到零污染。

北奔重汽将持续构建氢燃料重卡产业链，完善产品系列，为打造包头—佛山氢燃料示范城市群提供支撑，推动内蒙古装备制造业转型升级，助力"碳达峰碳中和"目标实现。

在乌海市内蒙古赛思普科技有限公司氢基熔融还原法高纯铸造生铁生产线现场，火红的热铁水从炉中流出，工作人员通过自动化设备控制，确保各项生产有序进行。

传统"炭冶金"需要先将铁矿石烧结处理，再伴焦炭加入高炉，不仅工艺烦琐，同时会产生大量二氧化碳和二氧化硫等有害气体，而赛思普的"氢冶金"工艺，由于加入了氢气，取消了烧结和焦化等重污染工序，大幅降低了碳的参与。

　　有了"氢冶金"工艺，熔炉可以大量使用国内储量丰富的低品位矿，高磷矿。同时生产出来的铁水杂质含量和有害元素大大降低，这样的高纯生铁可以直接用于风电、高铁、核电及军工特钢。

　　鄂尔多斯市蒙苏经济开发区江苏产业园，正在形成现代化新（氢）能源产业链，助力鄂尔多斯打造"北疆绿氢城"。

　　近日，上汽集团新能源产业项目落户产业园，计划总投资 20 亿元以上，推动氢气循环泵等项目落地，计划实现年产氢燃料电池系统 3000 台，预计 2023 年上半年建成投产。二期项目氢燃料电池系统产能达到 5000 台，预计 2024 年年底建成投产。项目建成后，相关项目预计可实现年产值 125 亿元、利税 8 亿元。

　　总投资 200 亿元的美锦国鸿氢能科技产业项目也在产业园落地，将建设新能源整车生产制造、氢能商用车动力系统总成、氢能燃料电池电堆生产、加氢站装备、电解水制氢、化工尾气 PSA 提纯制氢等，项目分三期建设，达产后年创产值 162 亿元，利税 10 亿元。

8.5　氢能源产业发展的趋势与特征

1. 概述

　　1）发展氢能源产业在许多国家取得了越来越多的共识

　　在全球性的氢能源产业发展中，政府看得见的手推动作用明显，无论是美国还是日本，从其发展轨迹可以观察到这一点。可以说氢能源产业是真正的"一盘大棋"，涉及"突破性技术创新、巨额资金投入、战略性政策支持"等基本方面，所有这些就决定了单纯依靠"看不见的手"——市场，根本不可能实现这一点。

　　2）氢能源产业发展大势不可扭转

　　应当看到的是发展氢能源汽车，正得到越来越多国家的政府与产业界的共识。应当说：在丰田"Mirai"轿车的示范效应下，氢能源产业发展大势已不可扭转，除非蓄能电池及纯电动汽车领域、内燃机领域有重大颠覆性技术突破。

　　3）跨国氢能源产业生态链正在形成

　　也正是氢能源产业是真正的"一盘大棋"，没有一家企业可以垄断或独占全部市场，只有形成产业联盟，进而形成产业生态才能够推动产业发展。氢能源产业生态构建的意义正在充分认识，表现在：

　　一是氢能源产业领域"盟主"丰田提出开放专利技术。2015 年，丰田汽车公司提出将 5680 件燃料电池汽车技术专利免费开放，其真实目的应该是通过与其他厂商共享知识产权，寻求与同业厂商建立产业联盟，共同推动氢能源产业发展，避免"自拉自唱"独角戏的窘境。

二是越来越多的大企业积极参与氢能产业生态联盟和加氢站产业联盟，并在加氢站建设中发挥着重要作用。在德国及欧盟：由六家工业企业（法国液化空气公司、戴姆勒公司、林德公司、OMV公司、壳牌公司、道达尔公司）组成的合资企业氢气移动公司（H_2 Mobility）正在启动该项目的下一阶段，目的是将全国氢燃料补充网络扩大到总共400个加氢站。

可以观察到的是：国际能源公司在加氢站建设以及整个氢能源产业链中正在扮演积极角色。例如壳牌、道达尔、日本石油、奥地利石油等，都在与各自的伙伴积极合作，以期在未来占有一席之地。

在整个氢能源产业链、特别是氢的生产与储运仍然是建立在传统能源化工产业基础上的，需要巨大运作体系支撑，以及相关产业知识和专业技术积累，这就决定了传统能源公司比较新进入者仍然可以在未来氢能源产业中居于有利地位。

2. 思考

1）挑战依然存在

氢能源产业长期发展趋势已经确立，尽管各国纷纷出台燃油车禁售时间表，但是氢能源汽车替代传统内燃机产业仍然需要假以时日。回顾燃料电池发展的历史，不难发现20年前做出的预测，曾经是何等乐观。德国交通部长与大众汽车关于未来汽车动力选择的争论，也表明这一点。在氢能源汽车推广过程中，仍然需要解决众多技术、经济、管制政策等方面的问题，氢能源汽车仍然需要在与燃油车、纯电动汽车竞争中逐步确立自身竞争优势。

2）当年的朱棣文之问仍然具有合理内核

据说当年朱棣文针对未来汽车动力选择，提问中国有关人士两个问题：关于氢的来源问题和氢成本问题。这两个问题仍然是制约氢能源产业的瓶颈环节。国内一些城市和企业提出"煤制氢"以及类似"化石能源制氢"思路，但是如果不解决制氢过程中的二氧化碳问题，其实氢能源汽车也就背离了其发展的初衷，这个氢能源汽车发展也就丧失了意义。

3）国内氢能源汽车的发展策略

应当遵循"创新导向、科学规划、有序安排、扎实推进"的原则与指导思想。

8.6 氢燃料汽车

1. 概述

众所周知，氢分子通过燃烧与氧分子结合产生热能和水。氢燃料电池通过液态氢与空气中的氧结合而发电，根据此原理而制成的氢燃料电池可以发电用来推动汽车，电动汽车依靠车载的锂电池来提供电能，而氢燃料汽车和电动汽车最大的区别就在于，它并非通过锂离子电池来存储电能，而是通过储气罐中的高浓缩氢气和氧气进行化学反应来提供电能。这个化学反应并非我们通常认为的"燃烧"，所以氢燃料汽车的能量转换效率不受"卡诺循环"的限制，其能量转换效率可高达 60%~70%，实际使用效率则是普通内燃机的 2 倍左右。

同时，氢燃料电池车能量转换效率高、无污染、寿命长、运行平稳，最大的优势则在于没有污染物排放。目前量产的氢燃料电池车型的加氢时间都在 3~7min 左右。这和燃油汽车加油加气的时间没有差别。且一次加氢续驶里程长，加氢时间短。相当于汽油车，一直以来被作为新能源汽车技术路线之一。

在世界范围内，开发的新能源汽车所用的产品非常多，包括燃料电池堆、驱动电机、交直流转换器、冷却系统、电池组、加氢枪、储氢罐、变速箱、电力电子控制器、辅助电池，如今的氢燃料汽车单次续航里程大多可以超过 700 千米，与燃油汽车区别不大，但如果跟电动汽车相比的话，可以达到目前市场主流电动汽车续航里程的 2 倍左右。

在补充能量方面，氢燃料汽车也可以像燃油汽车一样通过"加氢站"来快速充能，3 分钟即可再次上路。而电动汽车无论是快充还是慢充，均很难达到这样的速度，在长途旅行方面无形中增加了不少的时间成本。

同时，氢燃料汽车对寒冷气温的耐受力要远超过电动汽车。以电动汽车保有量较大的北京为例，冬天的温度可以降低到–10 摄氏度左右。虽然三元材料的锂离子电池相对表现较好，可一旦车主打开空调暖风，续航里程仍然会以肉眼可见的速度迅速降低。而氢燃料汽车在通过氢燃料的化学反应获取电能的同时，还会产生一些额外的热量。这些热量可以为水箱进行加热，使氢燃料汽车拥有和燃油汽车一样的"暖风"，并且对续航性能没有任何影响。

氢燃料电池汽车是终极环保汽车。氢燃料电池汽车零排放。

2. 氢燃料电池汽车发展的瓶颈

氢燃料电池汽车有这么好的技术，也有非常诱人的发展前景，但多年来不能大范围应用，主要原因如下：

1）氢气的来源问题

不像氮气和氧气是空气中的最主要组成因素，氢气在自然界不能直接获取，它是一种二次能源。想得到氢气可以通过电解水，但这可是个不太经济的方法，能量损失极大！先从电解水开始，耗费电能，产生氢气，氢气再发电过程中还会有能量损失；电解水的电，现在也是以煤电为主，烧煤发电也会有能量损失。当然，还有一些其他的途径获取氢气，例如，化工企业排出的氢气、甲醇制氢等等，但也都需要相当的资金投入，成本相当高。

2）金属铂的稀缺

在氢燃料电池发电的过程中，会用到金属铂作为催化剂。这种金属很贵。大规模生产氢燃料电池，铂就是瓶颈，完全规模化也没有后成本减少的效应，反而需求越多越贵。

3）氢气的安全性

有人说带着氢气瓶就像带个氢弹，到底这个氢气瓶会不会爆炸？实际上，氢气是最轻的气体，它的扩散性极强，氢的扩散系数比空气大 3.8 倍，比汽油大 7.5 倍，由此证明氢比汽油安全性差是有根据的。不过，少量的氢气泄漏，可以在空气中很快被稀释成安全的混合气。氢气的比重小，易向上逃逸，这使得事故时氢气的影响范围要小得多。但是，小得多并不是没有，人们的疑虑和担心，还需要更长时间的体验和实践，才可能从根本上消除。

按照现有技术条件，制造一辆可以上路的氢燃料电池汽车，并没有多大困难，但是，配套的氢燃料供给系统、运输存储设备、加氢站等却存在很大问题，氢燃料需要有正常供应，安全运输存储，而且有足够和方便的加氢站加注液氢。从网上的报道来看，到目前为止，全世界的加氢站总数并不是很多。就燃油汽车、电动汽车和氢燃料汽车三类汽车的比率来说，基本上燃油汽车一统天下，电动汽车虽有了不俗的发展，但占比还是非常低。

8.7 攻克储氢材料，推进可再生能源发电制氢产业互补发展

1. 为了解决氢燃料发展的瓶颈问题，我国提出的发展规划

2021 年 12 月 29 日，三部委发布关于"十四五"原材料工业发展规划的通知，其中对氢能方面指出：

突破重点品种。攻克特种分离膜以及高性能稀土磁性、催化、光功能、储氢材料等一批关键材料。

推进规范化集群化发展。推动石化化工行业探索现代煤化工与传统炼化产业、可再生能源发电制氢产业互补发展。

实施技术攻关。组织研发重质劣质油加工及高效转化利用、大型高效节能先进煤气化、二氧化碳为原料生产化工产品、富氢碳循环高炉、氢能窑炉、氢基直接还原等技术。

建设试点项目。组织实施氢冶金、非高炉炼铁等低碳冶炼试点项目，开展水泥、煤化工等行业二氧化碳捕集、封存技术推广应用试点，推进二氧化碳在驱油、合成有机化学品等方面的应用，开展低碳水泥、氢能窑炉及固碳建材试点。

2. 鄂尔多斯：传统产业智慧升级全力打造"风光氢储车"产业集群——全球首创零碳产业园

蒙苏经济开发区是鄂尔多斯市 6 个一类园区之一，规划控制面积 100 平方千米，规划建设面积 75 平方千米。开发区定位为打造自治区承接先进地区产业转移、培育新兴产业发展、推进新旧动能转换的示范开发区，按照"一区三园"模式进行一体化管理：江苏产业园以清洁能源、新材料为主导产业；圣圆产业园以煤电、煤化工为主导产业；伊金霍洛物流园以物流及相关延伸产业为主导。

打造全球首创的零碳产业园。产业园入驻的首个项目远景动力电池 2022 年 4 月实现量产。项目达产后可年生产储能及动力电池共 10.5 吉瓦时，预计年均产值约 100 亿元人民币、利税约 6.7 亿元人民币，每年可为超过 3 万台电动重卡提供高安全性、高能量密度、高耐久性和高性价比的动力电池，促进绿色装备发展。

上汽集团新能源产业项目落户于鄂尔多斯蒙苏经济开发区江苏产业园，布局新能源重卡基地以及燃料电池系统等，同时推动膜电极、双极板、催化剂、碳纸、空压机、氢气循环泵等项目落地。

项目计划引进新能源上下游产业链，总投资 20 亿元以上，总占地 1200 亩，项目分两期建设，其中一期总投资 6.5 亿元，建设年产新能源重卡整车组装 12000 辆、燃料电池及氢能汽车 3000 台的生产线，二期工程总投资 13.5 亿元，建设年产新能源重卡整车 5000 台及燃料电池系统和电堆产品。项目建成后，预计可实现年产值 125 亿元、利税 8 亿元。

鄂尔多斯·美锦国鸿氢能科技产业园项目 2021 年落地蒙苏经济开发区江苏产业园，项目总投资 200 亿元，用地 1560 亩，建设新能源整车生产制造、氢能商用车动力系统集成、氢能燃料电池电堆生产、加氢站装备、绿色能源、电解水制氢、化工尾气 PSA 提纯制氢等，项目分三期建设，达产后年创产值 162 亿元，税收 10 亿元。

8.8　氢能发电

1. 概述

氢能发电指利用氢气和氧气燃烧，组成氢氧发电机组。

这种机组是火箭型内燃发结构动机配以发电机，它不需要复杂的蒸汽锅炉系统，因此简单，维修方便，启动迅速，要开即开，欲停即停。在电网低负荷时，还可吸收多余的电来进行电解水，生产氢和氧，以备高峰时发电用。这种调节作用对于电网运行是有利的。另外，氢和氧还可直接改变常规火力发电机组的运行状况，提高电站的发电能力。例如氢氧燃烧组成磁流体发电，利用液氢冷却发电装置，进而提高机组功率等。

大型电站，无论是水电、火电或核电，都是把发出的电送往电网，由电网输送给用户。但是各种用电户的负荷不同，电网有时是高峰，有时是低谷。为了调节峰荷、电网中常需要启动快和比较灵活的发电站，氢能发电就最适合扮演这个角色。

更新的氢能发电方式是氢燃料电池。这是利用氢和氧直接经过电化学反应而产生电能的装置。换言之，也是水电解槽产生氢和氧的逆反应。20 世纪 70 年代以来，日、美等国加紧研究各种燃料电池，现已进入商业性开发，日本已建立万千瓦级燃料电池发电站，美国有 30 多家厂商在开发燃料电池。德、英、法、荷、丹、意和奥地利等国也有 20 多家公司投入了燃料电池的研究，这种新型的发电方式已引起世界的关注。

燃料电池的简单原理是将燃料的化学能直接转换为电能，不需要进行燃烧，能源转换效率可达 60%~80%，而且污染少，噪声小，装置可大可小，非常灵活。最早，这种发电装置很小，造价很高，主要用于宇航作电源。现在已大幅度降价，逐步转向地面应用。

2. 燃料电池的种类

目前，燃料电池的种类很多。

1）磷酸盐型燃料电池

磷酸盐型燃料电池是最早的一类燃料电池，工艺流程基本成熟，美国和日本已分别建成 4500 千瓦及 11000 千瓦的商用电站。这种燃料电池的操作温度为 200 摄氏度，最大电流密度可达到 150 毫安/平方厘米，发电效率约 45%，燃料以氢、甲醇等为宜，氧化剂用空气，但催化剂为铂系列，目前发电成本尚高，每千瓦小时约 40~50 美分。

2）熔融碳酸盐型燃料电池

熔融碳酸盐型燃料电池一般称为第二代燃料电池，其运行温度 650 摄氏度左右，发电效率约 55%，日本三菱公司已建成 10 千瓦级的发电装置。这种燃料电池的电解质是液态的，由于工作温度高，可以承受一氧化碳的存在，燃料可用氢、一氧化碳、天然气等均可。氧化剂用空气。发电成本每千瓦小时可低于 40 美分。

3）固体氧化物型燃料电池

固体氧化物型燃料电池被认为是第三代燃料电池，其操作温度 1000 摄氏度左右，发电效率可超过 60%，目前不少国家在研究，它适于建造大型发电站，美国西屋公司正在进行开发，可望发电成本每千瓦小时低于 20 美分。

8.9　学习心得和启示

（1）氢在宇宙中分布广泛，它构成了宇宙质量的 75%。同时，氢燃烧热值高，是汽油的 3 倍，乙醇的 3.9 倍，焦炭的 4.5 倍。氢燃烧的产物是水，是世界上最干净的能源，被誉为 21 世纪最具发展前景的二次能源。

（2）氢能对生态环境最为友好，是最清洁的能源，利用太阳能来发展氢能源，具有非常好的前景。

（3）现今已开发的氢燃料电池汽车，包括小汽车、SUV、重卡、其他商用车，可以替代现在广泛应用的汽油车、电动车和柴油车。

（4）利用氢燃料电池可以发电，调节化石燃料原料电厂的负荷和储能。

（5）氢能源的开发，发达国家都非常重视，有计划，有路线图，已付诸实施，并取得了成功的经验，已开发 100 千瓦氢燃料电池，并拥有相当数量的新能源汽车，并投入使用。

（6）我国发展氢能源，在产、运、储、用等方面，都已经取得长足的进展，特别是结合我国煤多油少的实际，开展了规模巨大的煤化工项目，没有简单地去煤化，避免了走弯路，与此同时，在整个能源结构中担当主力的原煤发电厂，通过一系列的先进技术措施，减少了二氧化碳、二氧化硫、氧化氮等的排放，稳定了能源的正常供应，有助于能源的绿色化，没有因原煤而造成能源危机，保证了经济的正常运行，与很多国发达国家比较起来，我国是独一无二的，彰显了社会主义国家的优越性。

（7）长期以来，我国在开发和利用氢能源方面，比较注意开发和利用的难度，由于我国经济技术的基础还有所不足。经过多年的努力，这种局面有了很大的改变，例如煤炭制氢、水制氢、太阳能制氢、制氢关键材料制造、重型氢燃料车、高压罐氢气罐等整套氢能源链，以及利用绿氢的产业园，这些都是扎实的成果，信心的基础。

不过，从现有技术条件来说，要进行推广，实现产业化，占领较好的市场比例，还有很长的一段路要走，急于求成，是做不到的。

第9章 全球气候变暖和应对之策

9.1 概 述

全球气候变暖是一种与自然有关的现象。由于人们焚烧化石燃料，如石油、煤炭等，或砍伐森林并将其焚烧时会产生大量的二氧化碳，即温室气体，这些温室气体对来自太阳辐射的可见光具有高度透过性，而对地球发射出来的长波辐射具有高度吸收性，能强烈吸收地面辐射中的红外线，导致地球温度上升，即温室效应。而当温室效应不断积累，导致地气系统吸收与发射的能量不平衡，能量不断在地气系统累积，从而导致温度上升，造成全球气候变暖这一现象。全球变暖会使全球降水量重新分配、冰川和冻土消融、海平面上升等，不仅危害自然生态系统的平衡，还威胁人类的生存。另一方面，由于陆地温室气体排放造成大陆气温升高，与海洋温差变小，近而造成了空气流动减慢，雾霾无法短时间被吹散，造成很多城市雾霾天气增多，影响人类健康。汽车限行，暂停生产等措施只有短期和局部效果，并不能从根本上改变气候变暖和雾霾污染。

9.2 全球气候变暖原因

1. 自然界的原因

一般认为，增强的温室效应主要是由于现代化工业社会过多燃烧煤炭、石油和天然气，大量排放尾气，这些燃料燃烧后放出大量的二氧化碳气体进入大气造成的。温室效应的增强令地球整体所保留的热能增加，地球表面温度持续增长。在增强的温室效应的基础上，公认的引起气候变化的因素主要是自然波动和人类活动，前者包括太阳辐射的变化、火山爆发等；后者则包括温室气体和硫化物气溶胶的排放、土地利用的变化等。

1）太阳活动

有专家认为现在气候变暖和太阳周期有关，与人类活动关系不大。俄罗斯科学家认为，火星增温和地球增温周期一致，主因是太阳；美国一些科学家也认为，气候变化主因在太阳，1975~2000 年之间，太阳磁循环和北半球地面温度变化曲线几乎一致；另外，丹麦天文学家认为，气候变化主因在宇宙。但是更多人认为人类活动是导致气候变暖的主要原因。但日本和丹麦科研人员近日指出，温室气体增加并非是导致气候变暖的唯一原因，太阳活动变化在其中也起了推动作用。

日本横滨国立大学环境信息研究院的伊藤公纪教授制作了一张图表。从图上看，过去 200 年间地球平均气温和太阳磁场强度的变化曲线基本吻合。伊藤公纪由此推断，太阳活动对气候变暖也有影响，仅用温室气体增加解释气候变暖可能不够全面。

太阳活动对地球气温的影响已被专家们关注了很长时间。一般来说，太阳黑子多时，太阳活动剧烈。比如史料曾记载，公元 17 世纪时太阳黑子很少出现，当时的地球气候也相对寒冷。但地面获得的探测信息也显示，太阳活动强弱变化引起的太阳辐射能量变化幅度仅为 0.1%，如此微小的变化似乎不足以对气候造成太大影响。

2）云量减少

丹麦国际空间科学家提出一种假说，认为太阳活动的变化会改变地球上空的云量，"放大"太阳对地球的影响，从而左右气候变化。他们推测射向地球的宇宙射线可较稳定地使部分大气离子化，使云容易生成，从而吸收太阳的大量辐射，降低地球温度。但是，太阳活动高峰时释放的高速带电粒子流，能干扰宇宙射线射向地球，使云不易形成，进而导致地球温度升高。目前，丹麦科研人员正在研究与云形成有关的各种因素，以论证上述假说。

3）臭氧层温度对气温的影响

也有日本专家提出，虽然太阳辐射能量的变化幅度只有 0.1%，但他们发现这种能量变化能使地球大气对于太阳紫外线的吸收量变化幅度达到百分之几，这种吸收量的增加会使大气臭氧层温度升高。日本气象研究所第二研究部负责人小寺邦彦表示，臭氧层温度的变化会波及对流层，从而对寒流和季风造成影响，但目前尚不清楚上述机制能对地球气候变暖产生多大影响。为了继续研究这个课题，小寺邦彦等人组成的国际研究小组已开始工作。

4）火山爆发

有乐观派科学家声称，他们认为，最近地球处于活跃状态，诸如喀拉喀托火山和圣海伦斯火山接连大爆发，正在把它们腹内的二氧化碳释放出来。人类活动所排放的二氧化碳远不及火山等地质活动释放的二氧化碳多。所以温室效应并不全是人类的过错。这种看法有一定道理，但是它无法解释工业革命之后二氧化碳含量的直线上升，所有也不能说全是火山爆发的结果。

2. 人类活动

1）温室气体

地球气候变暖与人类大量排放温室气体有关。温室效应是造成全球气候变暖的主要原因，这是科学家考察了近一百年来二氧化碳排放量的增加与气温上升相关性而提出的。大气层和地表这一系统就如同一个巨大的"玻璃温室"，使地表始终维持着一定的温度，产生了适于人类和其他生物生存的环境。在这一系统中，大气既能让太阳辐射透过而达到地面，同时又能吸收热能，阻止地面辐射的散失，大气对地面的这种保护作用称为大气的温室效应。

造成温室效应的气体称为"温室气体"，它们可以让太阳短波辐射自由通过，同时又能吸收地表发出的长波辐射。这些气体有二氧化碳、甲烷、氯氟化碳、臭氧、氮的氧化物和水蒸气等，其中最主要的是二氧化碳。近百年来全球的气候正在逐渐变暖，与此同时，大气中温室气体的含量也在急剧地增加。许多科学家都认为，温室气体的大量排放造成温室效应的加剧可能是全球变暖的基本原因。

随着人口的急剧增加，工业的迅速发展，排入大气中的二氧化碳相应增多；又由于森林被大量砍伐，大气中应被森林吸收的二氧化碳无法被吸收，由于二氧化碳逐渐增加，温室效应也不断增强。据分析，在过去二百年中，二氧化碳浓度增加25%，地球平均气温上升0.5摄氏度。估计到21世纪中叶，地球表面平均温度将上升1.5~4.5摄氏度，而在中高纬度地区温度上升更多。

2）砍伐原始森林

全球气候变暖的另一方面原因是肆意砍伐原始森林，使得吸收大气中二氧化碳的能力下降。据专家介绍，森林生态系统是大自然经过8000年的进化才逐渐形成的。所有的原始森林都沦为伐木业大规模开采利用的目标。在热带地区，许多现在已荡然无存的森林就是在过去的50年被砍伐一空的。仅1960~1990年，就有超过4.5亿公顷的热带森林被吞噬，占世界热带森林总面积的20%；还有数百万公顷的热带森林在砍伐、农田开垦和矿产开采中退化。而且，全球的非法砍伐和非法木材产品交易还在继续加剧，尤其是在拥有热带森林的发展中国家和政府执法不力的俄罗斯等国。而国际市场对廉价木产品的需求，又进一步恶化了这一状况。

3）碳粒粉尘排放

学术界一直被公认的学说认为由于燃烧煤、石油、天然气等产生的二氧化碳是导致全球变暖的罪魁祸首。然而经过几十年的观察研究，来自美国Goddard空间研究所的詹姆斯·汉森博士提出新观点，认为温室气体主要不是二氧化碳，而是碳粒粉尘等物质。

碳粒粉尘是一种固体颗粒状物质，主要是由于燃烧煤和柴油等高碳含量的燃料时碳利用率太低而造成的，它不仅浪费资源，更引起了环境的污染。众多的碳粒聚集在对流层中导致了云的堆积，而云的堆积便是温室效应的开始，因为40%~90%的地面热量来自由云层所产生的大气逆辐射，云层越厚，热量越是不能向外扩散，地球也就越来越热。

9.3　全球气候变暖造成的后果

我们可能从来没有想到气候的变化会撕裂我们赖以生存的地球。但科学家指出，人类活动引起气候变化，而气候变化最终将影响地球内部的运行方式。全球气候变暖造成的影响包括：极地冰原融化，海平面上升，淹没较低洼的沿海陆地，冲击低地国及多数国家沿海精华区并造成全球气候变迁，导致不正常暴雨、干旱现象以及沙漠化现象扩大，对于生态体系、水土资源、人类活动与生命安全等都会造成很大的伤害，弊大于利。

1. 海平面上升

全球变暖可能会通过两种过程导致海平面升高：第一种是海水受热膨胀令水平面上升；第二种是北极及南极洲上的冰川融解使海洋水分增加。预期地球1900~2100 年的平均海平面上升幅度介乎 0.09~0.88 米之间。世界银行的一份报告显示，即使海平面只小幅上升 1 米，也足以导致 5600 万发展中国家人民沦为难民。而全球第一个被海水淹没的有人居住岛屿即将产生——位于南太平洋国家巴布亚新几内亚的岛屿卡特瑞岛。

2. 高山积雪减少

法国雪研究中心在2002 年 2 月就气候变暖对阿尔卑斯山脉产生的影响进行的一项研究结果显示，预计到 2030 年，阿尔卑斯山脉海拔 1600 米以下的积雪将大量融化，整个山脉的降雪期将比现在平均减少 1 个月。

欧洲《古气候》杂志上发表的文章指出，由中国、法国、俄罗斯和美国科学家共同完成的一项研究证实，气候变暖已对喜马拉雅山常年积雪产生影响。

全球因燃烧化石燃料而排放的二氧化碳在经历了几十年的增长后，在过去的3 年里稳定了下来，这是一个良好的迹象，表明为缓解气候变化所制定的政策、所做的投资正在取得成效。但是，我们还要加快步伐。"事关气候变化，时间就是一切。"文章联署者们写道，如果二氧化碳排放量每年持续增长，至 2020 年以后，即使保持持平，《巴黎协定》设定的温度控制目标也几乎是无法实现的。

3. 土地干旱和农业受灾

由于气温增高，水汽蒸发加速，最终会改变地区资源分布，导致粮食、水源、渔获量等的供应不平衡，最终引发国际经济、社会问题。20 世纪 60 年代末，非洲下撒哈拉牧区发生持续 6 年的干旱。由于缺少粮食和牧草，牲畜被宰杀，饥饿致死者超过 150 万人。

4. 破坏生态环境

全球气候变暖可能加快农作物生长速度，造成土壤贫瘠，作物生长终将受限制，还会间接破坏生态环境，改变生态平衡。研究人员综合分析了近 20 年来的 40 多项相关研究后发现，大气中二氧化碳浓度较高时，小麦、大麦、稻米和土豆的蛋白质含量平均降低 15%。大气中二氧化碳浓度升高，人们赖以生存的农作物所含营养可能会越来越少。

5. 海洋风暴更加猛烈

以 2017 年为例，西北太平洋上双台风来势汹汹，大西洋上强飓风更是接二连三、"组团"肆虐，迫使美国上演超过 700 万民众紧急撤离的逃难场景，损失惨重。在全球变暖的大背景下，天灾数量增加、极端天气频繁出现。

6. 引发地质灾害

全世界数据表明，全球气候变化加快了地震、火山喷发和灾难性海底滑坡发生的频率。一些地质学家解释说，气候暖化直接导致冰帽融化，这将释放出在地壳中被抑制的压力，引发极端的地质事故，其中包括地震、海啸及火山喷发。

7. 引发致命危险

（1）史前致命病毒

美国科学家发出警告，由于全球气温上升令北极冰层融化，被冰封十几万年的史前致命病毒可能会重见天日，大规模蔓延，导致全球陷入疫症恐慌，人类生命受到严重威胁。

（2）新的冰川期来临

南极冰盖的融化导致大量淡水注入海洋，海水浓度降低。"大洋输送带"因此而逐渐停止：暖流不能到达寒冷海域；寒流不能到达温暖海域。全球温度降低，另一个冰河时代来临。北半球大部被冰封，一阵接着一阵的暴风雪和龙卷风将横扫大陆。最终可能会造成恐龙时代的再次降临！

（3）青藏高原气候暖湿化加剧

数据显示，青藏高原的变暖幅度是全球平均值的两倍，会直接影响到高原的冰冻圈环境。尤其是最近 10 余年冰冻圈发生了有观测记录以来最为快速的变化，对水循环及生态环境产生了深刻影响。

9.4　解　决　对　策

1. 概说

最根本的解决对策，就是实现碳达峰、碳中和。

所谓碳达峰、碳中和，简单来说：碳达峰就是二氧化碳净排放量达到峰值；碳中和就是二氧化碳排放量和吸收量达到平衡，排放多少就吸收多少，不再新增，净排放为零。

具体到我国，有几个关键的时间节点，2030 要实现碳达峰，2035 年在碳达峰后净排放量要逐步减少，2060 年要实现碳中和。

相比之下，美欧日韩工业化起步比较早，产业结构上高能耗、高污染的相关产业已经迁出，能源结构上低污染、清洁能源占比比较高，技术上碳吸收、碳存储技术比较先进，制度设计上有成熟完备的碳交易市场等，所以它们已经率先实现了碳达峰。

而俄罗斯、加拿大、巴西这些国家多是资源型国家，工业相对薄弱，能耗也不大，对它们而言碳达峰不是什么问题。

这样一来，我国的任务算是最艰巨的，碳达峰仅有 15 年的时间，而碳达峰至碳中和也只有 30 年的时间。

对我国来说，除了环保这一因素，还有能源换道升级的考虑，这也是高质量发展的必然要求。

我国的能源结构可以概括为"多煤少油缺气"，油、气都掌握在别人手里，煤炭又极度污染环境，所以从能源自给自足的角度上来看，换道升级，也需要以碳排放为抓手，推动清洁能源广泛使用。

同时我们在全球分工中又处于"世界工厂"的地位，从资源国进口大宗商品，通过加工生产后，输出中低端商品到发达国家，把污染和能耗都留在了国内。所以从世界分工，产业升级上来看，我们也需要碳排放这一指标，来引导产业，督促企业逐步升级。

在发展模式上，多年以来都是靠以基建、房地产为代表的固定资产投资，以及出口拉动增长，而这一模式耗费不可谓不大。

从各国二氧化碳排放量占比也能看出，2018 年我国二氧化碳排放量超过 100

亿吨，接近全球总排放量的 30%。

要转变发展方式，实现高质量发展，碳排放也是题中应有之义。

所以无论是从环境保护、能源结构、产业升级来看，还是从转变发展方式、高质量发展来看，碳排放都是绕不开的节，当然，也可以通过碳排放量这一指标来引领发展并检验经济发展的成效。

2. 中国碳中和框架路线图

中国科学院学部设立了一个重大咨询项目——"中国碳中和框架路线图研究"，由张涛院士、高鸿钧院士和丁仲礼院士牵头。

"双碳行动"是应对气候变暖国际行动的一部分。欧盟国家是"碳中和"的首倡者，他们提出要在 2050 年达到碳中和。我国 2020 年 9 月承诺，2030 年碳达峰，2060 年达到碳中和。

从一些典型国家1930~2019年人均碳排放量的变化来看，美国自1930年以来，一直是人均碳排放量最高的国家。20 世纪 70 年代，美国人均碳排放量达到了最高峰，之后开始下降，英国和法国大概也是在 20 世纪 70~80 年代达到最高峰。经常有人讲，"从碳达峰到碳中和，美国有 60 年时间，而中国只有 40 年"，其实这个表述是不够准确的，欧洲国家和美国从碳达峰到碳中和实际上是有 70~80 年的时间。

从人均角度来分析的话，美国、英国、法国的碳排放已经处于下降阶段，正在走向碳中和。印度的人均排放量增长刚刚"启动"，大概相当于我国 20 世纪 60 年代的人均排放水平，尚未真正到达快速增长时期。我国基本上从 2012 年、2013 年开始就进入了碳排放的"平台期"。世界上还有许多农业国家尚未启动工业化，所以还没有"启动"碳排放。

现在我们有两个目标，一个是碳达峰，一个是碳中和。在碳达峰上，达到什么样的高度，我们并没有一个天花板，也没有设定一个具体目标。理论上有两种选择，一种是把峰调高，以后的减排数据会好看一点；第二种是尽量把峰值压低。出于改善空气质量的考虑，还是要追求尽量把峰值压低。所以，碳达峰其实不需要太多研究，要研究的问题主要是如何实现碳中和。

关于主要国家人均碳排放的对比。我国的生产端人均二氧化碳排放量是 7.28 吨/年，高于全球平均水平，不过比美国要低很多；从消费端来看，我们的人均排放量比英法美都低；最核心的是人均累计排放，一个国家的发展，尤其是基础设施建设，是逐年累积的。全球平均水平是 209 吨/人，我国才 157 吨/人，美国是 1218 吨/人，欧洲的法国、英国这些国家都比我国高得多。所以计算人均累计碳排放，我国远远低于全球平均。我国现在的碳排放总量比较高，这和我国经济发展比较快有关。从这个角度看，我国的碳中和应该会比其他国家要困难。

碳中和的概念，就是人为排放的二氧化碳（化石燃料利用和土地利用），被人为努力（木材蓄积量、土壤有机碳、工程封存等）和自然过程（海洋吸收、侵蚀-沉积过程的碳埋藏、碱性土壤的固碳等）所吸收。目前全球每年排放的二氧化碳大约是 400 亿吨，其中 14% 来自土地利用，86% 来自化石燃料利用。排放出来的这些二氧化碳，大约 46% 留在大气，23% 被海洋吸收，31% 被陆地吸收。

碳固定过程非常多，在这里举一个不被大家特别关注的例子——土壤。干旱、半干旱地区的碱性土壤中含有很多钙离子，不像南方酸性土壤钙离子很少，这些钙离子和大气中的二氧化碳结合，降水时就会淋溶形成碳酸钙沉淀，这是一个非常强大的自然过程。做黄土研究的专家经常说，黄土里面有料姜石，这就是碳酸钙的结核，还有在温暖时期沉淀下来的钙板。我国有大面积的干旱半干旱地区，这个自然过程对碳的固定，是一个非常重要的过程。

碳中和的主要途径。我们要考虑到，接近 2060 年时，因为人为排放下降，二氧化碳分压降低，海洋吸收可能也会相应降低，但降低的幅度现在很难预测。陆地土壤沉积的固碳过程还是会存在，甚至有可能会加强。所以，不得不排放的二氧化碳，就要通过生态建设、工程封存等措施去除掉，这样才能达到中和。

需要特别说明的是，自然过程吸收二氧化碳的量，只能理解为自然界存在的一个基数，比如海洋吸收的碳就不能归结为哪个国家的功劳。我们要考虑如何依靠人为努力，比如生态建设、工程封存、土壤固碳等措施来进行碳固定。也就是说，碳中和等于排放量与自然过程吸收、生态碳汇、工程封存等抵消。

中国如何达到碳中和？中国科学院学部咨询项目是从排放端、固碳端、政策推动这几个角度来考虑的。这个咨询项目设立了九个专题，每个专题的大致情况如下。

专题一：未来能源消费总量预测

这个专题要解决的一个核心问题是，在不同时间节点（面向 2060 年），我国居民生活、工业、建筑、交通等重点领域的能源需求以及全社会能源总需求。

这里有主要的几个边界条件要明确：

一个是到 2035 年，我们 GDP 比目前还会翻一番，2060 年还需要再翻一番，达到人均 4 万美元，生活水平也要相应地与发展阶段相当，产业结构从目前的中低端发展到中高端。

另外一个因素就是人口变动，少子、老龄化这些因素必须考虑进去，要建立一个预测的模型。但预测常常是不准的，2009 年有部门预测 2020 年我国一次能源消费将达到 44 亿吨标准煤，但实际上 2020 年我国一次能源消费达到 50 亿吨标准煤。所以我们希望高中低都有预测，不要局限于某一种观点。

专题二：非碳能源占比阶段性提高途径

这个专题要解决的核心问题是，我们需要一个什么样的新型能源供应系统，尤其是电力供应系统，如何逐步增加非碳能源，特别是风、光、水、地热、核等的比重。

其次，我们要重点回答，中国西部有丰富的风、光资源，如何从各种发电、储能、转化、输电、消纳等环节协调发力，让这些资源得到有效充分利用。

尤其要解决的问题是，由于风、光资源的时空分布不平衡，如何保证稳定输出，需要一套什么样的基础设施来保证稳定输出，这是一个非常大的问题，也需要有一个框架。

另外关于新型电力系统的能源供应系统，我们需要列出一个技术清单，到底需要哪些技术，作为未来研究方向。从我国2019年一次能源消费情况可以看出，非碳能源实际上只占15%，另外85%是煤、油、气，这是一个非常严峻的现实。我国现在大约排放100亿吨二氧化碳。假如到2060年，我国还不得不排放20亿~25亿吨二氧化碳，在这样的情景之下，我们该怎么办？

现在初步的认识是：非碳能源占比不会是线性提高的，主要靠技术组合和技术突破。煤炭作为主力能源，还会存在较长一段时期，因此煤炭清洁利用技术的进步仍需十分重视。另外一个是核能，我们不该追随某些"弃核国家"的脚步，还要加强核能利用，甚至在内陆地区建厂，把核能充分利用起来。尤其是西部干旱地区的风、光资源，是我们实现碳中和最大的底气，我们要考虑如何来稳定输出。

专题三：不可替代化石能源预测

这个专题的核心问题是，不可替代的化石能源必然会转化为不得不排放的二氧化碳，对于这部分排放要有一个预测，来自于何处、来自于什么行业、总量有多少。

我们现在讲碳中和，首先要考虑替代，就是用电、热、氢能等来替代，来减少二氧化碳排放。不同行业、不同领域的替代难度肯定是不一致的，我们能否从目前的情况来按照难易排序，这是非常关键的。

其次，我们能否确定不可替代的领域有哪些？在这些领域不得不排放二氧化碳，那就是碳中和需要中和掉的部分，我们就需要进行针对性预测。现在初步认为：居民生活比较容易用电力、地热、太阳能来替代，关键在于国家如何推动；交通领域，目前已经在大力发展电动汽车，以后可能用氢能驱动船和飞机等，这个替代可能只是个时间问题；农业领域大部分也可以替代；比较难替代是工业领域，包括冶金、化工、建材、矿山等等如何替代，还需要特别研究。

另外，我们要克服风电、光电等输出不稳定性的问题。未来我们的电力系统如何保证稳定输出将是需要考虑解决的关键问题。美国提出 2035 年就要实现无碳电力，中国什么时候实现低碳电力或者无碳电力，这也需要认真研究。

目前有很多国家对氢能寄予了很大希望，我们的院士当中也有不同的声音。氢能战略也需要国家拿出方案。我国大约 100 亿吨二氧化碳排放中，发电端占比约 47%，消费端如工业过程、居民生活等占 53%，要实现碳中和就需要在发电端用更多的非碳能源、在消费端用电和氢能等来替代，构建一个两端共同发力的系统。

专题四：非碳能源技术研发迭代需求

非碳能源技术发展是个迭代的过程，需要逐渐进步，但具体分几步来做是一个问题。中国科学院大连化学物理研究所的刘中民院士提出来三步走，第一步是化石能源的清洁高效利用与耦合替代；第二步，可再生能源多能互补与规模应用；第三步，低碳能源智能化多能融合。具体怎么做，还需要进一步探讨。这个问题最后还要和第二个专题一起"收口"。

专题五：陆地生态系统固碳现状测算

第五个专题是关于我国陆地生态系统的固碳现状，就是说我国生态系统现在到底有多少固碳能力，以及碳汇的功能与速率，不同有机碳之间什么时候会达到平衡？还有碱性土壤这个问题，目前的研究还很少，也需要加强研究。

中国科学院已经做过一些关于碳收支项目的研究。现在认为，我国目前地表碳储量相当于 363 亿吨二氧化碳，每年固碳速率是 10 亿~40 亿吨二氧化碳，我们估计森林在 2060 年以前将会达到固碳的峰值，之后固碳速率就会降低。干旱半干旱区的土壤还很难估计。用不同的方法测算出来的碳源，数据差别比较大。

我国建设的生态工程固碳总量是非常大的，约占我国陆地生态系统年固碳总量的 56%，这是一个令人鼓舞的现象。

专题六：陆地生态系统未来固碳潜力分析

计算我国陆地生态系统未来固碳的潜力，主要有以下核心问题：

一是陆地和近海不同生态系统的固碳潜力如何，以及未来在气候变化影响下，它们会如何变化；二是我国生态恢复、建设工程这些面状分布区未来的固碳潜力如何；三是新增点状分布区的固碳潜力如何，比如城市造林绿化等；四是其他一些人为措施，比如南水北调西线工程上马后西部干旱区变绿、海水淡化等实现之后，在其影响下新增的固碳潜力如何；还有未来陆地生态系统增加碳汇的措施，比如秸秆闷烧成碳屑等。我们还需要研究证明这些增汇措施的长期性。

专题七：碳捕集利用封存技术评估

负排放技术目前包括将二氧化碳制成化学品、将二氧化碳制成燃料、微藻的生产、混凝土碳捕集、提高原油采集率、生物能源的碳捕捉和存储、硅酸盐岩石的风化和矿物碳化、植树造林、土壤有机碳和土壤无机碳、农作物的秸秆烧成木炭还田等等。这些负排放技术中，前面几项是国际上所谓的 CCUS 技术，后面两项——矿物碳化和生物炭，我国研究得还比较少。

这里的核心问题是，这些技术还需要进一步研究，现在还没有必要马上就大规模工程封存，那是要在 2060 年之前考虑的问题。目前这方面的技术进步是比较快的，未来会进步到什么程度还不好预测，最好不要单纯地封存，那样不产生经济效益，还是要想办法如何利用二氧化碳。

专题八：青藏高原率先达标示范区建议

青藏高原在我国境内的面积有 250 万平方千米，我国正在建设青藏高原生态屏障，同时我国可能也要开发一些河流的水电，如果能把青藏高原建成一个率先达标示范区，我们就能够在气候变化问题处于一个道德上的制高点。青藏高原固碳的潜力非常之大，因为它有很多退化的草地，所以我们现在要对它进行专题研究。

另外还要考虑，以后一个地区或一个行业的碳中和程度如何评价，这要从生产端、消费端共同来做，也需要拿出一个思路。

专题九：政策技术分析研究

包括如何推动非碳技术，如何进行生态建设增加碳汇。目前来说，我国在减排问题上，政府约束性政策大于市场机制，以后可能要更多地依靠市场来发挥作用。

这个项目最终会做一个情景设计：假如我国每年不得不排放 25 亿吨二氧化碳，这些排放来自哪里？根据目前观测比例，自然过程可以吸收 13 亿吨，如果生态系统吸收 8 亿吨，可能还要考虑用风化和碳酸钙沉淀吸收 2 亿吨，还有 2 亿吨可能要变成生物碳埋到土壤中。然后就是各种技术如何迭代，最后考虑如何收口。整个情景大概是这么一个设计。到 2060 年，如果我国能够做到 25 亿吨二氧化碳排放量，这是非常了不起了。

3. 中国电力行业碳达峰、碳中和的发展路径

自碳达峰、碳中和的目标被提出以后，电力行业的发展路径广受关注与热议，为结合中国能源资源禀赋、技术水平与安全需求，探索符合中国国情的电力行业碳达峰、碳中和的发展路径，从碳达峰、碳中和的基本概念入手，明确指出碳达峰包括达峰时间与峰值，碳中和不是 CO_2 零排放。结合发达国家碳达峰、碳中和的路径分析，得出中国碳达峰、碳中和与发达国家的异同及难度，提出中国应以节能与掺烧为引领，保留火电机组不少于 8 亿千瓦；以低碳能源为关键，大力发展风电与太阳能发电；以储能与碳捕集为补充，保障电力系统稳定等 3 条重要举措。根据中国富煤贫油少气的化石能源现状、水电资源开发基本完毕、核电选址较为困难等实际情况，预测中国碳达峰时火电行业排放的 CO_2 约 47 亿吨，碳中和时火电行业允许排放 CO_2 约 13.5 亿吨，碳中和时中国电力装机容量达 64.3 亿千瓦，其中风电与太阳能发电 50 亿千瓦，核电 2 亿千瓦，水电 4.3 亿千瓦，余热、余压、余气发电 0.5 亿千瓦，生物质发电 1.2 亿千瓦，气电 1 亿千瓦，煤电 5.3 亿千瓦，非化石能源发电装机容量占比 90.2%，发电量占比 85.3%。碳中和时中国电力行业排放 CO_2 约 15.21 亿吨,其中火电行业排放 13.18 亿吨,小于允许排放量。

CO_2 排放的最大来源是化石能源的燃烧，据《世界能源统计年鉴 2020》，中国煤炭、石油、天然气消费量分别占世界总量的 51.7%、14.5%、7.8%，可见中国控制 CO_2 排放，首当其冲的是要控制煤炭消费。中国煤炭约一半用于燃烧发电，2018 年中国火电（约 90%是煤电）的 CO_2 排放量占全国总排放量的 43%，是 CO_2 排放的最大单一来源。减少电力行业的煤炭消费确实是减少 CO_2 排放的有效手段，但中国富煤贫油少气的资源禀赋，使得电力行业很难离开煤炭。针对碳达峰、碳中和约束下电力行业的发展路径，各种观点分歧很大，有的提出加快燃煤电厂退出，煤电清零；有的提出煤炭开发的绿色转型，因地制宜推进区域能源革命。随着经济社会的发展，电力行业面临着增加供应和减少碳排放的双重挑战，有必要从中国的国情出发，结合技术可靠性、减碳效果、成本等，探讨能够提供安全、环境友好、社会可承受的电力行业的发展路径。

1）电力行业碳达峰、碳中和概念与实现路径

（1）碳达峰、碳中和的定义

根据联合国政府间气候变化专门委员会（Intergovernmental Panel on Climate Change，IPCC）的定义，碳达峰是指某个地区或行业年度 CO_2 排放量达到历史最高值，然后进入持续下降的过程，是 CO_2 排放量由增转降的历史拐点，碳达峰（peak CO_2 emissions）包括达峰年份和峰值。碳中和是指由人类活动造成的 CO_2 排放量，与 CO_2 去除技术（如植树造林）应用实现的吸收量达到平衡。

（2）电力行业碳达峰、碳中和的概念

对照碳达峰的定义，碳达峰包括达峰年份和峰值。习近平主席已代表中国政府宣示，中国力争在 2030 年前实现碳达峰。达峰年份基本确定，而且有条件的地区、行业可以率先实现碳达峰，但到目前为止具体峰值尚未公布。

事实上，电力行业除 CO_2 外，SO_2 和 NO_x 也都有排放达峰的过程，如中国电力行业 SO_2 排放在 2006 年达到峰值 1320 万吨，此后逐步下降到 2014 年的 620 万吨，2015 年快速下降至 200 万吨；NO_x 排放量在 2011 年达到峰值 1107 万吨，此后逐步下降到 2014 年的 620 万吨，2015 年快速下降至 180 万吨，尽管中国燃煤电厂基本上均实现了烟尘、SO_2、NO_x 超低排放，但 2019 年电力行业的 SO_2 和 NO_x 排放量仍分别高达 89 万吨和 93 万吨。

根据 IPCC 碳中和的定义，CO_2 的排放量与吸收量相等。事实上电力行业只要发电就会排放 CO_2，对于化石能源发电，即使加装碳捕集工程(carbon capture and storage，CCS 或 carbon capture，utilization and storage，CCUS)，由于脱除效率所限，也是排放 CO_2 的，因此电力行业自身实现碳中和是不可能的，只能是在保障电力供应的同时，电力行业尽可能减少 CO_2 排放。所有国家碳中和时电力行业都应有一定额度的 CO_2 排放，所以电力行业碳中和不是 CO_2 零排放。

（3）电力行业碳达峰、碳中和的实现路径

世界各国由于资源禀赋、技术水平、经济水平、地域范围等各不相同，因此不同国家电力行业碳达峰、碳中和的路径也各不相同。需要指出的是发达国家的碳达峰过程一般都是经济社会发展的自然过程，如英国 1973 年就已实现碳达峰，法国、德国、瑞典 1978 年实现碳达峰，美国 2007 年实现碳达峰，这些早已实现碳达峰的国家，其共同点是早已完成工业化，进入了后工业化时代或信息时代，经济增长已不依赖能源消费的增长，电力装机容量或发电量多年维持在相对稳定的水平。

实现碳中和，促进低碳发展转型的各种国际规则、行业准则及企业标准层出不穷。世界范围内力推实现 1.5 摄氏度温升控制目标，到 21 世纪中叶全球实现碳中和的呼声日益强烈。欧盟提出"欧洲绿色新政"，宣布 2050 年实现净零排放，成为首个碳中和欧洲大陆。全球已有 121 个国家提出 2050 年实现碳中和的目标和愿景，其中包括英国、新西兰等发达国家以及智利、埃塞俄比亚、大部分小岛屿国家等发展中国家。不少国家和城市也提出 2030~2050 年期间实现 100%可再生能源目标，提出煤炭和煤电退出以及淘汰燃油汽车的时间表，并有 114 个国家表示将强化和更新国家自主贡献（NDC）目标。

首先可以看出，化石能源电力，即煤电、石油和气电均为高碳排放电源（简称"高碳电源"），其中以煤电为最高，而其余所有的 8 种电源，均是低碳排放电源（简称"低碳电源"）。从各种电源的 CO_2 排放强度可以看出，降低 CO_2 的最简单方法就是大力发展低碳电源，抛弃高碳电源。如 2019 年 11 月新西兰通过《零碳法案》，2035 年实现 100%可再生能源发电。2020 年 7 月，德国联邦议会通过了《燃煤电厂淘汰法案》，最迟到 2038 年年底，完全淘汰煤炭发电。

其次是燃煤发电的燃料替代，如用低碳、零碳燃料替代煤炭，欧洲有不少国家利用天然气、秸秆替代燃煤发电，如英国最大的燃煤电厂 Drax 拥有 6 台 660兆瓦机组，其中 4 台机组全部改燃生物质燃料，另外 2 台改烧天然气。美国则大量使用页岩气替代燃煤发电。

最后是燃煤电厂的 CO_2 捕集利用，可分为燃烧前捕集、富氧燃烧和燃烧后捕集。从现阶段来看，燃烧前捕集技术主要是应用于整体煤气化联合循环(intergrated gasification combined cycle，IGCC)电厂，已有大规模工业应用的成功案例，但由于该技术工艺复杂，投资成本高，与现有工艺兼容性差，不适用于对现有工艺设备的改造，导致其发展较为缓慢。富氧燃烧仍处于中试验证阶段，没有商业规模项目开始实施建设，大型空分装置的高投资和高能耗，以及系统升压-降压-升压过程中的不可逆损失较大，是制约富氧燃烧技术成本降低的主要因素。燃烧后捕集技术是目前相对成熟的碳捕集技术，是现阶段实现 CO_2 大规模捕集的重要途径，其主要研究方向是提高效率，降低运行成本。

2）中国电力行业碳达峰、碳中和的适宜路径

（1）中国与发达国家电力行业碳达峰、碳中和的路径异同

发达国家碳达峰是经济社会发展的自然过程，碳达峰时经济发展已度过工业化阶段，进入了后工业化阶段或信息化阶段，经济发展已不依赖能源消费的增长，电力长期处于相对稳定的状态，因此其碳中和主要是在保持现有电力供应的基础上，尽可能减少 CO_2 排放。

中国 GDP 总量居全球第二，但人均 GDP 刚刚超过 1 万美元，2019 年中国人均 GDP 仅占美国的 16%，2020 年末才消除贫困。中国 2019 年的人均 GDP 仅是 16 个国家碳达峰时人均 GDP 平均值的 18.6%，中国计划在 2035 年左右基本实现现代化，人均 GDP 达到中等发达国家水平。

中国目前尚未完成工业化，GDP 的增长仍依赖能源消费的增长，因此中国电力行业的碳中和不仅要减少 CO_2 排放，而且要满足电力需求的持续增长。据解振华等人的研究预测，中国全社会用电量将从 2020 年的 7.5 万亿千瓦时增长到 2050年的 11.91 万亿~14.27 万亿千瓦时，增长率高达 58.8%~90.3%。可见，中国电力行业碳中和的难度要远高于任何发达国家。

中国电力行业碳中和的另一难度在于中国的资源禀赋，据《中国矿产资源报告 2019》的数据测算，中国已查明的化石能源储量中煤炭、石油、天然气分别占99%、0.4%、0.6%，因此欧美国家普遍采用的用天然气、页岩气等替代燃煤发电在中国是行不通的。尽管中国目前的燃气电厂比例很低，但 2019 年中国天然气的

进口依存度为 43%，石油的进口依存度则高达 71%，远超国际公认的安全警戒线。可见，在中国完全淘汰燃煤电厂是不现实的。

（2）以节能与掺烧为引领，保留火电机组装机不少于 8 亿千瓦

①实施煤电节能改造，降低单位煤电发电量的碳排放。

2014 年 9 月发展和改革委员会、环境保护部、能源局印发了《煤电节能减排升级与改造行动计划（2014—2020 年）》，与节能改造前的 2013 年相比，2019 年全国火电行业平均供电煤耗从 321 克/千瓦时降低到 306.4 克/千瓦时，下降 14.6 克/千瓦时，相当于 2019 年节约标煤 7368 万吨，仅此就可减少 CO_2 排放近 2 亿吨。

2019 年全国火电机组容量 118957 万千瓦，其中燃煤发电 104063 万千瓦（占 87.5%），燃气发电 9024 万千瓦，生物质发电 2361 万千瓦，余温、余压、余气发电 3272 万千瓦，燃油发电 175 万千瓦。

60 万千瓦及以上的大机组容量占比为 45.0%；30 万~60 万千瓦等级的机组容量占比 35.4%，其中亚临界机组约 3.5 亿千瓦，近 1000 台，容量占比超过 30%；单机容量小于 30 万千瓦的老小机组容量占比 19.6%。这说明全国火电装机容量中近一半是效率低、煤耗高、性能差的亚临界及以下参数的机组和热电联产小机组。

在实现碳中和过程中，国家应出台政策首先淘汰关停效率低、煤耗高、役龄长的落后老小机组。2019 年的统计数据表明，小于 10 万千瓦的小机组容量 11657.8 万千瓦，占火电总容量的 9.8%，年利用小时数 4431 小时，比全国火电机组的平均利用小时 4365 小时高出 66 小时，小于 30 万千瓦的机组容量超过 2.3 亿千瓦，应逐一分析这些机组的实际情况，该淘汰的坚决淘汰；其次应该对占煤电容量 30% 的近 1000 台亚临界机组进行升级改造。将亚临界机组的效率和煤耗提升到超超临界的水平，以大幅度地降低其煤耗，同时大力改善其低负荷调节的灵活性，以大大提高其消纳风电和光伏发电量的能力，尤其是亚临界机组均是汽包锅炉，具有良好的水动力学的稳定性，因而更加适应电网的负荷调节。徐州华润电厂于 2019 年 7 月完成了对 32 万千瓦亚临界燃煤机组的改造，额定负荷下的供电煤耗从改造前的 318 克/千瓦时降低到 282 克/千瓦时，每度电降低标准煤耗 36 克，按年利用小时 4500 小时计，相当于每年节约标煤 5.2 万吨，减少 CO_2 排放约 14 万吨。改造后机组不但具有稳定的 100%~20% 范围内的调峰调频性能，而且在 19.39% 的低负荷下仍然实现了超低排放，达到了大幅降低煤耗，显著提高灵活性的目标。

②掺烧非煤燃料，进一步降低煤电碳排放。

煤电的另一个低碳发展的方向是煤与生物质、污泥、生活垃圾等耦合混烧。煤与生物质耦合混烧发电主要的突出优点是：利用固体生物质燃料部分或全部代替煤炭，显著降低原有燃煤电厂的 CO_2 排放量；利用大容量高参数燃煤发电机组发电效率高的优势，大幅度提高生物质发电效率，节约生物质燃料资源；利用已有的燃煤发电机组设备，只对燃料制备系统和锅炉燃烧设备进行必要的改造，可

以大大降低生物质发电的投资成本；参与混烧的生物质燃料比例可调节范围大（通常为 5%~20%），调节的灵活性强，对生物质燃料供应链的波动性变化有很强的适应性。

燃煤电厂掺烧生物质燃料，在国内外均有成熟经验。掺烧污水处理厂污泥，在国内也有不少电厂投运，如广东深圳某电厂 300 兆瓦燃煤机组、江苏常熟某电厂 600 兆瓦燃煤机组、江苏常州某电厂 600 兆瓦燃煤机组。掺烧生活垃圾的主要是循环流化床锅炉的燃煤电厂，也有先将垃圾气化再掺入煤粉炉燃烧的电厂。

③碳中和时中国火电机组的保留规模。

2060 年前中国争取实现碳中和，电力行业首当其冲，需要大力发展可再生能源，但可再生能源不可控，不能作为保供电源。能够作为保供电源的主要是火电、水电、核电、储能（含抽水蓄能）。火电包括燃煤发电、燃气发电、燃油发电、生物质发电等，是最可靠的保供电源。

2020 年中国的水电装机容量 3.7 亿千瓦（含抽水蓄能 3149 万千瓦），容易开发的水电资源已开发完毕，据报道中国的水电开发极限是 4.32 亿千瓦。2020 年中国的核电装机容量 0.5 亿千瓦，核电由于核安全问题，选址极其困难，加上核燃料资源的限制，不可能大规模发展，预计可发展到 2 亿千瓦。

2020 年中国建成投运的储能项目累计装机规模 3560 万千瓦，其中抽水蓄能 3149 万千瓦。2021 年 4 月 19 日，国家能源局印发《2021 年能源工作指导意见》，明确提出开展全国新一轮抽水蓄能中长期规划，稳步有序推进储能项目试验示范。在所有储能方式中，抽水蓄能经过了几十年的工程实践检验，技术最为成熟，也最具经济性，具有大规模开发潜力，但选址较为困难。

与抽水蓄能相比，其他储能项目规模都比较小，且有潜在的安全风险。储能项目都是将电能的再次转化，如抽水蓄能是将电能转化为机械能，机械能再转化为电能；化学储能是将电能转化为化学能，再将化学能转化为电能等等，在转换过程中会有大量的能源损耗。考虑到中国大规模开发风电与光伏发电，预计储能项目需新增 2 亿千瓦。

考虑到将来极端天气会更多，仍以用电负荷高峰出现在冬季晚间为例，储能、核电的出力能力均取 1，水电的出力能力取 0.5，计算可得储能、核电、水电的同时发电能力为 6.16 亿千瓦。

保留火电机组装机 8 亿千瓦，出力能力取 0.85，用电高峰时发电能力 6.8 亿千瓦。这样，用电高峰时顶得上的发电能力为 12.96 亿千瓦，基本可以保证电力供应。

（3）以低碳能源为关键，大力发展风电与光伏发电

国内外能商业应用的低碳能源有 8 种，中国的水电资源开发程度已经很高，核电选址较为困难，生物质发电规模已近 2500 万千瓦，多余生物质燃料可掺烧到现有燃煤电厂，能够发电的地热资源非常有限，潮汐能发电早有建成的示范项目，

但一直未能推广，因此，现在能够大规模发展以至于取代化石能源电力，取代煤电的就是可再生能源电力的风电和太阳能发电这两种电源。

近10多年来中国的风电与太阳能发电均取得快速发展，可以看出，中国风能发电装机从2009年的1613万千瓦增长到2019年28153万千瓦，太阳能发电装机从2009年的2万千瓦增长到2019年25343万千瓦。

为了满足全社会的用电需要，碳中和时中国非水可再生能源的发展预计将达到50亿千瓦，主要是风电与太阳能发电，会有少量的地热发电及潮汐能发电。

（4）以储能与碳捕集为补充，保障电力系统稳定

为减少弃风、弃光、弃水现象，保障电力系统稳定，发展储能项目是非常必要的，但储能项目不仅投资较大，而且本身消耗电能，如抽水蓄能是效率较高的储能方式，能源转换效率仅有75%左右，因此国家必须出台相关政策，推动储能项目的建设。

碳捕集工程，包括碳捕集和封存（CCS）、碳捕集和利用（CCU）以及碳捕集、利用和封存（CCUS）。碳捕集工程不仅投资大、运行费用高，而且面临高耗能、高风险等问题。使用CCUS单位（千瓦时）发电能耗增加14%~25%，导致能耗需求量大幅增加；CCUS各个环节成本高昂，导致CCUS难以发展应用；并且不论哪种方式封存CO_2都存在泄漏风险，会造成难以评估的环境风险。但是，CCUS仍是碳减排潜在的重要技术，中国政府高度重视，在一系列国家规划与方案中将CCUS列为缓解气候变化的重要技术。

2021年1月国内最大规模15万吨/年CO_2捕集和封存全流程示范工程在国家能源集团国华锦界电厂建成。

因此，降低碳捕集、利用和封存（CCUS）的成本、能耗及风险任重道远，在没有重大的技术突破以前，显然不宜推广应用。即使CCUS技术有所突破，也需要政府持续推进。

3）电力行业碳达峰、碳中和时CO_2排放量

（1）火电行业碳达峰时CO_2排放量

2018年火电行业排放的CO_2占全国排放总量的43%，约43亿吨。2030年前煤电装机容量还是会增长的，全国煤炭消费量会有所减少，但电煤消费量会有所增加，需要大力推进"以电代煤"，提高电气化水平。

预计火电行业碳达峰时CO_2排放量会在2018年的基础上增长15%左右，约47亿吨。

（2）火电行业碳中和时CO_2允许排放量

据Pierre Friedlingstein等人的研究，2009~2018年全球每年化石燃料排放的CO_2介于330亿~370亿吨之间，平均约350亿吨，全球碳循环后每年造成大气中CO_2增加约180亿吨，即全球每年化石燃料排放CO_2约170亿吨时，就可实现全

球碳中和。中国人口数占世界人口总数的 18.5%，如果不考虑共同但有区别的责任，按全球人均 CO_2 排放来考虑，中国碳中和时可排放 CO_2 约 31.45 亿吨，比 2018 年排放的 100.3 亿吨减少 68.85 亿吨。

2018 年中国火电行业排放的 CO_2 占全国排放总量的 43%，不考虑碳中和实现时煤炭基本上均用来发电，其他工业行业的 CO_2 排放占比会有所下降，火电行业应该上升的因素，火电行业可以排放 CO_2 约 13.5 亿吨，电力行业的 CO_2 排放指标应超过该限值。

（3）电力行业碳中和时 CO_2 预测排放量

依据前面的分析，在现有能源资源、技术水平及安全需求基础上，得到碳中和时中国电力行业的发电装机构成、发电量及 CO_2 排放量。风电与太阳能各按 25 亿千瓦计，考虑到技术进步，全国煤电机组按发电煤耗 281 克/千瓦时、供电煤耗 295 克/千瓦时计，全国生物质量按折算 1.07 亿吨标准煤计，折算其装机容量及发电量，1 吨标煤燃烧后排放 2.7 吨的 CO_2。

可以看出，碳中和时，全国发电装机容量高达 64.3 亿千瓦，其中非化石能源发电装机容量 58 亿千瓦，占比 90.2%；煤电装机容量 5.3 亿千瓦，占比 8.2%。从发电量来看，碳中和时，全国发电量近 13 万亿千瓦时，其中非化石能源发电量占比 85.3%。

全国电力行业排放 CO_2 量 15.21 亿吨，其中火电行业排放 13.18 亿吨，占全国可排放总量 31.45 亿吨的 41.9%，小于目前的占比水平 43%。可见，如果能够实现上述目标，电力行业做出的贡献是相当巨大的。

4. 煤炭产业调结构有利碳达峰和碳中和

煤炭是我国重要的能源资源。如何完善生产布局和结构，并且助力我国实现"碳达峰"与"碳中和"的目标，是煤炭产业近年来的重要课题。

我国是一个"富煤、缺油、少气"的国家，长期以来，煤炭、石油等化石燃料在能源消耗中占有重要比重，为国家发展做出了巨大贡献，但同时也给能源安全、环境治理带来严峻挑战。为了实现碳减排目标，未来一段时期内，煤炭产业需进行广泛而深刻的结构调整。

《新时代的中国能源发展》白皮书提出，建设多元清洁的能源供应体系，优先发展非化石能源。在这一背景下，煤炭产业拥有巨大机遇，又面临严峻挑战。

煤炭、石油、天然气等化石能源的利用，会产生二氧化碳，同时导致二氧化硫、氮氧化物、烟尘等污染物的排放。近年来，我国在降低煤炭使用量，减少碳排放方面成果显著。2018 年，我国煤炭消费比重创造历史新低，降至 60% 以下。未来，煤炭在我国能源体系中所占的比重还将继续降低。需要说明的是，化石资源不仅是能源资源，也是物质资源，化石资源的利用并非只有能源一条途径。

　　作为能源资源，煤炭历史悠久，多用于火力发电。煤炭燃烧将化学能转化为机械能或电能，原理上能源转化效率难以大幅度提高；燃烧过程中，煤炭中的碳原子全部转化为二氧化碳，碳排放问题突出，这也成为制约煤炭产业发展的重要因素，导致煤炭产业难以有较大的发展空间。

　　同时，煤炭拥有丰富的碳资源，作为化工原料，发展空间广阔。煤化工能够生产多种化工、能源产品，相比于燃烧供能，碳排放有所降低。受"富煤、缺油、少气"资源禀赋的限制，我国发展煤化工主要为了弥补石油资源的不足。除生产石化工业难以保障的基础化学品和特种油品之外，煤化工本身也有优势，如生产各种含氧化合物及其下游产品，与石油化工结合可以形成更加合理的工业结构。过去几年，我国煤制烯烃、油、天然气等的生产能力显著提高。当前，又积累了一批新的核心技术，开展了众多示范项目，具备了构建产业链的基础。未来，随着科技的发展与进步，煤炭作为化工原料的潜力将会进一步挖掘和提升。

　　能源清洁化是国际大趋势，全球各国根据各自的资源禀赋，布局了可再生能源发展计划，例如法国主推核能，英国发展海上风电，都希望实现能源清洁化。中国正处于从高碳到低碳、无碳的过渡期。需要注意的是，未来一段时期内，我国的能源需求总量仍会增加，但还不具备实现可再生能源对煤炭供能全替代的条件。

　　首先，可再生能源产能难以满足全国 14 亿人的用能。我们仍然需要煤炭、石油等化石能源来保障能源供需的平衡和经济社会发展的基本需求。

　　其次，可再生能源的产生和利用方式依然强烈地依赖地域和自然环境。要利用好可再生能源，我国需要结合区域智能能源网络的构建及新兴产业的发展统筹考虑，多种能源互补融合才能发挥最大优势，这都需要一定的时间才能实现。

　　最后，煤炭的物质属性是难以替代的。发展以煤炭为原料的现代煤化工，不仅可弥补石油资源的不足，弥补现有石油加工与石油化工行业的结构性缺陷，促进化学工业整体结构的转型升级，紧急情况下还可以成为保障油气供应的重要支撑。

　　目前，我国煤化工产业世界瞩目，煤制甲醇、乙酸、乙二醇及煤制油、烯烃等的产量均位居世界第一。与此同时，煤化工还有降低碳排放的空间，以陕西榆林正在规划建设的煤制含氧化合物及下游产品链的工业示范基地为例，据估算产值增加的同时碳排放可进一步降低。可以说，煤炭资源依然是我国能源及相关工业体系中不可或缺的一部分。

　　解决好能源问题是当前我国的重要议题之一，能源结构低碳化发展是一项重要任务。能源结构决定工业结构，能源转型将伴随工业结构的调整，例如延伸产业链，发展高附加值、精细化、差异化的产品等。

　　对于煤炭产业而言，未来发展的一个重点是发挥煤化工的固有优势，生产适合煤化工特点的产品。

　　相较于其他生产方式，煤化工以合成气和甲醇转化为平台，更适合于制取含氧、缺氢的大宗化学品和油品，其中，煤制醇类、酸类等含氧化合物具有天然优势，不仅能降低碳排放，同时还能解决因"粮制醇"而出现的"与人争粮"的问题。同时，应积极探索煤化工基础产品及过程与石油基原料的耦合途径，实现一系列生产技术的变革，形成煤化工与整个能源化工行业协调发展的良好局面。

"碳达峰""碳中和"的目标不是禁止二氧化碳排放，而是一边降低二氧化碳排放，一边促进二氧化碳吸收，用吸收量抵消排放量。实现碳减排的大方向是发展可再生能源，以减少化石能源在整个能源体系中的比重。

可再生能源的种类很多，从高效减排二氧化碳的角度看，有两类平台需要特别关注。

（1）从能量的角度

需要发展储能平台，以汇聚不平稳的可再生电能，从而与主干电网发生平稳联系。当前，风能、太阳能等可再生能源产生的电能并网利用率低，影响了可再生能源的发展规模。可再生能源规模不够大，单位成本便很难降低。因此，如果能够建立起国家级的储能平台，让可再生电能平稳地进入国家电网系统，这将在很大程度上帮助可再生能源的发展。

（2）从物质的角度

需要发展产氢和用氢的氢能平台。氢与能源产业链上游产生二氧化碳的环节进行耦合，可以实现碳减排；直接与二氧化碳反应，可以生产能源产品或载能产品。特别是，氢与二氧化碳反应生成的含氧化合物，是重要的化工产物和原料。这种生产方式既解决了二氧化碳排放的问题，又增加了有用化学品的产量，一举两得。

（3）氢能也是清洁的二次能源

氢气燃烧产生水，不存在碳排放问题，但要广泛应用必须突破存储难题。为此业界呼吁发展氢能电动车，减少石油等化石能源的消耗。但实现这一目标的一大阻碍就是氢气的运储问题。如果让储氢高压钢瓶满大街跑，其中的安全隐患不容小觑；将氢能储存在甲醇等中间介质中、需要时再放氢的技术还在发展中。综合考虑，现阶段，在高铁、无人码头等特殊场景集中使用氢能更具可行性。

科学的减排措施是实现目标的重要渠道之一。原则上，只要使用化石能源，就要排放二氧化碳；要实现碳减排，就要发展可再生能源。但是，化石能源与可再生能源二者并非简单的一一对冲关系，可再生能源增加并不意味着化石能源会自动等量减少。因此，需要全国一盘棋，在构建清洁低碳、安全高效国家能源体系的大格局下进行统筹，不仅需要各能源相关行业破除壁垒形成合力，也需要各地政府积极支持，因地制宜积极构建区域低碳化清洁能源供应系统，在突破关键技术的基础上，通过区域能源革命促进全国能源革命，解决能源问题。

5. 推动钢铁行业低碳转型引领工业碳达峰与碳中和

《国民经济和社会发展第十四个五年规划和 2035 年远景目标纲要》提出，要支持有条件的地方和重点行业、重点企业率先达到碳排放峰值。钢铁行业是除能源以外碳排放量最大的工业行业，绿色低碳发展已经成为钢铁行业转型发展的核心命题，也是钢铁行业实现高质量发展的必由之路。推动我国钢铁行业低碳转型示范，刻不容缓。

1）钢铁行业碳排放现状及面临的挑战

我国钢铁工业碳排放量约占全国碳排放总量的 15%左右，是我国碳排放量最高的制造业行业，迫切需要通过加速低碳转型，降低全社会碳排放量，确保国家碳达峰与碳中和目标顺利实现。

钢铁行业涵盖能源、化工、建材等多项工艺类型，是工艺流程最复杂的行业之一，包括燃煤与燃气发电、供热锅炉、炼焦与焦炉煤气深加工、炼铁与炼钢、石灰与超细粉等工艺，分别属于电力、热力、传统煤化工、金属冶炼、建筑材料等行业。上述行业碳排放总量占全国排放总量的一半以上。钢铁行业的碳达峰与碳中和路线包括控制产量、节能减排、清洁能源替代、氢能利用、CCUS 等，具有普适性。因此，钢铁行业的低碳转型将对所有工业行业具有示范意义。

钢铁产品是"工业粮食"，对制造业碳达峰与碳中和具有重要带动作用。钢铁行业是工业化国家的基础工业之一，钢铁产品是基础设施建设、汽车制造、船舶制造、装备制造、国防建设等领域的主要原材料。因此，从产品全生命周期碳排放角度来看，钢铁行业低碳转型对制造业整体减碳具有重要带动作用。

我国钢铁行业吨钢碳排放量约为 1.7~1.8 吨/吨粗钢，按照 2020 年 10.65 亿吨钢产量计算，碳排放总量超过 18 亿吨。从工艺流程来看，高炉-转炉工艺碳排放量约为 1.8~2.2 吨/吨粗钢，电炉工艺碳排放量约为 0.4~0.8 吨/吨粗钢。从工序来看，铁前工序碳排放量占比超过 70%，主要集中在炼铁和焦化工序。

在实现低碳转型发展方面，我国钢铁行业面临不少挑战。

一是钢铁体量大。我国钢铁行业产能产量稳居世界第一，2020 年粗钢产量约占世界总产量的 57%。2021 年粗钢产量仍在增长，其中一季度粗钢同比增长 15.06%，5 月上旬同比上升 7.44%。产量提高意味着排放增长，若产量持续增长，将给碳达峰带来困难。

二是工艺结构不合理。我国钢铁行业工艺流程以碳排放量高的高炉-转炉工艺为主，占比约 90%，而排放量占比较低的电炉工艺仅占 10%。受限于电炉原料废钢使用比例较低的限制条件，不考虑政策鼓励因素，电炉工艺占比提高困难，行业碳排放总量很难降低。

2）钢铁行业碳达峰碳中和的路径建议

为推动钢铁行业低碳转型发展，实现碳达峰碳中和目标，建议从以下方面着力。

（1）严格控制产能产量

继续压减粗钢产能。一方面，持续淘汰落后钢铁产能，修订产业政策加严淘汰底线，逐步将 4.3 米及以下焦炉、450 立方米及以下高炉纳入淘汰范围。优化工作机制，严防已淘汰产能死灰复燃。另一方面，严控新增产能，加严产能减量替代要求，并严控重复替代情形。

同时，提高钢材产品性能，延长使用寿命。通过提高钢材产品性能，采取"以细代粗、以薄代厚、以轻代重"的方式，在不降低用钢行业产品质量的前提下，减少钢材使用量。比如，输电铁塔用高强钢材替代普通钢材可减少 10% 以上的钢材用量，脚手架用高强型钢代替普通焊管可减少约 30% 的钢材用量。优化钢材产品制造工艺，延长使用寿命，减少钢材用量。比如，通过与国外同类产品对标，轴承钢平均使用寿命还有延长一倍的潜力，据此可减少此类钢材用量 50%。

优化钢铁产品进出口政策。通过调整产品出口政策，降低或取消硅钢等高端产品以外的出口退税，以及部分生铁、铬铁、直接还原铁等初级产品进口关税。适当提高生铁、铬铁等初级产品出口关税，鼓励进口、减少出口，减轻粗钢产量增长的压力。

（2）优化配置钢铁工艺流程

鼓励短流程工艺。出台电炉短流程炼钢优惠政策，对电炉建设项目，在产能替代环节予以政策倾斜。对电炉企业采取优惠电价、减征税费等措施，并在碳排放权交易配额分配过程中充分考虑其与长流程的差异性。加快推动完善废钢市场，适时推广建筑钢结构，提高全社会废钢保有量。同时，规范废钢消费领域，可对废钢合规使用予以补贴和鼓励。

优化长流程工艺。一方面，严格控制高炉-转炉流程占比，在建设项目产能减量替代的基础上，增加碳排放量减量或倍量替代前置条件。对于碳排放量居高不下的企业，通过提高电价等方式提高其排放成本。另一方面，鼓励发展碳排放量较低的直接还原、稳定可靠的熔融还原等非高炉炼铁工艺。

（3）深度挖掘节能降碳潜力

提高节能技术应用比例。结合钢铁行业超低排放推进进度，持续提高烧结烟气循环、燃气蒸汽循环发电、炉顶余压发电、烟气余热回收、高炉渣余热回收、钢渣余热回收、一包到底、高炉煤气热值提升等节能技术，进一步降低全行业能耗，减少行业碳排放总量，实现减污降碳协同。

优化传统技术节能效果。提高余热发电机组的转化效率，将中低温余热回收工艺改进为高温高压工艺，进而提高余能利用率，降低能耗。优化烧结烟气循环工艺中的烟气来源，提高高温烟气循环比例，进一步降低烧结工序能耗，减少碳排放量。

（4）探索低碳氢能冶炼路径

在现有高炉-转炉长流程工艺占比高的大背景下，充分借鉴日本和欧盟经验，推动宝钢等高炉富氢冶炼试验项目，研究炉顶煤气循环、高炉喷吹富氢气体等技术路线大规模铺开的可行性。今后还可密切关注欧盟钢铁行业低碳冶炼技术研发进展，推动河钢等氢能冶炼试验项目，系统开展氢能炼钢、氢气直接还原、熔融电解铁矿石等技术路线研究。

（5）储备开发 CCUS 技术

配合高炉炉顶煤气循环、二氧化碳富集等技术，探索通过钢铁、化工耦合的方式，深入开展二氧化碳捕集、利用、封存等技术集成示范研究。

6. 以绿色矿业建设和矿山生态修复推进矿业高质量发展

随着"双碳"目标的提出，"十四五"时期将是我国经济社会发展全面绿色转型、实现生态环境质量改善由量变到质变的关键时期，也是我国矿业转型升级、实现绿色高质量发展的重要窗口期。

中国工程院院士、北京科技大学教授蔡美峰在中国县域矿业绿色高质量发展百人论坛暨黄河几字弯矿区生态修复与治理研讨会上表示，要从推进绿色矿业建设和矿山生态修复治理两方面入手，实现我国矿业绿色高质量发展。

蔡美峰认为，遵循自然生态系统的物质循环规律，将矿业开发和谐地纳入自然生态系统物质循环过程，形成清洁生产、资源高效回收和废物循环利用为特征的绿色生态循环经济发展形态。尤其是在采矿全过程中，既要实施科学有序的开采，又要把对矿区周边自然和生态环境的扰动控制在环境允许的范围内。采用绿色智能不破坏生态环境的采矿方法，实现矿业生产和环境保护的协调统一。同时，他表示，实现矿业的可持续发展，必须采用先进可行的技术和方法，进行矿山生态环境的修复和治理。

1）绿色矿业建设必先从绿色开采做起

发展绿色矿业、建设绿色矿山必须先从绿色开采做起，将采矿与生态环境作为一个大系统进行研究。不只把矿产看成资源，同时把土地、地下水、植被、大气等构成生态环境的各种要素都当成重要资源进行利用和保护。

矿山建设伊始，就要对采矿可能对环境与生态系统造成的影响及破坏进行充分评估，通过科学设计并采用先进技术，尽可能减少开采过程中对生态环境要素的影响和破坏，从源头上着力做好矿区自然和生态环境的保护。要有效控制矿山地压活动、维护地表和地下岩层稳定，避免和控制采矿引起地表沉陷、山体崩塌、滑坡、地下采场顶板冒落、岩爆、突水等地质和动力灾害发生，以及由它们造成对原生植被、水资源及生态环境系统的严重破坏。

绿色开采重在源头和前端。实施采选一体化技术，如矿浆输送技术，将矿石预选后在井下破碎、研磨成矿浆，用管道水力输送至地表选矿厂。与其他运输方案相比，具有基建投资低、对地形适应性强、不占或少占土地等一系列优点，是一项有利于环境保护的技术。而将选矿厂建在井下，开采的矿石在地下进行选矿，然后直接向地面输送精矿，选矿产生的废石与尾矿留在井下用于采空区充填，实现原地利用，并减少排出地面后对生态环境的污染、破坏。而且地下选矿省去征地建厂建库和尾矿库管理的费用，消除了尾矿库产生各种自然灾害的根源。这是发挥矿产资源绿色高效开发综合效益的重要举措。

固体废弃物的堆存，压占大量土地，破坏森林、植被、地貌；废石和尾矿无序排放，淤塞河道、污染水体，对矿山生态环境和人类健康与生存带来极大危害。所以，实现废弃物大规模资源化利用，消化和处理掉堆存的废弃物，并大幅度减少今后的排放和堆存，对环境保护的意义重大。

2）矿山生态环境保护与修复治理必须同步进行

在矿山开采前，对采矿开挖可能造成的对环境与生态系统的影响及破坏进行充分评估，包括地面自然和生态环境系统、植被系统、水文系统、建筑物设施等。要通过科学设计，规避可能出现的影响与破坏，从源头上做好矿区自然和生态环境的保护。

土地复垦是矿山生态修复的主要举措，服务于环境整治和农地保护与恢复两个目标。

土地复垦技术主要可分为物理工程技术、化学技术和生物技术三大类。物理工程技术是矿山环境和土地整治的主要手段。包括：地表整形工程。采用充填、回填、堆垒和平整等措施，对复垦土地的地形以及地貌进行一定的整理和修复，使之达到矿区自然环境和复垦地使用的要求。挖深垫浅工程。将局部积水沉陷较大区域挖深，用于养鱼、栽藕等，用挖出的泥土垫高下沉较小区域，形成农地。把沉陷前单纯种植性农业变成种植、养殖相结合的生态农业。尾矿造地复垦工程。尾矿属于无机物质，不具备基本肥力，可采取覆土、掺土等方法处理后进行造地复垦、植被绿化。还有一些必要工程措施，如削坡卸载、挂网加锚杆、建挡土墙等边坡稳定措施，截排水减少水土流失以及覆盖措施等。

土地复垦化学技术主要作用是改良土壤。针对酸性土壤，使用尾矿、煤灰等工业废料来降低土壤酸性；对碱性土壤或 pH 较高的土壤，利用腐殖酸等物质进行改良；施用有机肥或氮、磷、钾等无机肥来促进土壤熟化、增加土壤肥力；对于有毒的尾矿及废弃物和被污染的土地，一般先进行表土覆盖。

而土地复垦生物技术主要是林草种植。在选择树种、草种时，必须根据当地自然气候条件和岩土成分，考虑树种、草种的抗旱性、抗寒性、耐贫瘠性、生长发育速度和一定的土壤改良作用；土壤动物蚯蚓的存在可以改良土壤结构，增加土壤保水保肥的能力，还可以应用菌根、酶等微生物对废弃地进行改良。复垦应重视采取生物技术，在生态环境良好的复垦区注重采前生境保护、采后生境恢复；生态环境脆弱区更应注重生境保护，采后进行复垦工作时，多注重生态效益，改善矿区生态环境。

生态修复以污染控制、生态价值、生物多样性、环境效益、景观改良等为目标和评价指标。主要技术有：

（1）被污染土壤治理技术

主要包括物理、化学和生物三类修复技术。物理修复包括充填法、换土法、客土法和深耕翻土法等；化学修复通过添加化学物质改变土壤性质；生物修复运用微生物和植物，使土壤中的有害污染物得以去除。

（2）土地整治与复耕技术

矿区在采矿初期剥离的表土，包括耕地的表土，在开采后的环境整治中，除用于填埋采矿形成的地表坑洞外，还可作为矿区复耕覆土之用。应根据不同情况，采取土地整治和覆土措施，恢复耕地功能。

（3）水均衡系统保护技术

采用保水开采技术，有效避免和防治对含水层的破坏；优化井巷工程设计，不在含水层中布置井巷工程或减少穿越含水层的工程量，以减少对含水层的破坏。

（4）废水治理技术

包括物理法、化学法和生物法三种。物理法有吸附法和膜分离法两种。吸附法主要用于废水的深度处理和给水处理，传统的吸附剂有活性炭和磺化煤，新开发出的有硅藻土、膨润土和壳聚糖及其衍生物。膜分离法主要用于清除废水中镍、铜、锌、铅等金属离子。化学法包括化学中和法和化学氧化法，中和法通过中和剂使废水中重金属离子生成氢氧化物沉淀与水分离，氧化法通过化学氧化将液态或气态的无机物和有机物转化成微毒、无毒的物质，达到废水排放的标准。生物法利用微生物分离水体中的重金属离子并清除出去。

（5）植被恢复技术

根据当地情况，选择根蘖性强，生长迅速，耐干旱贫瘠的适生树种，以保护现有植被为主，开展植树造林、还林还草生态建设；对废弃不用的开采工作面和堆放的弃土、弃渣表面，应先覆盖 20~50 厘米的土壤再进行植被恢复。

3）生态文明建设必须摆在发展全局高度位置

绿色矿山是我国矿业行业贯彻落实生态文明理念、推进生态文明建设的重要实践。绿色开发是保证矿业可持续发展的命脉，也是保证 21 世纪中叶建成美丽中国，国家允许矿业开发的模式。这是新时代保护生态环境制度的刚性约束和不可触碰的高压线。

生态环境是人类生存和发展的根基。党的十九大把"人民日益增长的美好生活需要和不平衡不充分的发展之间的矛盾"明确为目前我国社会的主要矛盾。伴随着社会经济的不断发展，人民群众对优美生态环境的需要日益成为这一矛盾的主要方面。因此，必须把生态文明建设摆在发展全局的高度位置。

7. 建材行业加快低碳转型步伐

国务院印发了《关于加快建立健全绿色低碳循环发展经济体系的指导意见》（以下简称《意见》）。《意见》强调，推动能源体系绿色低碳转型。坚持节能优先，完善能源消费总量和强度双控制度。作为我国最大的能源消耗与碳排放部门之一，建材行业未来的发展对低碳转型意义重大。

2019 年，我国常住人口城镇化率突破 60%，进入城镇化发展新阶段。根据发达经济体经验，城镇化率在普遍达到 80% 以上趋于稳定。这意味着在 2050 年实现中华民族伟大复兴目标、进入发达国家行列过程中，我国预计将新增 2.8 亿城镇人口，会极大推动城镇基础设施和房屋建设需求。与此同时，收入增长提高居民消费能力和消费水平，带动对各类家电和汽车等耐用消费品需求。这些因素都会驱动水泥、玻璃、陶瓷等上游建材产品需求，如果不及时采取有效措施，将推动建材行业能源消费、燃料燃烧和生产过程二氧化碳排放快速增长，给我国碳达峰和碳中和目标的实现带来较大压力。为此，建材行业要加快低碳转型步伐。

要走上一条技术可行、经济可接受的低碳转型之路，需要大致采取 3 个步骤。首先，应制定行业中长期低碳发展目标，并与全国碳达峰、碳中和目标进行联动，以此形成倒逼机制，促进行业转型升级和技术进步。其次，识别可选的节能减排措施和技术方案，评估其减排潜力和减排成本。具体而言，主要包括以下几个方面的措施：

①加快建材行业转型升级，提高产品质量和使用寿命。通过生产性能更好、寿命更长的建筑材料，降低材料更新换代速率，提高资源使用效率和回收利用，可极大降低建筑材料需求与生产能耗，是最具成本效益的减排措施之一。

②大力推广能效技术，降低单位产品能耗。

③优化能源结构，降低化石能源消费占比。提高电气化率水平，用电能替代化石能源供应低温热能。积极发展工业固废、生物质能和绿氢等替代燃料，取代煤油气作为高温低碳热源。

④创新生产工艺，积极发展低碳原料，减少熟料用量，降低工业生产过程二氧化碳排放。

⑤推动碳捕获、利用和封存技术的示范和应用，作为建材行业二氧化碳减排的"兜底"手段。

⑥通过比较各项技术和措施的减排潜力与减排成本，按照成本由低到高排序，

识别满足既定减排目标下成本最低的技术方案。

我国于 2016 年在浙江省、福建省、河南省及四川省开展用能权有偿使用和交易试点。碳排放权交易市场在 2011 年开展试点工作以来，于 2017 年年底正式启动全国碳市场建设。经过 1 年基础建设期和 2 年模拟运行期后，全国碳市场交易已经于 2021 年正式开启。因此，从市场发展情况来看，碳排放权交易市场建设起步更早，在体系构建、制度设计、总量与配额分配方法制定等方面积累了较为丰富的经验。然而，从交易市场覆盖的行业范围来看，碳排放权交易市场运行初期率先从发电行业开始，尚未纳入建材等其他行业。四个用能权交易市场试点省份均将水泥、平板玻璃等建材行业纳入首批交易行业，在行业覆盖范围上走得更快。伴随碳市场建设和运行日趋完善，未来将进一步扩大覆盖的行业范围，以水泥和平板玻璃为代表的建材行业，具有产品类型较为单一、企业间生产工艺较为统一的特点，便于市场管理，因此有可能作为优先纳入碳市场的行业。

未来，除了继续完善两个市场的登记制度、交易制度、履约制度、总量与配额分配方案等方面，还应当特别注意到，用能权与碳排放权交易市场都会产生节能减排效果，为了避免重复建设和资源浪费，在未来用能权和碳排放权交易市场发展过程中，要研究和明确各自在实现碳达峰、碳中和目标中的作用，根据各个交易市场运行特征和优势，完善各自覆盖的行业范围，加强两个市场的协同和互补关系。

当前碳排放已经达峰的经济体大多经历的是自然达峰的过程，即在完成工业化进程后，产业结构、人口规模和消费方式都相对稳定的情况下，伴随技术进步，二氧化碳排放与能源消费逐渐脱钩。相比之下，我国仍然处于快速工业化和城镇化过程，仍然处于发展阶段，有较高的能源消费增长需求。在这个背景下，我国提出碳达峰和碳中和目标，需要克服更多的社会经济和技术困难，相比于自然达峰是更加有为的控排减排过程。因此，我国提出碳减排目标不仅展现了我国应对气候变化的决心，也充分彰显了中国对全球可持续发展的责任和担当。

然而，发达国家在工业碳减排的意识、技术水平和行动方面依然走在我们前面，有很多值得我们学习的地方。首先，在全社会上下形成加快应对气候变化行动的强烈意识，在国家和各级政府层面和企业、社会民众层面以自上而下强制减排和自下而上自愿行动相结合的方式推动工业低碳转型。其次，制定明确的工业低碳转型路线图，确定近期、中期和长期工业总体和分领域低碳发展目标和行动计划。再者，提前规划和部署低碳产业和投资，推动技术创新、研发、示范和应用。最后，注重工业碳减排与经济高质量增长、竞争力提升、环境保护、就业等可持续发展目标之间的联动，推动社会经济环境多部门协同发展。

8. 绿色制造体系建设推进工业领域碳达峰

近年来，工业和信息化部积极推进绿色制造体系建设，共发布了五批绿色制造名单，推动绿色产品、绿色工厂、绿色园区和绿色供应链全面发展。围绕"碳达峰、碳中和"目标节点，应进一步健全工业绿色低碳发展长效机制，通过全面构建绿色制造体系，助力工业领域碳达峰。

绿色制造体系建设主要包括绿色工厂、绿色产品、绿色园区、绿色供应链，以及绿色制造标准体系、绿色制造评价机制和绿色制造服务平台等。其中，绿色工厂、绿色产品、绿色园区、绿色供应链是绿色制造体系建设的主要内容，是推动制造业绿色低碳转型升级的领军力量。"十三五"期间，工业和信息化部共发布了五批绿色制造体系名单，已创建 2121 家绿色工厂、171 家绿色工业园区、189 家绿色供应链管理企业；发布了 2170 种绿色设计产品，覆盖主要工业行业。可以说，绿色制造理念逐步在全国范围推广和普及，绿色制造体系建设成效显著。

（1）绿色工厂

绿色工厂是制造业的生产单元，是绿色制造的实施主体，属于绿色制造体系的核心支撑单元，侧重于生产过程的绿色化。绿色工厂要具备用地集约化、生产洁净化、废物资源化、能源低碳化等特点。通过采用绿色建筑技术建设改造厂房，预留可再生能源应用场所和设计负荷，合理布局厂区内能量流、物质流路径，推广绿色设计和绿色采购，开发生产绿色产品，采用先进适用的清洁生产工艺技术和高效末端治理装备，淘汰落后设备，建立资源回收循环利用机制，推动用能结构优化，实现工厂的绿色发展。

截至 2020 年底，工业和信息化部已发布五批共 2121 家绿色工厂，覆盖电子、纺织、钢铁、石化、化工、机械、建材、汽车、轻工、食品、有色、造纸、制药等行业。从区域分布来看，全国 31 个省（区、市）都广泛参与并积极推进绿色工厂的创建工作。其中，广东、山东、江苏和浙江等沿海工业经济发达省份绿色制造的先进水平凸显，绿色工厂数量均超过 150 家，四省之和达到 725 家，占比超过 34.2%。河南、安徽、河北、福建、湖南、四川、北京、新疆等紧随其后，绿色工厂数量均超过 60 家。绿色制造理念在全国各地得到共识和肯定，逐渐成为各行业企业发展战略的重要组成部分。

（2）绿色设计产品

绿色设计产品是以绿色制造实现供给侧结构性改革的最终体现，侧重于产品全生命周期的绿色化。按照全生命周期的理念，在产品设计开发阶段系统考虑原材料选用、生产、销售、使用、回收、处理等各个环节对资源环境造成的影响，实现产品对能源资源消耗最低化、生态环境影响最小化、可再生率最大化。选择量大面广、与消费者紧密相关、条件成熟的产品，应用产品轻量化、模块化、集成化、智能化等绿色设计共性技术，采用高性能、轻量化、绿色环保的新材料，开发具有无害化、节能、环保、高可靠性、长寿命和易回收等特性的绿色产品。

截至 2020 年底，工业和信息化部已发布五批绿色设计产品名单，涉及 112 类 2170 种产品，其中生活消费品约占 65%，工业品约占 35%。家用电冰箱、家用洗涤剂、复合肥料、水性建筑涂料、房间空气调节器等五类产品总量共 795 种，占比超过 36%。从区域分布上看，广东、安徽、山东、浙江四省份的绿色设计产品合计达到 1341 种，占比超过 60%。

（3）绿色工业园区

绿色工业园区是突出绿色理念和要求的生产企业和基础设施集聚的平台，侧重于园区内工厂之间的统筹管理和协同链接。绿色工业园区要在园区规划、空间布局、产业链设计、能源利用、资源利用、基础设施、生态环境、运行管理等方面贯彻资源节约和环境友好理念，实现园区布局集聚化、结构绿色化、链接生态化。推动园区内企业开发绿色产品、主导产业创建绿色工厂，龙头企业建设绿色供应链，实现园区整体的绿色发展。

截至 2020 年底，工业和信息化部公布了五批共 171 家绿色工业园区。在区域分布上看，东、中、西部地区分别有 61 家、43 家和 63 家，东北地区仅有 4 家。江苏、浙江、安徽、江西、河南五省份绿色园区数量均在 10 家以上，约占全国总量的 1/3。

（4）绿色供应链管理企业

绿色供应链是绿色制造理论与供应链管理技术结合的产物，侧重于供应链节点上企业的协调与协作。打造绿色供应链，企业要建立以资源节约、环境友好为导向的采购、生产、营销、回收及物流体系，推动上下游企业共同提升资源利用效率，改善环境绩效，达到资源利用高效化、环境影响最小化以及链上企业绿色化的目标。发挥核心龙头企业的引领带动作用，确立企业可持续的绿色供应链管理战略，加强供应链上下游企业间的协调与协作，实施绿色伙伴式供应商管理，强化绿色生产，建设绿色回收体系，搭建供应链绿色信息管理平台，带动上下游企业实现绿色发展。

截至 2020 年底，工业和信息化部公布了五批共 189 家绿色供应链管理企业。其中，广东和浙江两省拥有绿色供应链管理示范企业数量最多，合计达 55 家，占全国总量的比重接近 30%。

（5）绿色制造服务

为增强工业节能与绿色发展服务能力，促进企业节能减排、降本增效，加快推动工业绿色高质量发展，"十三五"期间，工业和信息化部发布了两批共 110 家工业节能与绿色发展评价中心，涵盖钢铁、机械、建材、轻工、化工等 17 个领域。同时，为进一步加强节能管理，深挖企业节能潜力，工业和信息化部制定并发布了《工业节能诊断服务行动计划》，2020 年首批确定了 483 家节能诊断服务机构为全国 7486 家企业提供工业节能诊断服务。结合地区及行业发展特点，绿色制造相关服务机构积极开展标准制修订、节能诊断、技术推广、能源审计、绿色制造体系第三方评价等一系列工作，持续提升各行业、各领域工业节能与绿色发展服务能力，为工业绿色发展提供有效支撑。

9. 全球碳排放峰值和碳中和资金问题

1）国际能源署（IEA）：全球碳排放峰值仍未到来，反映资金的短缺

国际能源署（IEA）发布最新报告称，全球碳排放量继 2020 年春季因新冠肺炎疫情突现暴跌之后，已出现强劲反弹迹象。按照各国疫后的复苏情况，预计到 2023 年将创下历史新高。而最令人担忧的是，尽管如此，仍然未有碳排放峰值即将到来的迹象。

电力需求猛增是导致碳排放量增加的一大原因。报告数据显示，2020 年，全球电力需求下降约 1%；预计 2022 年全球电力需求将增长 4%。尽管可再生能源发电量继续增加，但仍然赶不上电力需求增长的脚步。

另一方面，基于化石燃料的发电量仍然是满足电力需求的主力军，预计将满足 2022 年电力需求的 40%。全球范围内，燃煤发电量自 2020 年下降 4.6% 之后，2022 年将增长 4%，达到历史最高水平。

尽管全球多国和地区承诺加速绿色复苏，并强调利用疫后复苏资金支持低碳能源转型，以加速摆脱化石燃料，但此类支出远远无法限制气温上升至灾难性水平。IEA 指出，如果要实现《巴黎协定》控温 1.5 摄氏度的目标，到 2050 年，地球上人为产生的二氧化碳排放量必须降至零，但全球投向清洁能源和低碳技术的资金仍然有限，仅占所有投资的一小部分。而且，即便这些资金全都按时保质地实施，也很难让世界踏上 21 世纪中叶净零排放的道路。

据国际货币基金组织估计，要实现全球 2050 年净零排放的目标，至少需要投入 1 万亿美元。

IEA 对全球 50 多个国家的 800 多项政策措施进行分析估算出，截至 2021 年第二季度，各国总计 16 万亿美元的疫后经济复苏资金中，只有 3800 亿美元分配给了与能源相关的可持续和绿色复苏措施，占比仅 2.3%。

基于 IEA 的数据，发展慈善机构"泪水基金会"发现，七国集团分配了超过 1890 亿美元的疫后复苏资金来支持化石燃料，而投入支持清洁能源的资金只有 1470 亿美元。可持续发展咨询机构"生动经济学"则发现，在疫后重建资金中，只有大约 1/10，即约 1.8 万亿美元会对气候和环境产生有益影响，而 3.6 万亿美元的资金反而会给环境带来伤害和威胁。

IEA 在报告中指出，全球疫后经济重建计划中的"绿色分配"实在太低了，

2050 年净零目标正变得遥不可及。

联合国环境规划署指出，从现在起到 2050 年，全球对自然界的投资总额需达到 8.1 万亿美元，才能有效应对气候变化、生物多样性和土地退化这三大相互关联的环境危机。这意味着截至 2050 年，每年的年度投资额需达到 5360 亿美元，而目前，全球每年的相关投资额仅为 1330 亿美元。

据了解，疫后复苏计划在全球范围内筹集的公共和私人资金数额远低于实现气候目标所需的资金，资金缺口在新兴和发展中经济体内尤为凸显。其中，大部分新兴和发展中经济体面临着严重的融资挑战，业内普遍敦促发达国家尽快兑现对发展中经济体做出的气候融资承诺。

部分经济体新冠肺炎疫情反复，对排放量预期走势产生较大影响。另外，印度、印尼等亚洲国家，以及拉美多国在清洁能源投资方面持续落后，都将影响全球减碳目标的实现。

对此，IEA 敦促发达经济体尽快兑现承诺，即确保每年至少提供 1000 亿美元的气候资金支持发展中国家，以帮助他们减少碳排放、应对极端天气的影响。IEA 表示，预期中 90%的碳排放量增长将来自发展中国家，因为这些国家财政缺口较大且技术相对落后，使得清洁能源投资和部署过慢。

《金融时报》强调，1000 亿美元应该是一个下限，发展中国家的减排成本比工业化国家要低，因此，发达经济体无论是从经济还是道义的角度出发，都应为发展中国家提供更多气候融资。

2）促进中国碳达峰碳中和投融资的五个建议

根据清华大学发布的《中国中长期低碳发展战略与转型路径研究》，中国要在 2060 年实现碳中和目标，2020~2050 年能源系统需要新增投资约 138 万亿元。

鉴于资金需求巨大，有关专家认为，应促进财政和金融政策协同发力，引导构建多元化碳达峰碳中和投融资机制。对此，提出五项建议。

（1）鼓励各级政府设立碳达峰碳中和专项资金或引导基金

综合采用补贴、奖补、担保等方式，吸引社会资金投入。

当前，财政资金支持碳达峰碳中和主要体现在清洁能源与可再生能源开发利用、新能源汽车推广、散煤治理、森林草原碳汇等方面。通过设立碳达峰专项资金，加强碳达峰碳中和管理体制建设以及低碳技术示范和应用，以解决上述两个领域财政投入不足问题。

同时，鼓励各级政府设立政府引导型碳达峰碳中和基金，主要支持清洁能源开发、工业低碳化改造、节能建筑、绿色交通等项目，基金使用以低息贷款和股权投资为主，财政资金作为劣后级，基金收益让利于社会资本，促进资金循环滚动使用。各级财政资金还可以采取贴息、奖补、担保等方式，降低节能低碳项目和低碳化改造项目成本。财政资金使用应突出地区和行业差异，强化绩效导向。

（2）鼓励金融产品和服务创新，强化金融助力碳达峰碳中和

目前，我国绿色金融工具主要包括绿色信贷、绿色债券、绿色股票、绿色发展基金、绿色保险、碳金融等，其中碳金融产品和衍生工具主要包括碳远期、碳掉期、碳期权、碳租赁、碳债券、碳资产证券化和碳基金等。一方面，金融机构可以通过对贷款或投资项目的碳核算，对绿色低碳项目或降碳项目加强支持，对高碳项目提高融资利率或融资门槛，倒逼企业或项目低碳发展。另一方面，金融机构可以通过金融产品创新加大对降碳项目的融资支持，推广新能源贷款未来收益、合同能源管理服务收益权、环境权益抵质押融资，促进环境收益权切实成为合格融资抵押物。此外，金融机构可以通过加强金融服务模式创新促进降碳。

"十四五"期间，国家生态文明试验区、美丽中国创建示范区以及京津冀、长三角、粤港澳大湾区等区域有望率先提出并实现碳达峰。金融机构应创新针对这些重点地区的低碳金融服务，从绿色产业上下游供应链入手，提升产业园区和产业集群低碳化水平，引导资金流向降碳效果好的企业和项目，促进区域碳达峰目标实现。

（3）完善碳排放权交易制度，推动企业加大低碳投入

相对于行政手段，碳排放权交易具有全社会减排成本较低、能够为企业减排提供灵活选择等优势。我国已初步建立了碳排放交易市场，全国碳市场第一个履约周期已经启动。排放权交易制度应在下述几个方面进一步完善。

①加强碳排放初始配额分配管理，体现总量控制思路，对低碳技术水平较高地区和产能过剩重点行业，碳排放配额要更加从紧。

②完善碳排放定价。当前碳排放初始配额以免费使用为主，随着碳市场发展与成熟，应逐步转向初始配额有偿获取，超限额部分需通过市场交易有偿取得。

③以发电行业为试点，逐步将石化、化工、建材、钢铁、有色金属、造纸、民航等重点行业纳入全国碳市场交易体系。

④做好碳排放权交易宣传引导，及时总结碳排放交易市场发展情况，向公众发布碳排放交易市场建设发展公报，引导企业自觉落实减碳行动。

（4）研究征收碳税，与碳排放权交易形成互补，引导社会资金投入低碳领域

我国现有与环境保护相关税种包括资源税（能源矿产、水气矿产）、部分消费税（成品油、小汽车、摩托车、游艇）、车辆购置税、车船税、环境税等，其中部分税种与降碳相关，但对降碳成效有限。当前，我国以重化工为主的产业结构、以煤为主的能源结构、以公路货运为主的运输结构没有根本改变，2019 年我国煤炭消费量占全国能源消费总量的 57.7%，占比超过一半以上；天然气、水电、核电、风电等清洁能源消费量仅占能源消费总量的 23.4%。要实现碳达峰碳中和目标，通过征收碳税促进能源结构和产业结构调整非常有效，欧盟具有成功经验。

开征碳税可以与碳排放权交易相互补充。碳排放权交易主要对有实力的大中型企业降碳起作用，小微企业由于购买碳排放权对其生产成本影响大而难以参与到碳排放交易市场中，开征碳税可以覆盖小微企业群体，促进降碳成本内部化。

（5）鼓励模式创新，引导社会资本以多种方式参与碳达峰碳中和

①完善生态补偿制度，激励社会资本投资保护良好生态环境，促进碳汇增加。完善重点生态功能区等生态补偿机制，按照"谁受益、谁补偿，谁保护、谁受偿"原则，由各级政府或生态受益地区向生态保护地区购买生态产品，强化正向激励作用；完善林业生态补偿制度，建立以"降碳""储碳"生态服务功能为导向的生态补偿机制，促进碳汇增加。

②完善森林资源、草原资源等自然资源有偿使用机制，辅之以财政补贴、税收优惠等财税政策，引导生态产品价值转化，激励社会资本投资生态环境保护项目。

③创新投融资模式，鼓励具有资金实力、专业能力的社会资本以政府和社会资本合作（PPP）模式、股权投资等模式参与新能源基础设施建设等低碳项目。

3）启动全国碳排放权交易市场上线交易

2021年7月全国碳排放权交易市场上线交易正式启动。

建设全国碳排放权交易市场是利用市场机制控制和减少温室气体排放、推动绿色低碳发展的一项重大制度创新，是实现碳达峰碳中和的重要政策工具。

全国碳市场对中国碳达峰、碳中和的作用和意义非常重要。主要体现在：

①推动碳市场管控的高排放行业实现产业结构和能源消费的绿色低碳化，促进高排放行业率先达峰。

②为碳减排释放价格信号，并提供经济激励机制，将资金引导至减排潜力大的行业企业，推动绿色低碳技术创新，推动前沿技术创新突破和高排放行业的绿色低碳发展的转型。

③通过构建全国碳市场抵消机制，促进增加林业碳汇，促进可再生能源的发展，助力区域协调发展和生态保护补偿，倡导绿色低碳的生产和消费方式。

④依托全国碳市场，为行业、区域绿色低碳发展转型，实现碳达峰、碳中和提供投融资渠道。

国内外实践表明，碳市场是以较低成本实现特定减排目标的政策工具，与传统行政管理手段相比，既能够将温室气体控排责任压实到企业，又能够为碳减排提供相应的经济激励机制，降低全社会的减排成本，并且带动绿色技术创新和产业投资，为处理好经济发展和碳减排的关系提供了有效的工具。

有关专家进一步指出，中国碳市场启动上线交易，这是全球气候行动的重要一步。中国碳市场的启动将为全球合作应对气候变化增添新的动力和信心，也将为世界其他国家和地区提供借鉴。

10. 金融机构需将"双碳"目标嵌入业务全流程

"十四五"是实现碳达峰的关键期、窗口期。不论是转变发展方式，还是调整经济结构、产业结构、能源结构，都离不开金融的强有力支持。因此，金融部门要全力服务"碳达峰、碳中和"整体目标，完善清晰具体、可操作的政策措施，支持经济绿色低碳转型，主动防范气候变化带来的相关金融风险。

实际上，近年来我国的绿色金融发展力度已持续加大。统计数据显示，截至2021 年一季度末，全国本外币绿色贷款余额已达 13 万亿元，同比增长 24.6%，高于同期各项贷款增速 12.3%。绿色信贷的环境效益也在逐步显现。以 2020 年为例，绿色信贷每年可支持节约标准煤超过 3.2 亿吨，减排二氧化碳当量超过 7.3 亿吨。

仅压实银行业金融机构的责任还不够，金融助力"碳达峰、碳中和"还亟须顶层设计、统筹谋划。

其中，重要的着力点是做强绿色金融的"五大支柱"，即绿色金融标准体系、金融机构监管和信息披露要求、激励约束机制、绿色金融产品和市场体系、绿色金融国际合作。

目前，绿色债券的标准已得到统一。近期，央行已会同国家发展和改革委员会、证监会联合发布了《绿色债券支持项目目录（2021 年版）》，不再将煤炭等化石能源项目纳入支持范围。

同时，银行间市场已推出碳中和债务融资工具和碳中和金融债，重点支持符合绿色债券目录标准且碳减排效果显著的绿色低碳项目。截至 2021 年一季度末，银行间市场"碳中和债"已累计发行 656.2 亿元。

在监管和信息披露方面，央行正在计划分步推动建立"强制披露制度"，统一披露标准，推动金融机构和企业实现信息共享。

2021 年 7 月 7 日召开的国务院常务会议明确提出，设立支持碳减排货币政策工具，以稳步有序、精准直达方式，支持清洁能源、节能环保、碳减排技术的发展，并撬动更多社会资金促进碳减排。

9.5　院士的权威观点——碳中和的六大误区和五个现实路径

2021 年 7 月 15 日上午，刘科院士围绕"碳中和误区及其现实路径"做了演讲。

当前大众对碳中和的挑战及认知有一定局限，认为单一的技术路线或者技术突破能够解决碳中和问题，因此常存在几个误区：

第一个误区是认为风能和太阳能比火电都便宜，因此太阳能和风能完全可以取代火电实现碳中和。这句话只对了 1/5~1/6。因为一年有 8760 小时，而中国的太阳能每年发电小时数因地而异，在 1300~2000 小时之间不等，很少有超过 2000

小时的区域，平均在 1700 小时左右；也就是说太阳能大约在 1/5~1/6 的时间段比火电便宜；而在其他 4/5~5/6 的时间段，如果要储电，其成本会远远高于火电。风能每年发电的时间比太阳能略微长一点，是 2000 小时左右，但电是需要 24 小时供应的，不能说一个电厂一年只供一两千小时，因为我们不能说有太阳有风时用电，没太阳、没风时就停电。太阳能和风能是便宜，但它们最大的问题是非稳定供电。

不可否认，中国的风能和太阳能发展了将近四十年，取得非常大的成绩，但直到今天，风能、太阳能与煤电相比仍然是杯水车薪。以 2019 年为例，全国的风能和太阳能加起来发电总量相当于 1.92 亿吨标准煤的发电量，而中国年发电耗煤大约是 22 亿吨煤，相当于 18 亿~19 亿吨标准煤，也就是说，风能和太阳能只能占煤电的 10%左右。

而且，电网靠电池储电的概念非常危险。据估算，目前全世界 5 年的电池产能仅能满足东京全市停电 3 天的电能。如果说我们有 4/5 的时间或者 5/6 的时间要靠电池储电，这是不可想象的。况且，这个世界也没有那么多的钴和锂，没法让我们造那么多的电池。在这种情况下，弃光弃风的问题非常严重，因为电网只能容纳 15%的非稳定电源。风能、太阳能发出来的电，电网没法全部承受。如果继续增加风能、太阳能，同时大规模储能问题解决不了，只能废弃更多。

弃光弃风在中国有两方面的原因，一是技术因素，因为太阳能、风能是没办法预测的，电网小于 15%可以容纳，多于 15%就容纳不了，这是一个很大的技术难题，到现在还不好解决；二是机制因素，地方保护主义的存在，可能会让地方出于各种原因不用风电、光电、水电。机制因素在中央大力推动"碳中和"的背景下是可以解决的，但技术问题，不容易解决。

因此，太阳能和风能需要大力发展，但在储电成本仍然很高的当前，在可见的未来仍然无法全部取代化石能源发电。

第二个误区是人们以为有个魔术般的大规模储电技术，认为如果储能技术进步，风能和太阳能就能彻底取代火电。这个假设太大了，因为自铅酸电池发明至今一百多年来，人类花了数千亿美元的研发经费研究储能，可从铅酸电池的 90 千瓦时/立方米增加到今天特斯拉的 260 千瓦时/立方米，电池的能量密度并没有得到革命性的根本改变。要知道，汽油的能量密度是 8600 千瓦时/立方米。同时，迄今大规模吉瓦（十亿瓦特发电装机容量）级的储电最便宜的还是 100 多年前就被发明的抽水蓄能技术。

科学技术的突破不是没有可能，但是只有发现了才能知道发现了。今天无法预测明天的发现。在制定任何战略时，都千万不要假设未来这块有突破就可以做什么事。我们制定战略一定是以已有的、证明的、现实的技术路线为基础。

不同行业的进步不一样，计算机行业有摩尔定律，这么多年确实发展得很快，但是能源行业目前还没找到类似摩尔定律一样的规律，"碳中和"必须选择现实可行的路线来推进。

能源行业就是一个不断地砸钱但技术进步缓慢的行业。未来储能技术肯定会有新发明，我们鼓励储能技术的创新与发展，但是在制定战略目标时一定要谨慎，没发明时就不要先假设这个事情存在。

第三个误区，有些人认为我们可以把二氧化碳转化成各种各样的化学品，比如保鲜膜、化妆品等等。这些要能转化、能赚钱，可以去干，但是这些解决不了二氧化碳的问题。粗略估算，一个三口之家一年平均排放碳 22 吨，但什么产品一个家庭一年也消耗不了 20 多吨。

另一方面，全世界只有大约 13% 的石油就生产了我们所有的石化产品，剩下的大约 87% 的石油都是被烧掉的。如果把全世界的化学品都用二氧化碳来造，也只是解决 13% 的碳中和问题。所以说，从规模上二氧化碳制成化学品并不具备减碳价值。二氧化碳转化为其他化学品对减碳的贡献是相当有限的。

第四个误区，是说可以大量地捕集和利用二氧化碳。利用 CCUS 技术，把生产过程排放的二氧化碳进行捕获提纯，再投入到新的生产过程中进行循环再利用或封存。理论上能够实现二氧化碳的大规模捕集。现在大家说在电厂把二氧化碳分离，分离后打到地下可以做驱油和埋藏等其他的作用。但未来十年，中国整个二氧化碳驱油消耗量大概是 600 多万吨，我们一年的排放是 103 亿吨。而且驱油这个阶段是一部分二氧化碳进到地里，还有一部分会跟着油出来，它不是一个完全的埋藏。

碳中和不光是一个技术问题，更是经济和社会平衡发展的综合性问题。

第五个误区是认为通过提高能效可以显著降低工业流程、产品使用中的碳排放，就可以实现碳中和。能效永远要提高，提高能效也很对，也是世界上成本最低的减碳路线。但是我经常问一句话，加入 WTO 这二十年来，我们国家的能效提高了还是降低了？我们能效提高了很多，但是碳排放的总量是增加了还是减少了？增加得更多。2000 年中国的石油消耗超过 2 亿吨，2010 年大概是 4 亿吨，到 2021 年是 7.5 亿吨。

从能源的数据变化可以看到整个社会的变化。我们加入 WTO 之前有一个很重要的数字，中国的煤产量大概是 12 亿吨，基本上自产自销，出口有一点，但很少。结果到 2012 年短短 12 年的时间，从 12 亿吨飙升到 36 亿吨，这是一个天量，当然也伴随着碳排放。这该怎么解读？唯一的解读是加入 WTO，世界的市场向中国开放了。当然，这一期间我们大量的房地产建设也是一个因素。煤的耗量表示电的耗量，电的耗量表示工业化的程度。这期间能效肯定提高了很多，但是单凭能效也难以解决碳中和的问题。因此，提高能效是减碳的重要手段，但只要仍然在使用化石能源，提高能效对碳中和的贡献也是非常有限的，提高能效确实是成本最低的降低碳排放的方式，也是最应该优先做的，但是有一个现实的考量就是不能光靠能效提高就能够达到碳中和。

第六个误区是认为电动车可以降低碳排放。为什么我们要发展电动车？主要是因为中国的石油不够，我们石油73%靠进口；还有就是雾霾的问题。

我们石油不够，寄望于我们多余的发电能力，这样发展电动车是有好处的。因为电厂正常一年8760小时，但我们实际使用不到4000小时，这是资产的巨大浪费。而且毕竟电动车可以让局部的污染降下来，比如东部地区的用电很多是在西部新疆等地发的，污染在西部新疆等地排放，不在东部地区排放。但是，在全生命周期的碳排放分析看来，对全球气候变化并没有什么影响。

为什么靠电动车不能完全解决碳中和的问题？只有中国的能源结构彻底改变以后，电动车才能算得上清洁能源，也才有可能做到碳中和。如果能源结构不改变，电网67%的还是煤电，那电动车的盲目扩张是在增加碳排放，而不是减少碳排放，只有能源结构和电网里大部分是可再生能源构成时，电动车才能算得上清洁能源。

电动车这个概念并不新，1912年，纽约、伦敦、巴黎，还有洛杉矶的大街上，跑的电动车远远多于燃油车。

电动车和燃油车之争不是今天刚刚开始。1912年，以爱迪生为首的一批科学家，就觉得电动车可以统领世界。以福特为代表的汽车公司走的是燃油车路线。到了20世纪30年代以后电动车就几乎销声匿迹了，今天燃油车仍然占有绝对统治地位。

为什么一百年前电动车多于燃油车？因为铅酸电池早于内燃机发明二十多年。有了铅酸电池，再接一个发动机，就是今天高尔夫球场开的车，上面再加一个棚子就是汽车了。今天高尔夫球场开的车就是一百年前爱迪生开的车，所以电动车不是什么新技术，它这么多年来创新的核心在电池和电控系统。

那么，为什么前一百年电动车没有竞争过燃油车？

第一个原因，每种能源蕴含的能量密度大小，也就决定了汽车能跑的距离远近。100多年前就发明的铅酸电池的能量密度是90千瓦时/立方米，人类花了上千亿美元和100多年的探索，电池能量密度到现在特斯拉的电池、比亚迪的刀片电池，也就是260千瓦时/立方米。而汽油的能量密度是8600千瓦时/立方米，甲醇液体是4300千瓦时/立方米。

第二个原因，液体可能是最好的储能的载体。液体能源有个非常好的特点，陆上可以管路输送，海上可以非常便宜地跨海输送。而且可以长期储存，但电和气都不能长期储存。

第三个原因，内燃发动机是机械，造一台很贵，但当一条流水线造出100万台时，每台的成本会极大降低。然而电动车不同，每个电池都需要一定量的镍、钴、锂，车上还有铜等各种金属。产能扩张后每台成本会有所下降，但是下降不多，不像机械不锈钢，要多少，产多少，造得越多，成本越低，材料成本很少。电动车的材料成本占大头，加工成本并不是主流，虽然可以采用流水线，成本降低一点，但不能有根本的降低。

中国的电动车从 2016 年底的 51.7 万辆增加到 2018 年第一个季度的 79.4 万辆，增量为 28 万辆，相对于当时整个汽车市场一年 2900 万辆的产量来说是很少的，但同期追踪全世界钴的价格和锂的价格，分别翻了四倍和一倍。这种情况告诉我们，如果技术不突破，不把钴和锂的用量降下来，电动汽车造得越多材料越贵。当钴价格翻了四倍，锂价格翻了一倍时，全世界没有一家公司声称通过回收电池里的钴和锂能实现盈利，电池的回收技术还有待突破。

最近很多原材料涨价，一方面是因为量化宽松，另一方面就是这些金属的供需关系发生了变化。原来的供需关系是非常稳定的，因为工业上用到的钴、镍的量非常有限。现在突然来了这么多造车新势力，供需关系就变了。当供需关系变了以后价格绝对不会是按比例增长。

2018 年网上疯炒氢能，说电动车真正的未来是氢燃料电池汽车。氢能有它的好处，发电效率高，能降低对石油的依赖，排放的是水蒸气，而且大规模量产后成本能降低。尽管燃料电池也要用贵金属，但是它的贵金属回收技术相对来说比较成熟。并且这些年的研发使得贵金属用料量在降低，这都是它的优点。

我们的电池是梯级利用，现在的电动汽车用 5~7 年，把退役动力电池用作储能电源，比如放到 5G 基站底下作储能，可能还可以再延迟一二十年。但是储能电池是有寿命的，里边有很多对自然有害的化学物质，不可能无限期使用，一二十年后仍然需要回收。如果不回收，当几百万个甚至将来上千万个电池分布在中国大地，如果任其泄漏，那将是环境的灾难。

氢能一点也不新，早在阿波罗登月时就是带着液氢液氧上天，发的电供仪器用，产生的水宇航员喝。

燃料电池汽车，也就是我们说的氢能汽车，为什么没有产业化？最根本的原因是氢气不适合于作为大众共有的能源载体。很多人在这块有一个误区，甚至媒体渲染说"氢气是人类的终极能源"，这句话是不严谨的。氢气不是一次能源，是一种二次能源，或者更确切地说是能源的载体。这个世界没有氢矿，我们有煤田、油田、天然气田，但没有氢田。氢和电以及甲醇一样，是通过别的能源制造的，但是作为载体，氢不具备液体能源在能量密度、管道输送、长期储存方面的优势。

氢气不适合于作大众能源载体，主要的原因在于有几个方面人类没法改变。

第一，氢气是体积能量密度最小的物质，我们要求是越大越好。为了增加体积能量密度，只好增加压力。目前看到所有的氢燃料电池车里的储氢罐，都是 350

千克和 700 千克大气压。储氢罐若用不锈钢设计必须做得非常厚。

第二，氢气高压会有一个问题，氢气是元素周期表中最小的分子，最小的分子就意味着最容易泄漏，长期储存是问题。

第三，氢气在露天没有问题，但是，在封闭的空间里，氢气就会有巨大的问题。氢气是爆炸范围最宽的气体，可以为 4%~74%。小于 4% 是安全的，大于 74% 只着火不爆炸。但是在 4%~74% 这个很宽的范围内，遇火星就爆。

现在北上广深这些城市，尤其在深圳，大量的车是停到地下车库这一封闭空间里的。当大量氢能汽车进到地下车库，若有一辆车发生泄漏，就会产生巨大的危险。尽管这个是小概率事件，但是使用众多时，总有部件老化等问题发生，哪怕储氢罐是安全的，阀门、管路等也有一定小概率老化，或者开车不注意发生了撞击。一旦泄漏遇火星爆炸，引起其他车爆炸，一个大楼都有可能毁掉。所以在封闭的空间里，使用氢气要非常注意。

同样因为氢气的爆炸性，建设加氢站要特别小心，周围一定距离不能有居民。现在的北上广深到处都是加油站，到哪能找那么多地，重新建加氢站呢？

因为这些问题，尽管氢能现在很热，但是要谨慎。氢气的这些问题决定了它不适合作能源载体。

如果今后真正想实现碳中和，并且太阳能、风能可以卖碳税时，可以把风能、太阳能和煤结合制出比较便宜的甲醇，通过车载甲醇制氢并与燃料电池系统集成，这就比直接燃烧的发动机效率高。这条路线未来是有可能的。主要取决于各种政策的调整和碳税。如果碳税上去了，这条线路就有经济性。

1 升甲醇和水反应可以放出 143 克的氢。储氢要么压缩，要么冷凝。即使冷凝，1 升的液氢也就 72 克，而 1 升甲醇的产氢量是 1 升液氢的 2 倍。

为什么我提甲醇这条线路？甲醇可以用煤、天然气来制，未来可以用太阳能催化二氧化碳和水来制甲醇，就变成绿色的甲醇。中国科学院大连化学物理研究物所的李灿院士以及南方科技大学都在做绿色甲醇的研发，中国科学院在兰州已经建成了 1000 吨的论证示范工厂。现在中国甲醇产能全世界最高，大概 8000 多万吨。另外，页岩气革命让世界发现了 100 多年用不完的天然气。有 100 多年用不完的天然气，就有 100 多年用不完的甲醇。未来如果碳税真正上去了，我们也可以用风能和太阳能制氢，这样生产的甲醇就完全是绿色甲醇了。

但是这个世界不需要追求绝对的"零碳"。"碳中和"有一个概念，就是这个世界碳太多不好。但是追求零碳是不科学的，因为我们吃的食品、植物生长和光合作用都需要二氧化碳。如果把中国的经济从煤经济转到天然气经济或者是甲醇经济就可以减碳 67%，那么基本上就可以做到碳平衡了。因此中国讲的是"碳中和"，国外讲的是"净零排放"，也就是排放的同时也要有别的技术平衡排放。

从中国的天然禀赋来看，中国有很成熟的煤制甲醇技术，只是要产生很多的二氧化碳，因为要补氢。如果那部分的氢可以在西部用太阳能和风能制，这样煤转成甲醇就不用排放二氧化碳，再用甲醇作为能源的载体就可以减碳 67%，这可能是比较现实的一条碳中和路线。

这样风能、太阳能虽然贵一点，但煤很便宜，这两个一中和，成本就可控了。氢气和二氧化碳生产绿色甲醇目前还有一定的成本障碍，如今直接用现有的煤甚至劣质煤制甲醇就可以了。甲醇是一个载体，液体的载体比气和电载体科学多了。因为，电虽然好输送但是不好存储，氢既不好输送，也不好存储，只有液体比较方便。

电池对小型设备比如说手机非常重要，但是靠电池做大型的储能要非常谨慎。最近国家也非常注意，把梯级利用的大电站停下来了，因为安全性是一个问题。

电动车和燃料电池最大的问题在于基础设施的土地成本问题和冬天续航问题。现在，中国已建成的公共充电桩利用率平均只有 4% 左右，其中充电桩铺设最多的北京、上海，使用率仅为 1.8%、1.5%。电动车存在里程焦虑且冬天无法满足供暖。

如果风能、太阳能和煤炭结合转成甲醇，就可以用车上的甲醇和水制氢，用氢发电。这样根本不需要再建那么多充电站和加氢站，而且甲醇和水反应只需要 200 多摄氏度，它的余热就可以把电池维持在最佳的温度。

下面，我们可以谈碳中和的几个现实路径。

第一，通过现有煤化工与可再生能源结合实现低碳能源系统。一方面可以让现有的煤化工实现净零碳排放，另一方面是通过太阳能、风能、核能电解水制备绿氢和氧气，合成气不经水汽变换，大大降低煤制甲醇的二氧化碳排放。

第二，利用煤炭领域的碳中和技术——微矿分离技术。在煤燃烧前，把可燃物及含污染物的矿物质分离，制备低成本类液体燃料+土壤改良剂，源头解决煤污染、滥用化肥及土壤生态问题，同时低成本生产甲醇、氢气等高附加值化学品。

因为传统的煤炭使用方式燃烧二氧化碳排放产生的灰渣有 10% 的碳，不光是浪费能源而且变成了固体废物，整个内蒙古的电厂粉煤灰成灾。通过分离后，该做燃料就做燃料，该做土壤做土壤，分流以后，这边释放二氧化碳，更多的森林长起来把二氧化碳吸回来，这样做完全可以达到碳中和。

当清洁固体燃料 CSF 产量达到 25 万吨时，我们每年碳排放大约为 69.5 万吨，根据治理的面积大约可以吸回来 20.8 万吨，在施用土壤矿物改良剂 SRA 条件下，可以吸回来 48.7 万吨、61.9 万吨，甚至 74.9 万吨。

第三，实现光伏与农业的综合发展，将光伏与农业、畜牧业、水资源利用及沙漠治理并举，实现光伏和沙漠治理结合，及光伏和农业联合减碳。

第四，峰谷电与热储能综合利用。火电厂是半夜也不能停的。现在中国的火电厂在半夜 12 点到早上的 6 点这个区间，尽管还在排放大量二氧化碳，但发的电没人用，是浪费掉的。电不好储存，可以用热的形式储存下来，利用分布式储热模块，在谷电时段把电以热的形式储下来，再在需要时用于供热或空调，这样可以让 1/4 甚至是 1/3 时间的电不被浪费，可大大降低二氧化碳排放，实现真正的煤改电，再配合屋顶光伏战略及县域经济，进一步减少电能消耗。能量不仅仅是电能，国内储能领域对于储电关注较多，但实际上大多数的能量从消费端来看都是用在了热能领域，储热技术也是需要我们去关注和发展的。

第五，利用可再生能源制甲醇，然后做分布式的发电。可以使用甲醇氢能分布式能源替代一切使用柴油机的场景，与光伏、风能等不稳定可再生能源多能互补。

9.6 问题和前景

（1）实现碳达峰和碳中和是一个宏伟的目标,但是要对现有的经济结构,进行彻底的变革,任务极其繁重

到目前为止，CO_2 的海量积累，主要是发达国家造成的，与此同时，发展中国家，在发展的过程中，也排放了大量的 CO_2。要解决全球碳达峰和碳中和问题，需要大笔资金。表面上，发达国家承诺提供一定数量的资金，但是轮到真正拿出真金白银时，又打了折扣。发展中国家，倒是愿意早日实现碳达峰和碳中和目标，但是财政实力有限，加上当前新冠疫情仍然吃紧，应对疫情保障人民是当务之急，难以分配足量的资金来争取碳达峰和碳中和早日达标。

另外，对于发展中国家来说，很多仍然是以化石能源特别是以煤炭为主的能源结构，要进行较快的转型，困难是比较大的，因此，对在预定的时间节点上实现目标，希望留有更多的余地。

不过，也有令人鼓舞的消息。2019 年全球电力行业的二氧化碳排放下降 2%。

路透社援引独立气候智库 Ember 的研究显示，由于煤炭使用量减少，尤其是欧美等国家和地区，2019 年全球电力行业的二氧化碳排放减少了 2%，这是 1990 年以来的最大跌幅。

同时，2019 年全球燃煤发电量下降了 3%，也创下了 1990 年以来的最大降幅。在转型可再生能源的进程中，欧洲燃煤发电量下降 24%，美国则下降了 16%，但其最大原因是天然气更具竞争力。

作为全球最大的煤电国家，中国依然占全球燃煤发电量的一半左右，2019 年的煤炭发电量依然有所增长，但是其增幅有明显放缓的态势，这显示了中国在减少碳足迹方面的努力。

然而,为了使升温幅度保持在 1.5 摄氏度以内,煤炭的产量每年必须下降 11%。

2019 年，风能和太阳能发电量增加了 270 太瓦时，即增长了 15%。为了实现《巴黎协定》中的气候目标，每年都需要保持这一增长率。

（2）全国碳排放权交易市场上线，为碳达峰、碳中和提供投融资渠道

全国碳市场对中国碳达峰、碳中和的作用和意义非常重要。主要体现在：一是推动碳市场管控的高排放行业实现产业结构和能源消费的绿色低碳化，促进高排放行业率先达峰。二是为碳减排释放价格信号，并提供经济激励机制，将资金引导至减排潜力大的行业企业，推动绿色低碳技术创新，推动前沿技术创新突破和高排放行业的绿色低碳发展的转型。三是通过构建全国碳市场抵消机制，促进增加林业碳汇，促进可再生能源的发展，助力区域协调发展和生态保护补偿，倡导绿色低碳的生产和消费方式。四是依托全国碳市场，为行业、区域绿色低碳发展转型，实现碳达峰、碳中和提供投融资渠道。

国内外实践表明，碳市场是以较低成本实现特定减排目标的政策工具，与传统行政管理手段相比，既能够将温室气体控排责任压实到企业，又能够为碳减排提供相应的经济激励机制，降低全社会的减排成本，并且带动绿色技术创新和产业投资，为处理好经济发展和碳减排的关系提供了有效的工具。

中国碳市场启动上线交易，这是全球气候行动的重要一步。中国碳市场的启动将为全球合作应对气候变化增添新的动力和信心，也将为世界其他国家和地区提供借鉴。

9.7　公民的积极参与

应对全球气候变暖，不光是政府和企业的事，公民也必须积极参与。在日常生活中，努力做到：

1. 使用节能的电器、合理地使用电器

与高能耗的电器相比，能效高的节能电器仅使用二分之一到十分之一的电能即可达到同样的功能和效果。并且还有质量更高、使用寿命更长等优点。在选购电器时，可以参考能效标示：从 1 到 5，能效逐渐降低。选择能效标识 1 的节能产品，可以帮助我们省电又省钱。

（1）家庭采用节能灯照明

用高品质节能灯代替白炽灯，不仅减少耗电，还能提高照明效果。同样亮度的节能灯耗电量为白炽灯的 1/4；一盏节能灯一年能节省家庭电费支出 24 元，而且节能灯的寿命一般比白炽灯长 6~10 倍；使用节能灯，间接减少了因燃烧煤炭等化石能源发电排放的二氧化碳，有助于抗击全球变暖；使用节能灯，间接减少了因燃烧煤炭发电造成的空气污染和酸雨，为未来换得更多蓝天。以 11 瓦节能灯代替 60 瓦白炽灯、每天照明 4 小时计算，1 支节能灯 1 年可节电约 71.5 度，相应减排二氧化碳 68.6 千克。按照全国每年更换 1 亿支白炽灯的保守估计，可节电 71.5

亿度，减排二氧化碳 686 万吨。养成在家随手关灯的好习惯，每户每年可节电约 4.9 度，相应减排二氧化碳 4.7 千克。如果全国 3.9 亿户家都能做到，那么每年可节电约 19.6 亿度，减排二氧化碳 188 万吨。

（2）选用节能洗衣机

节能洗衣机比普通洗衣机节电 50%、节水 60%，每台节能洗衣机每年可节能约 3.7 千克标准煤，相应减排二氧化碳 9.4 千克。如果全国每年有 10% 的普通洗衣机更新为节能洗衣机，那么每年可节能约 7 万吨标准煤，减排二氧化碳 17.8 万吨。

（3）合理使用空调

夏季空调温度在国家提倡的基础上调高 1 摄氏度。空调是耗电量较大的电器，设定的温度越低，消耗能源越多。适当调高空调温度，并不影响舒适度，还可以节能减排。如果每台空调在国家提倡的 26 摄氏度基础上调高 1 摄氏度，每年可节电 22 度，相应减排二氧化碳 21 千克。如果对全国 1.5 亿台空调都采取这一措施，那么每年可节电约 33 亿度，减排二氧化碳 317 万吨。选用节能空调，一台节能空调比普通空调每小时少耗电 0.24 度，保守估计，每年可节电 24 度。出门提前几分钟关空调。空调房间的温度并不会因为空调关闭而马上升高。如果全国 1.5 亿台空调都能在出门前提前 3 分钟关空调那么每年可节电约 7.5 亿度，减排二氧化碳 72 万吨。

（4）尽量少用电梯

目前全国电梯年耗电量约 300 亿度。通过较低楼层改走楼梯、多台电梯在休息时间只部分开启等行动，大约可减少 10% 的电梯用电。这样一来，每台电梯每年可节电 5000 度，相应减排二氧化碳 4.8 吨。全国 60 万台左右的电梯采取此类措施每年可节电 30 亿度，相当于减排二氧化碳 288 万吨。

（5）使用冰箱注意节能

选用节能冰箱 1 台比普通冰箱每年可以省电约 100 度，相应减少二氧化碳排放 100 千克。合理使用冰箱，每天减少 3 分钟的冰箱开启时间，1 年可省下 30 度电。

（6）合理使用电脑、打印机

不用电脑时以待机代替屏幕保护，每台台式机每年可省电 6.3 度，相应减排二氧化碳 6 千克。用液晶电脑屏幕代替 CRT 屏幕，液晶屏幕与传统 CRT 屏幕相比，大约节能 50%。调低电脑屏幕亮度，每台台式机每年可省电约 30 度，相应减排二氧化碳 29 千克；每台笔记本电脑每年可省电约 15 度，相应减排二氧化碳 14.6 千克。如果对全国保有的约 7700 万台电脑屏幕都采取这一措施，那么每年可省电约 23 亿度，减排二氧化碳 220 万吨。

不使用打印机时将其断电，每台每年可省电 10 度，相应减排二氧化碳 9.6 千克。如果对全国保有的约 3000 万台打印机都采取这一措施，那么全国每年可节电约 3 亿度，减排二氧化碳 28.8 万吨。

（7）合理使用电视机

每天少开半小时电视，每天少开半小时，每台电视机每年可节电约 20 度，相应减排二氧化碳 19.2 千克。调低电视屏幕亮度，将电视屏幕设置为中等亮度，既能达到最舒适的视觉效果，还能省电，每台电视机每年的节电量约为 5.5 度，相应减排二氧化碳 5.3 千克。

适时将电器断电，及时拔下家用电器插头。电视机、洗衣机、微波炉、空调等家用电器，在待机状态下仍在耗电。如果全国 3.9 亿户家庭都在用电后拔下插头，每年可节电约 20.3 亿度，相应减排二氧化碳 197 万吨。

（8）尽量避免抽油烟机空转

在厨房做饭时，应合理安排抽油烟机的使用时间，以避免长时间空转而浪费电。如果每台抽油烟机每天减少空转 10 分钟，1 年可省电 12.2 度，相应减少二氧化碳排放 11.7 千克。

（9）微波炉代替煤气灶加热食物

微波炉比煤气灶的能源利用效率高。如果我国 5% 的烹饪工作用微波炉进行，那么与用煤气炉相比，每年可节能约 60 万吨标准煤，相应减排二氧化碳 154 万吨。

（10）选用节能电饭锅

对同等重量的食品进行加热，节能电饭锅要比普通电饭锅省电约 20%，每台每年省电约 9 度，相应减排二氧化碳 8.65 千克。如果全国每年有 10% 的城镇家庭更换电饭锅时选择节能电饭锅，那么可节电 0.9 亿度，减排二氧化碳 8.65 万吨。

（11）采用节能方式做饭

煮饭提前淘米，并浸泡 10 分钟，然后再用电饭锅煮，可大大缩短饭熟的时间，节电约 10%。每户每年可因此省电 4.5 度，相应减少二氧化碳排放 4.3 千克。如果全国 1.8 亿户城镇家庭都这么做，那么每年可省电 8 亿度，减排二氧化碳 78 万吨。

2. 在餐饮上杜绝浪费

（1）提倡营养简朴的饮食

如果全国平均每人每年减少粮食浪费 0.5 千克，每年可节能约 24.1 万吨标准煤，减排二氧化碳 61.2 万吨。每人每年少浪费 0.5 千克猪肉，可节能约 0.28 千克标准煤，相应减排二氧化碳 0.7 千克。如果全国平均每人每年减少猪肉浪费 0.5 千克，每年可节能约 35.3 万吨标准煤，减排二氧化碳 91.1 万吨。

（2）最好烟酒不沾

烟酒不沾，是最健康的生活方式。当然，逢年过节，喝一点低度酒，例如红酒、啤酒和果酒，分量适量，也未尝不可。吸烟是有百害而无一利，绝对有害健康，二手烟也会对他人的健康造成损害。绝不要为了交朋友、拉关系、应酬而开那个头。如果抽上了瘾，也要下决心戒，一时戒不了，也要减少吸烟。抽烟绝对不是文明的表现，在公共场合抽烟，更会受罚并受到他人的侧目。

吸烟不但有害健康，香烟生产还消耗能源。1 天少抽 1 支烟，每人每年可节能约 0.14 千克标准煤，相应减排二氧化碳 0.37 千克。如果全国 3.5 亿烟民都这么做，那么每年可节能约 5 万吨标准煤，减排二氧化碳 13 万吨。

3. 合理节约地使用木、纸制用品

合理使用纸张和木材，不但保护森林，增加二氧化碳吸收量，而且减少了纸张和木材加工、运输过程中的能源消耗。

（1）拒绝一次性筷子

现在很多餐厅和外卖，都使用一次性筷子，使用一次，也就随手扔了，很少有回收的，造成很大的浪费。有人笼统地提倡拒绝使用，这显然不容易做到，外卖、旅途、户外作业等场合，有时还是要使用一次性筷子的。但是，如果顾客认为自己没有需要，就不要塞上一双。韩国有一个很好的节约习惯值得学习，大小餐馆中使用不锈钢筷子，没有一双竹木筷子。我国的大小餐厅，也可以多使用不锈钢筷子，少用竹木筷子。

中国每年生产 800 亿双一次性筷子，首尾相接，可以从地球往返月球 21 次，可以铺满 363 个天安门广场，每年为生产一次性筷子减少森林蓄积 200 万立方米。如果全国减少 10%的一次性筷子使用量，那么每年可相当于减少二氧化碳排放约 10.3 万吨。每回收 3 双一次性筷子，就可以生产一张 A4 纸。

（2）重复使用教科书

如果全国每年有三分之一的教科书得到循环使用，那么可减少耗纸约 20 万吨，节能 26 万吨标准煤，减排二氧化碳 66 万吨。

（3）纸张双面打印、复印

纸张双面打印、复印，既可以减少费用，又可以节能减排。只要全国 10%的打印、复印做到这一点，那么每年可减少耗纸约 5.1 万吨，节能 6.4 万吨标准煤，相应减排二氧化碳 16.4 万吨。

（4）使用再生纸

使用感应节水用原木为原料生产 1 吨纸，比生产 1 吨再生纸多耗能 40%。使用 1 张再生纸可以节能约 1.8 克标准煤，相应减排二氧化碳 4.7 克。如果将全国 2%的纸张使用改为再生纸，那么每年可节能约 45.2 万吨标准煤，减排二氧化碳 116.4 万吨。

选择电子书刊，代替印刷书刊，用电子邮件代替纸质信函。用 1 封电子邮件代替 1 封纸质信函，可相应减排二氧化碳 52.6 克。如果全国三分之一的纸质信函

用电子邮件代替，那么每年可减少耗纸约 3.9 万吨，节能 5 万吨标准煤，减排二氧化碳 12.9 万吨。

用手帕代替纸巾，每人每年可减少耗纸约 0.17 千克，节能 0.2 吨标准煤，相应减排二氧化碳 0.57 千克。

（5）减少装修木材使用量

如果全国每年 2000 万户左右的家庭装修能做到少使用 0.1 立方米装修用的木材，那么可节能约 50 万吨标准煤，减排二氧化碳 129 万吨。

（6）积极参加植树活动

1 棵树 1 年可吸收二氧化碳 18.3 千克，相当于减少了等量二氧化碳的排放。如果全国 3.9 亿户家庭每年都栽种 1 棵树，那么每年可多吸收二氧化碳 734 万吨。

4. 采用绿色的出行方式

①尽量选择乘坐公共交通工具。在选购车辆时选择排量小的汽车。每月少开一天，每车每年可节油约 44 升，相应减排二氧化碳 98 千克。如果全国 1248 万辆私人轿车的车主都做到，每年可节油约 5.54 亿升，减排二氧化碳 122 万吨。

以节能方式，如骑自行车或步行出行 200 公里。骑自行车或步行代替驾车出行 100 公里，可以节油约 9 升；坐公交车代替自驾车出行 100 公里，可省油六分之五。按以上方式节能出行 200 公里，每人可以减少汽油消耗 16.7 升，相应减排二氧化碳 36.8 千克。如果全国 1248 万辆私人轿车的车主都这么做，那么每年可以节油 2.1 亿升，减排二氧化碳 46 万吨。

选购小排量汽车。汽车耗油量通常随排气量上升而增加。排气量为 1.3 升的车与 2.0 升的车相比，每年可节油 294 升，相应减排二氧化碳 647 千克。如果全国每年新售出的轿车（约 382.89 万辆）排气量平均降低 0.1 升，那么可节油 1.6 亿升，减排二氧化碳 35.4 万吨。

②淘汰汽油摩托车，广泛使用电动摩托车，具有很大的节能减排作用。

③广泛使用共享单车，可以解决短距离的交通问题，也具有很大的节能减排作用。是理想的绿色交通工具。

5. 节能减排，减缓气候变化，节约洗浴用水

洗澡时，合理用水。给电热水器包裹隔热材料。有些电热水器因缺少隔热层而造成电的浪费。如果家用电热水器的外表面温度很高，不妨自己动手"修理"一下——包裹上一层隔热材料。这样，每台电热水器每年可节电约 96 度，相应减少二氧化碳排放 92.5 千克。如果全国有 1000 万台热水器能进行这种改造，那么每年可节电约 9.6 亿度，减排二氧化碳 92.5 万吨。

淋浴代替盆浴并控制洗浴时间。盆浴是极其耗水的洗浴方式，如果用淋浴代

替，每人每次可节水 170 升，同时减少等量的污水排放，可节能 3.1 千克标准煤，相应减排二氧化碳 8.1 千克。如果全国 1000 万盆浴使用者能做到这一点，那么全国每年可节能约 574 万吨标准煤，减排二氧化碳 1475 万吨。

适当调低淋浴温度。适当将淋浴温度调低 1 摄氏度，每人每次淋浴可相应减排二氧化碳 35 克。如果全国 13 亿人有 20%这么做，每年可节能 64.4 万吨标准煤，减排二氧化碳 165 万吨。

洗澡用水及时关闭。洗澡时应该及时关闭来水开关，以减少不必要的浪费。这样，每人每次可相应减排二氧化碳 98 克。如全国有 3 亿人这么做，每年可节能 210 万吨标准煤，减排二氧化碳 536 万吨。

使用节水的水龙头。使用感应节水龙头可比手动水龙头节水 30%左右，每户每年可因此节能 9.6 千克标准煤，相应减排二氧化碳 24.8 千克。如果全国每年 200 万户家庭更换水龙头时都选用节水龙头，那么可节能 2 万吨标准煤，减排二氧化碳 5 万吨。

避免家庭用水跑、冒、滴、漏。一个没关紧的水龙头，在一个月内就能漏掉约 2 吨水，一年就漏掉 24 吨水，同时产生等量的污水排放。如果全国 3.9 亿户家庭用水时能杜绝这一现象，那么每年可节能 340 万吨标准煤，相应减排二氧化碳 868 万吨。

用盆接水洗菜。用盆接水洗菜代替直接冲洗，每户每年约可节水 1.64 吨，同时减少等量污水排放，相应减排二氧化碳 0.74 千克。如果全国 1.8 亿户城镇家庭都这么做，那么每年可节能 5.1 万吨标准煤，减少二氧化碳排放 13.4 万吨。

用太阳能烧水。太阳能热水器节能、环保，而且使用寿命长。1 平方米的太阳能热水器 1 年节能 120 千克标准煤，相应减少二氧化碳排放 308 千克。

9.8　学习感想和启示

（1）全球气候变暖，是一个无可怀疑的客观事实，这一事实的形成，主要是人类活动引起的，后果也十分严重，要解决这一问题，有赖于全世界所有国家，采取积极措施，坚持不懈地来对待，担当起应有的责任。

（2）全球所有国家秉持合作共赢的宗旨，千方百计按时按量实现碳达峰和碳中和的指标。必须有所作为，不能消极应付。有关专家结合实际的建言，语重心长，值得高度重视。

（3）实现能源绿色化，大力发展可再生能源，特别是太阳能、风能和水能，需要开发大型集中式太阳能设施，也要开发分布式太阳能光伏电站，既要开发大型风电场，也要开发遍布乡村的小型风电装置。开发核能、太阳能制氢等清洁能源，减少化石能源的三排，减少化石能源在整个能源中的比例。

（4）千方百计全方位，节约能源，杜绝浪费能源，提高能源利用率。

（5）修复自然生态，做好环境保护工作。

（6）践行绿色生活方式。广大群众对这一问题的认识和积极参与，不能把有助于解决全球气候变暖的事情，看成是一些鸡毛蒜皮的小事，需要提高认识，积极行动，集腋成裘。

第10章 绿色森林

10.1 概　　述

1. 森林

森林是以木本植物为主体的生物群落，是集中的乔木与其他植物、动物、微生物和土壤之间相互依存相互制约，并与环境相互影响，从而形成的一个生态系统的总体。它具有丰富的物种，复杂的结构，多种多样的功能。森林被誉为"地球之肺"。

俄国林学家 G.F.莫罗佐夫 1903 年提出森林是林木、伴生植物、动物及其与环境的综合体。森林群落学、植物学、植被学称之为森林植物群落，生态学称之为森林生态系统。在林业建设上森林是保护、发展，并可再生的一种自然资源，具有经济、生态和社会三大效益。

森林与所在空间的非生物环境有机地结合在一起，构成完整的生态系统。森林是地球上最大的陆地生态系统，是全球生物圈中重要的一环。它是地球上的基因库、碳储库、蓄水库和能源库，对维系整个地球的生态平衡起着至关重要的作用，是人类赖以生存和发展的资源和环境。

森林，是一个高密度树木的区域（或历史上，森林是一个为狩猎而留出的荒地），涵盖大约 9.5%的地球表面（或占 30%的总土地面积）。这些植物群落覆盖着全球大面积，并且对二氧化碳下降、动物群落、调节水文湍流和巩固土壤起着重要作用，是地球生物圈中最重要的生态环境之一。

2. 价值

1）社会价值

（1）森林与人类健康

绿色的环境能在一定程度上减少人体肾上腺素的分泌，降低人体交感神经的兴奋性。它不仅能使人平静、舒服，而且还使人体的皮肤温度降低 1~2 摄氏度，脉搏每分钟减少 4~8 次，能增强听觉和思维活动的灵敏性。森林中的植物，如杉、松、桉、杨、圆柏、橡树等能分泌出一种带有芳香味的单萜烯、倍半萜烯和双萜类气体"杀菌素",能杀死空气中的白喉、伤寒、结核、痢疾、霍乱等病菌。据调查,在干燥无林处,每立方米空气中,含有 400 万个病菌,而在林荫道处只含 60 万个,在森林中则只有几十个。

绿色植物的光合作用能吸收二氧化碳,释放氧气,还能吸收有害气体。据报道,0.4 公顷林带,一年中可吸收并同化 100000 千克的污染物。1 公顷柳杉林,每年可吸收 720 千克的二氧化硫。因此森林中的空气清新洁净。据日本科学家研究发现,森林和原野里有一种对人体健康极为有益的物质——负离子,它能促进人体新陈代谢,使呼吸平稳、血压下降、精神旺盛以及提高人体的免疫力。有人测定,在城市房子里每立方厘米只有四五十个负离子,林荫处则有一二百个,而在森林、山谷、草原等处则达到一万个以上。

(2)改善人类居住环境

树叶上面的绒毛、分泌的黏液和油脂等,对尘粒有很强的吸附和过滤作用。每公顷森林每年能吸附 50~80 吨粉尘,城市绿化地带空气的含尘量一般要比非绿化地带少一半以上。

林木能吸收噪声。一条 40 米宽的林带,可以降低噪声 10~15 分贝。

(3)提供资源

人类的祖先最初就是生活在森林里的。他们靠采集野果、捕捉鸟兽为食,用树叶、兽皮做衣,在树枝上架巢做屋。森林是人类的老家,人类是从这里起源和发展起来的。

直到如今,森林仍然为我们提供着生产和生活所必需的各种资源。估计世界上有 3 亿人以森林为家,靠森林谋生。

森林提供包括果子、种子、坚果、根茎、块茎、菌类等各种食物,泰国的某些林业地区,60%的粮食取自森林。森林灌木丛中的动物还给人们提供肉食和动物蛋白。

木材的用途很广,造房子,开矿山,修铁路,架桥梁,造纸,做家具……森林为数百万人提供了就业机会。其他的林产品也丰富多彩,松脂、烤胶、虫蜡、香料等都是轻工业的原料。

我国和印度使用药用植物已有 5000 年的历史,如今世界上大多数的药材仍旧依靠植物和森林取得。在发达国家,1/4 药品中的活性配料来自药用植物。

薪柴是一些发展中国家的主要燃料。世界上约有 20 亿人靠木柴和木炭做饭。像布隆迪、不丹等一些国家,90%以上的能源靠森林提供。

(4)提供栖息地

森林是多种动物的栖息地,也是多类植物的生长地,是地球生物繁衍最为活跃的区域,森林保护着生物多样性资源,是天然的物种库和基因库。

2）自然价值

森林是大自然的"调度师"，它调节着自然界中空气和水的循环，影响着气候的变化，保护着土壤不受风雨的侵犯，减轻环境污染给人们带来的危害。

森林是"地球之肺"，每一棵树都是一个氧气发生器和二氧化碳吸收器。一棵椴树一天能吸收 16 千克二氧化碳，150 公顷杨、柳、槐等阔叶林，一天可产生 100 吨氧气。城市居民如果平均每人占有 10 平方米树木或 25 平方米草地，他们呼出的二氧化碳就有了去处，所需要的氧气也有了来源，可释放出 49 千克氧气，足可供 65 个成年人呼吸用。

树木都有很强的吸收二氧化硫、氯气、氟化氢等有毒有害气体的能力。这些气体通过绿化林带，通常有 1/4 可以得到净化，或变成氧气。

森林能涵养水源，是一个巨大的"水库"，在水的自然循环中发挥重要的作用。"青山常在，碧水长流"，树总是与水联系在一起。降水的雨水，一部分被树冠截留，大部分落到树下的枯枝败叶和疏松多孔的林地土壤里被蓄留，有的被林中植物根系吸收，有的通过蒸发返回大气。1 公顷森林一年能蒸发 8000 吨水，使林区空气湿润，降水增加，冬暖夏凉，这样它又起到了调节气候的作用。树木的叶子就像一把大伞，可以不让雨水直接冲刷地面；树上的苔藓和树下的枯枝败叶，都可以吸收一部分水。

森林能防风固沙，制止水土流失。狂风吹来，它用树身树冠挡住去路，降低风速，树根又长又密，抓住土壤，不让大风吹走。大雨降落到森林里，渗入土壤深层和岩石缝隙，以地下水的形式缓缓流出，冲不走土壤。据非洲肯尼亚的记录，当年降雨量为 500 毫米时，农垦地的泥沙流失量是林区的 100 倍，放牧地的泥沙流失量是林区的 3000 倍。我们不是要制止沙漠化和水土流失吗？最有效的帮手就是森林。

此外森林还有调节小气候的作用，据测定，在高温夏季，林地内的温度较非林地要低 3~5 摄氏度。在严寒多风的冬季，森林能使风速降低而使温度提高，从而起到冬暖夏凉的作用。此外森林中植物的叶面有蒸腾水分作用，它可使周围空气湿度提高。

森林还是控制全球变暖的缓冲器。由于近期人类大量使用化石燃料和森林大面积减少，导致大气二氧化碳浓度迅速增大，产生了"温室效应"，使全球发生气候变暖的趋势。研究结果证明，在当前大气二氧化碳浓度增加的因素中，森林面积减少约占所有因素总和作用的 30%~50%。温室效应的后果是惊人的。一是会引起降雨格局的变化。二是会导致海平面上升。三是会导致陆地当前生长的许多植物群落因温度的变化而死亡。这样的变化又会进一步推动温度的上升，形成生态系统全球范围内的恶性循环。

如果没有森林，陆地上绝大多数的生物会灭绝，绝大多数的水会流入海洋；大气中氧气会减少、二氧化碳会增加；气温会显著升高，水旱灾害会经常发生。

森林尤其是原始森林被大面积砍伐，无疑会影响和破坏森林的生态功能，造成当地和相邻地区的生态失调、环境恶化，导致洪水频发、水土流失加剧、土地沙化、河道淤塞乃至全球温室效应增强等问题。

3. 利用和保护

森林资源是自然资源的重要组成部分。对森林资源的利用是随着人类社会生产力的发展而不断变化的。在农业社会，人类从森林樵采柴炭作为能源，采伐木材修建宫室、庙宇、房屋；在工业社会，人类从森林取得木材用作造纸、家具、车船和建筑材料。当代社会，人类利用森林资源不仅是取得林产品，更要发挥它的生态屏障作用，还要它提供人们休闲游憩的场所。但森林资源是有限的，不合理的滥伐森林会造成生态灾难。因此，处理好经济增长与环境保护间的矛盾，建立森林保护体系，是保证森林资源持续而高效利用的前提。首先，要根据森林资源的特点和地区经济发展的条件，制订森林资源开发利用规划，合理安排林业生产的结构与布局。其次是制定保护森林的法令，实行以法治林，严惩滥砍滥伐森林，限制采伐量和采伐方式。《中华人民共和国森林法》规定，林木采伐实行限额管理和采伐证制度，并提出加强森林资源保护管理，建立健全森林防火、防治病虫害和制止乱砍滥伐的"三防"体系。最后是建立自然保护区，保护森林动植物资源。

2017 年 3 月，国家林业局宣布，全国范围内已经实现了全面停止天然林商业性采伐。这是一项十分重大的举措。

4. 现存问题

（1）数量减少

世界森林资源的问题主要是资源量和质的下降。虽然 20 世纪 90 年代人工林面积年均增长 300 万公顷，但全球天然林仍每年损失 1303 万公顷。因此，从总体来说，全球森林仍以每年 0.3%的速度下降。主要原因是热带林地区的毁林开荒和过度采伐。另外，酸雨也造成大片森林衰退，使林地失去更新能力。

中国是森林资源贫乏的国家。中国土地面积约占世界土地总面积的 7%，而森林面积仅占世界的 4%左右，森林蓄积量还不足世界总量的 3%。人均森林面积仅相当世界人均水平的 1/5，人均森林蓄积量相当世界平均水平的 1/8。另外，森林资源分布不均，有明显地区差异，整个西部地区森林覆盖率只有 9.06%；资源结构不合理，用材林偏多，防护林偏少；人工林面积虽大但质量不高。中国森林资源的现状远不能满足国土生态防护和社会经济发展的需要。加强森林的保护，其效益远远高于植树造林。

（2）破坏后果

森林破坏给人们带来了严重的恶果。水土流失、风沙肆虐、气候失调、旱涝成灾，都与大规模的森林破坏有关。人们毁林开荒的目的是为了多得耕地、多产粮食，可是结果适得其反，农作物反而减产。人们滥伐森林的目的是为了多得木材，获取燃料，可结果也是事与愿违，木材越伐越少。

5. 功能

（1）生产功能

天然林是森林资源的主体和精华，是自然界中群落最稳定、生态功能最完备、生物多样性最丰富的陆地生态系统，是维护国土安全最重要的生态屏障。天然林是建设美丽中国的根基，保护好天然林是建设美丽中国的必然要求。天然林的资源在木材产品中居主体地位，支援了国家建设，创造了大量的财富，而且在非木质副产品生产中也创造了可观的价值。对国民经济的发展和人民生活水平的提高做出了巨大的贡献。

（2）生态服务功能

①固定二氧化碳，调节大气组成。森林每生产 1 克干物质需要吸收 1084 克二氧化碳。单位面积的森林体储存的碳是农田的 20~100 倍。

②改良土壤，提高土壤肥力。

③在抗性范围内通过呼吸、吸附和吸收等可以减少大气中的有害气体、灰尘、烟雾和酸雨。

④涵养水源，减少自然灾害。天然植被通过冠、凋落物和根系三个层次对降水再分配，并影响土壤结构，使林地的非毛管孔隙度和水分的下渗速度显著地大于荒地。降雨部分被林冠和地被物截留，更多的降水渗入土壤。使雨后林地表径流显著小于荒地，这就是天然林蓄水的主要原理。

⑤保持水土，保障农业生产。中国天然林主要分布在大江大河的源头和部分农业产区周围，对维持长江、黄河、黑龙江、松花江、珠江、钱塘江、渭河等流域的生态稳定性，保障农业持续的稳产高产都起着重要的作用。

⑥结构复杂，保证生物多样化。天然林结构复杂，蕴藏着极为丰富的生物多样性，是多种动植物生存和繁衍的栖息地，因此成为最丰富的生物和基因资源库。

6. 保护

中国全面停止天然林商业性采伐共分为三步实施，2015 年全面停止内蒙古、吉林等重点国有林区商业性采伐，2016 年全面停止非天然林资源保护工程区国有林场天然林商业性采伐，2017 年实现全面停止全国天然林商业性采伐。

2017 年中央一号文件继 2013 年、2015 年中央一号文件之后，又一次明确提出要加强国家储备林基地建设。中国《国家储备林建设规划》提出，将重点在东南沿海、长江中下游等七大区域，打造和培育 20 个国家储备林建设基地。力争到

2030 年，木材对外依存度在 30%以下。

10.2　天然林资源保护工程

1. 保护工程

　　天然林资源保护工程，简称天保工程。在我国，主要在长江上游、黄河上中游实施天然林资源保护工程，以及东北、内蒙古等重点国有林区实施天然林资源保护工程。

　　1998 年洪涝灾害后，针对长期以来我国天然林资源过度消耗而引起的生态环境恶化的现实，党中央、国务院从我国社会经济可持续发展的战略高度，做出了实施天然林资源保护工程的重大决策。该工程旨在通过天然林禁伐和大幅减少商品木材产量，有计划分流安置林区职工等措施，主要解决我国天然林的休养生息和恢复发展问题。

2. 实施范围

　　包括长江上游、黄河上中游地区和东北、内蒙古等重点国有林区的 17 个省（区、市）的 734 个县和 163 个森工局。长江流域以三峡库区为界的上游 6 个省市区，包括云南、四川、贵州、重庆、湖北、西藏。黄河流域以小浪底为界的 7 个省市区，包括陕西、甘肃、青海、宁夏、内蒙古、山西、河南。东北内蒙古等重点国有林区 5 个省区，包括内蒙古、吉林、黑龙江（含大兴安岭）、海南、新疆。天保工程区有林地面积 10.23 亿亩，其中天然林面积 8.46 亿亩，占全国天然林面积的 53%。

3. 实施成果

　　天保工程实施进展顺利。长江上游、黄河上中游 13 个省（区、市）已在 2000 年全面停止了天然林的商品性采伐；东北内蒙古等重点国有林区木材产量由 1997 年的 1854 万立方米按计划调减到 1213 万立方米；工程区内 14.13 亿亩森林得到了有效管护；累计完成公益林建设任务 1.75 亿亩，其中人工造林和飞播造林 6600 万亩，封山育林 1.09 亿亩；分流安置富余职工 67.5 万人（不含试点期间）。工程建设已取得了明显的阶段性成效，工程区发生了一系列深刻变化。

10.3　塞罕坝林场建成全球面积最大的人工林

　　北京向北 400 多公里，河北省最北端，一弯深深的绿色镶嵌于此，这里就是塞罕坝机械林场。在中国森林分布图上，相对于全国 2 亿多公顷的森林面积，这

112 万亩的人工林似乎有些微不足道。但在这里，三代人用了 55 年的时间，才将昔日飞鸟不栖、黄沙遮天的荒原，变成百万亩人工林海。如今，塞罕坝每年为京津冀地区涵养水源、净化水质 1.37 亿立方米，释放氧气 55 万吨，成为守卫京津冀的重要生态屏障。

五十五载寒来暑往，河北塞罕坝林场几代务林人，在极度恶劣的自然条件和工作生活环境下，营造出世界上面积最大的一片人工林。112 万亩林海，如果按一米的株距排开，可以绕地球赤道 12 圈。塞罕坝从黄沙漫漫、林木稀疏，变得绿树成荫、山清水秀。

五十五载斗转星移，塞罕坝人一棵接一棵地把林木立在贫瘠的土壤之中，牢牢地钉在大地之上。他们植绿荒原、久久为功，以艰苦奋斗的优良作风、科学求实的严谨态度、持之以恒的钉钉子精神，书写了这段绿色传奇。曾经一度"高、远、冷"的塞罕坝，如今变成了"绿、美、香"的"华北绿宝石"。

林场建立之初，打击接踵而至。

因缺乏在高寒、高海拔地区造林的经验，1962 年春天林场创业者们栽下 1000 亩树苗，到了秋天，成活率还不足 5%。

不气馁，接着干，1963 年春天又造林 1240 亩，可成活率仍不足 8%。

接踵而来的两次失败，如同两盆冰水，泼在了创业者的头上。刚刚上马的塞罕坝林场内一时间刮起了"下马风"，造林事业处在了生死存亡的关口。

从失败中吸取教训，他们很快发现了原因：外地苗木在调运途中容易失水、伤热捂苗，无法适应塞罕坝风大天干、异常寒冷的气候。

那就从零开始，自己育苗。经过艰苦探索，他们改进了传统的遮阴育苗法，在高原地区首次取得了全光育苗的成功，并摸索出培育"大胡子、矮胖子（根系发达、苗木敦实）"优质壮苗的技术要领，大大增加了育苗数量和产成苗数量，终于解决了大规模造林的苗木供应问题。

在植苗方面，塞罕坝人通过不断研究实践，攻克了大量技术难题，改进了苏联造林机械和植苗锹，创新了植苗方法。

在缺少设备、气候恶劣的条件下，全场团结一心植绿荒原，到 1976 年，累计造林 69 万亩。

然而，就在塞罕坝人准备大干一场之时，灾难降临到了这片饱经沧桑的土地上。

1977 年，林场遭遇历史罕见的"雨凇"灾害，57 万亩林地受灾，20 万亩树木一夜之间被压弯折断，林场 10 多年的劳动成果损失过半。1980 年，林场又遭遇了百年不遇的特大旱灾，连续 3 个月的干旱，导致 12.6 万亩树木旱死。

艰难困苦，玉汝于成。1962~1982 年的 20 年中，塞罕坝人在沙地荒原上造林 96 万亩，其中机械造林 10.5 万亩，人工造林 85.5 万亩，保存率达七成，创下当时全国同类地区保存率之最。

自 2011 年开始，塞罕坝林场在土壤贫瘠的石质山地和荒丘沙地上实施攻坚造林。整地、客土回填、容器苗造林、浇水、覆土防风、覆膜保水、架设围栏……截至目前，已完成攻坚造林 7 万余亩。

几代务林人的接力和传承，让绿色在塞罕坝生根蔓延，让荒漠再次成为美丽绿洲。

在生态恢复和保护上先行一步的塞罕坝人，持续造林、护林、营林，森林面积越来越大，森林质量越来越好，生态环境发生了天翻地覆的变化。

"为首都阻沙源、为京津涵水源、为河北增资源、为当地拓财源"，塞罕坝这颗"华北绿宝石"，发挥了巨大的生态效益、经济效益和社会效益。

保护生态环境，功在当代，利在千秋。未来，这片世界上面积最大的人工林，将为人们创造更多的生态福利、绿色福祉。

10.4　林下经济

1. 意义

林下经济，主要是指以林地资源和森林生态环境为依托，发展起来的林下种植业、养殖业、采集业和森林旅游业，既包括林下产业，也包括林中产业，还包括林上产业。

林下经济是在集体林权制度改革后，集体林地承包到户，农民充分利用林地，实现不砍树也能致富，科学经营林地，而在农业生产领域涌现的新生事物。它是充分利用林下土地资源和林荫优势从事林下种植、养殖等立体复合生产经营，从而使农林牧各业实现资源共享、优势互补、循环相生、协调发展的生态农业模式。

发展林下经济是巩固集体林权制度改革成果、促进绿色增长的迫切需要，是提高林地产出、增加农民收入的有效途径，已经取得明显成效。要认真总结经验，科学谋划，加强引导，积极扶持，进一步加快发展步伐，确保农民不砍树也能致富，实现生态受保护、农民得实惠的改革目标。

2. 我国林下经济的特点

林下经济投入少、见效快、易操作、潜力大。发展林下经济，对缩短林业经济周期，增加林业附加值，促进林业可持续发展，开辟农民增收渠道，发展循环经济，巩固生态建设成果，都具有重要意义。可以这么说，发展林下经济让大地增绿、农民增收、企业增效、财政增源。十年树木是林业生产的基本特征。相对漫长的林木生产周期，对林业发展以及对林改后农民发家致富是一个重要的制约因素。只有让林地早点下"金蛋",才能更好地促进林业生态建设及产业发展,才能更好地以良好的经济效益巩固林改成果,在兴林中富民,在富民中兴林。

3. 具体操作

发展林下经济是个系统工程,林草、林药、林牧、林禽……形式多样、内容复杂,最重要的是科学选择具体操作的突破口。

（1）加强部门沟通与合作,注重规划引导

没有合作,单凭林业一家之力,要说发展好林下经济,只能是纸上谈兵;没有规划,要发展林下经济,也只能是瞎子摸象。因此,必须将发展林下经济与林业产业化建设、农业产业结构调整、推进循环经济、扶贫开发和社会主义新农村建设等内容融合在一起。

（2）创新发展模式,提高经济效益

①发展种植业。用丰富的林下资源因地制宜开发林果、林草、林花、林菜、林菌、林药等模式。比如说林花模式。人们生活水平提高了,大家不仅仅满足于吃,还在追求高品质的生活,对环境的要求越来越高。花卉、园艺、苗木就派上用场了,而且卖价好。在林下种植耐阴性的花卉和观赏植物,发展前景很广阔。

②大力发展林下养殖。充分利用林下空间发展立体养殖,大力发展林禽、林畜、林蜂等模式。

③大力发展森林旅游。充分发挥山清水秀、空气清新、生态良好的优势,合理利用森林景观、自然环境和林下产品资源,发展旅游观光、休闲度假、康复疗养等产业,大力发展森林旅游。

④大力发展林下产品经营加工,拉长林下经济产业链,发挥集群作用,提高经济效益。

（3）拓宽融资渠道,加大资金投入

规范森林资源资产评估,建立林权交易中心和林产品专业市场,大力开展林权抵押贷款,推进森林保险,拓宽融资渠道,支持林下经济发展。按照性质不变、渠道多样、捆绑使用的原则,发展林下经济与农业综合开发、经济结构调整、畜牧养殖、扶贫开发、科技推广等项目,在资金使用上完全可以有机结合起来。

（4）加强技术服务,提高产品质量

积极搭建企业、农民与高校、科研院所、技术推广单位之间的合作平台;积极引进和推广适宜林间种植、养殖的新品种、新技术,加快科技成果转化步伐,建立林下产品产前、产中、产后的技术服务体系。严格实行标准化生产,确保林下经济产品质量。

（5）建立销售网络，培育龙头企业

集中力量，引进和培育有实力、讲诚信、影响力大、辐射力强的企业，并通过龙头企业辐射带动，采取"龙头企业+基地+大户+农户"等模式，引导农户组建林业专业合作社组织，建立市场销售网络。抓紧建设一批连片规模 1000 亩以上的林下经济示范基地。

林下经济生产相对分散、利益主体较多，积极组建各类专业合作社、行业协会、中介服务机构，加强社会化服务体系建设，提高经营者适应市场的能力，才能更快更好地提高林下经济产业化、组织化程度。

4. 关键举措

（1）因地制宜，科学规划

我国土地面积辽阔，自然条件迥异，资源禀赋不同，林产品市场需求也千变万化，发展林下经济必须因地制宜，科学规划。各级林业干部要深入基层，摸清林情，了解民意，在充分调查研究的基础上，根据当地自然条件、林地资源状况、经济发展水平、市场需求情况等，科学制定林下经济发展规划，并争取纳入当地经济社会发展总体规划。要结合实际，突出特色，科学确定发展林下经济的种类与规模，允许发展模式多样化，防止搞"一刀切"，避免盲目跟进、一哄而上。要坚持生态优先，科学利用并严格保护森林资源，确保产业发展与生态建设良性互动，绝不能因发展经济而牺牲生态。

（2）完善政策，积极扶持

各地要积极争取财政部门支持，设立林下经济发展专项资金，帮助农民解决水电路等基础设施落后问题。要大力培育主导产业和龙头企业，推进规模化、产业化、标准化经营。要通过财政投入、受益者和损坏者出资等方式，多渠道筹集生态公益林补偿资金，尽快提高补偿标准，调动农民管护生态公益林的积极性。要努力争取金融机构支持，充分发挥财政贴息政策的带动和引导作用，积极开办林权抵押贷款、农民小额信用贷款和农民联保贷款等业务，解决农民发展林下经济融资难的问题。要积极争取税务部门支持，比照农业生产者销售自产农产品，对林下经济产品免征增值税。有关林业发展资金和建设项目，要加大对林下经济的支持力度。

（3）强化服务，引导合作

各级林业部门要加强对林下经济工作的指导和服务，为农民提供全方位的科技服务与技术培训，帮助解决资金、技术、生产、销售等问题。要积极培育适宜林下种植、林下养殖的新品种和好品种，不断提高林产品产量和质量，为社会提供丰富的绿色健康的林产品。要重点研发林产品采集加工新技术、新工艺，延长林下经济产业链，提升产业素质和产品附加值，增加农民收入。要加强农民林业专业合作社建设，引导农民开展合作经营，提高林下经济的组织化水平、抗风险能力和市场竞争力。要建立信息发布平台，完善各种咨询渠道，及时提供政策法律、市场信息等咨询服务，为农民发展林下经济创造良好条件。

（4）树立典型，示范带动

各地要抓好试点示范，善于发现、认真总结、广泛宣传发展林下经济的先进典型，及时推广他们的好经验、好做法，充分发挥典型引路、示范带动的作用，推动林下经济全面发展。要通过新闻媒体、宣传手册、技术培训等多种形式，大力宣传发展林下经济的重大意义、政策措施和实用技术，做到政策深入人心，技术熟练掌握，信息及时了解，充分调动农民发展林下经济的积极性，形成全面推动林下经济发展的浓厚氛围。

5. 主要模式

（1）林禽模式

在速生林下种植牧草或保留自然生长的杂草，在周边地区围栏，养殖柴鸡、鹅等家禽，树木为家禽遮阴，是家禽的天然"氧吧"，通风降温，便于防疫，十分有利于家禽的生长，而放牧的家禽吃草吃虫不啃树皮，粪便肥林地，与林木形成良性生物循环链。在林地建立禽舍省时省料省遮阳网，投资少；远离村庄没有污染，环境好；禽粪给树施肥营养多；林地生产的禽产品市场好、价格高，属于绿色无公害禽产品。

（2）林畜模式

林地养畜有两种模式：一是放牧，即林间种植牧草可发展奶牛、肉用羊、肉兔等养殖业。速生杨树的叶子、种植的牧草及树下可食用的杂草都可用来饲喂牛、羊、兔等。林地养殖解决了农区养羊、养牛无运动场的矛盾，有利于家畜的生长、繁育；同时为畜群提供了优越的生活环境，有利于防疫。二是舍饲饲养家畜，例如林地养殖肉猪，由于林地有树冠遮阴，夏季温度比外界气温平均低 2~3 摄氏度，比普通封闭畜舍平均低 4~8 摄氏度，更适宜家畜的生长。

（3）林菜模式

林木与蔬菜间作种植，是一种经济效益较高的模式。林下可种植菠菜、辣椒、甘蓝、洋葱、大蒜等蔬菜，一般亩年收入可达 700~1200 元左右。

（4）林草模式

该模式特点是在退耕还林的速生林下种植牧草或保留自然生长的杂草，树木的生长对牧草的影响不大，饲草收割后，饲喂畜禽。一般说来，1 亩林地能够收获牧草 600 千克，可得 300 元左右的经济收入。

（5）林菌模式

在速生林下间作种植食用菌，是解决大面积闲置林下土地的最有效手段。食用菌生性喜荫，林地内通风、凉爽，为食用菌生长提供了适宜的环境条件，可降低生产成本，简化栽培程序，提高产量，为食用菌产业的发展提供了广阔的生产空间，而食用菌采摘后的废料又是树木生长的有机肥料，一举两得。

（6）林药模式

林间空地适合间种金银花、白芍、板蓝根等药材，对这些药材实行半野化栽培，管理起来相对简单。据调查，林下种植中药材每亩年收入可达 500~700 元。

（7）林油模式

林下种植大豆、花生等油料作物也是一个好路子。油料作物属于浅根作物，不与林木争肥争水，覆盖地表可防止水土流失，可改良土壤，秸秆还田又可增加土壤有机质含量。

发展油茶果和保护现有油茶果林，具有很大的经济意义。油茶树不受鸟兽啄食，同时，具有极好的抗病虫害能力，管理费用很低，油茶果具有很高的出油率。茶油的质量，可和橄榄油媲美。茶油的市场潜力很大，普通茶油，每斤 30~40 元。精炼茶油高达 100 元左右，而且一般超市都不容易买到。南方福建、江西、湖南、四川等很多省的丘陵地区，都可以种植。

（8）林粮模式

这种模式适用于 1~2 年树龄的速生林，此时树木小，遮光少，对农作物的影响小，林下可种棉花、小麦、绿豆、大豆、甘薯等农作物。

林下经济和脱贫项目密切相关，这方面的工作大有可为。

10.5 学习心得和启示

（1）评价一个国家或者地区的森林情况的主要指标，就是森林覆盖率，我国森林覆盖率从原来很低的数值提升到现在的近 23%，这是一个了不起的成就。而且实现了天然林全面停止商业采伐，严格保护起来，努力建造人工林，一起修复生态环境，应对全球气候变暖，实现对人类命运共同体的贡献。

（2）我们没有也不应当满足于已经取得的成绩，还必须更上一层楼，要在不久的将来，将森林覆盖率，提高到 30% 以上，到那时，绿水青山，就是金山银山，也就是天蓝、地绿和水洁的美好生态环境，必将对人类做出更大的贡献。

（3）天然林也好，人工林也好，都必须保护好，管理好，这样做的最终目的，就是要把它们利用好，发挥它们的生态效益、经济效益和社会效益。

（4）在当代，植树造林，保护森林，既要发扬愚公移山的坚韧精神，也必须与时俱进，充分利用现代科学技术（例如人造卫星、无人机、机械植树机等）和市场经济的潜在力量，加快植树造林和发展林下经济的速度，取得最大的回报和效益。

（5）植树造林，提高森林覆盖率，优化生态环境，来之不易，必须千方百计防止森林火灾，决不能让多年的艰苦努力毁于一旦。

第 11 章　垃圾分类处理

11.1　概　　述

1. 垃圾定义

普通废弃物垃圾主要包括：

（1）生活垃圾

①废纸。主要包括报纸、期刊、图书、画册、日历、各种包装纸、纸杯、传单、广告宣传品等。但是，不包括，纸巾、卫生纸等水溶性太强的物品。

②塑料。各种塑料袋、塑料泡沫、塑料包装、一次性塑料餐盒餐具、硬塑料、塑料牙刷、塑料杯子、矿泉水瓶等。

③玻璃。主要包括各种玻璃瓶、碎玻璃片、镜子、暖瓶等。

④金属物。主要包括自行车、摩托车、电动车、购物车、锅碗瓢勺、刀叉、饭盒、口杯、易拉罐、烧烤架、罐头盒、牙膏皮等。

⑤布料。主要包括废弃衣服、桌布、窗帘、洗脸巾、书包、鞋等。

⑥家用电器。电热水壶、电烤箱、微波炉、空调机，抽油烟机，电热水器、太阳能加热器、绞肉器，电视机、录像机、照相机、录音机、收音机、固定电话、手机、计算机、扫描机、打印机，照明灯具、电扇、保险箱、手电筒、电动工具、高压锅、电动榨汁机等。

⑦旧家具。橱柜、桌椅、沙发、板凳、床架、玻璃台板、相框、装饰品等。

（2）工厂企业垃圾

①矿山垃圾。废石（包括煤矸石）和尾矿。两者均以其量大、处理比较复杂而成为环境保护的难题之一。

②燃煤电厂或其他燃煤设施垃圾。炉渣、煤灰、烟尘。

③冶炼企业垃圾。炼铁炉中产生的高炉渣、钢渣，有色金属冶炼产生的各种有色金属渣，如铜渣、铅渣、锌渣、镍渣，铝土矿提炼氧化铝排出的赤泥以及轧钢过程产生的少量氧化铁渣、烟尘、废水、废液等。

④轻工企业垃圾。污水、废酸液、废碱液、碎皮等。

⑤屠宰场垃圾。角蹄、羽毛、血粉原料等。

（3）农业垃圾

废弃农膜、农药容器、秸秆稻草、养殖场废弃物、人畜粪便、病死或因疫致死的畜禽尸体等。

陈腐垃圾、厨余垃圾、菜市场垃圾、园林绿化垃圾，农业废弃物、秸秆稻草、养殖场废弃物、动物尸体、人畜粪便、建筑装修垃圾、工矿废渣、屠宰场废弃物、污泥、工业污泥、食品行业废弃物、中药行业废弃物、造纸垃圾、工业垃圾等。总之，城市、农村、小区、景区、机关、学校、工矿企业，水陆交通网络，三产服务企业、部队所产生所有普通废弃物，都是普通废弃物垃圾，都是我们能够处理的。此外，还有有毒垃圾和医疗垃圾，也需要处理。

2. 全国每年各种垃圾的产生量

（1）生活垃圾

按照理论计算，城市人均 1.2 千克，农村人均 0.8 千克，为了方便计算，一般按人均 1 千克计算。

全国约 14 亿人口，每天的生活垃圾产生量约为 14 亿千克，140 万吨，每年生活垃圾产生量约为 5 亿吨，保底最少也是 4 亿吨以上。

目前，我国存量生活垃圾 80 亿吨。

（2）建筑垃圾

2019 年权威统计数据，年产生量为 30 亿吨。

（3）餐厨垃圾

人均每天 0.1 千克，全国每天约产生 1.4 亿千克，约每天 14 万吨，年产生量约为 5000 多万吨。

（4）人、畜粪尿

人约 2 千克、牛约 30 千克、猪约 4 千克、羊约 3 千克、鸡鸭鹅约 0.2 千克。

计算方法，当地服务范围内人口数量、禽畜存栏数量分别乘以以上系数，即为当天产生量，乘以天数，即为年产生量。

2019 年，全国年产生量为 100 亿吨。

（5）动物尸体

鸡鸭鹅死亡率为 15%、猪羊死亡率为 5%、大型动物死亡率为 1%。

（6）农业废弃物

如秸秆、稻草、农膜、农药容器等。一般理论计算，每亩粮食产量乘以系数 1.2 即可，大约每亩地废弃物产生量为 1 吨。全国 18 亿亩耕地，年产农业废弃物大约为 20 亿吨。

3. 目前垃圾处理方法与垃圾处理量

生活垃圾主要以填埋、焚烧发电为主，建筑垃圾以填埋为主，其余垃圾以堆肥为主。

目前垃圾填埋占 75%。已建成焚烧发电厂约 400 多座，日处理量为 37 万吨，年处理量约 1 亿吨，占全国年垃圾产生量的 25% 左右。

其他垃圾无害化资源化处理率，最多不超过 20%。特别是建筑垃圾，几乎无处理。

11.2　我国生活垃圾的处理情况

1. 概述

生活垃圾是指日常生活提供服务的活动中产生的固体废物。在国家加大生活垃圾清运投入，政策推动垃圾处理的情况下，2019 年我国生活垃圾清运量 22.80 亿吨，厨余垃圾占比达 59.3%，塑料垃圾占比为 12.1%，纸类垃圾占比约 9%。以下是生活垃圾处理行业分析。

我国城镇化水平提高，城镇人口 10 年内增速达 40.43%，2000 年，我国总人口数为 12.67 亿人，其中城镇人口为 4.59 亿人，截至 2019 年末，我国总人口 13.95 亿，城镇人口 8.31 亿人，其中城镇人口占比为 59.60%，这给城镇生活环境带来了极大压力，尤其是城镇生活垃圾处理。

根据生活垃圾处理行业分析数据显示，2010 年以来，全国生活垃圾清运量总体呈现逐年增加的态势。到 2019 年，全国生活垃圾清运量达到了 22.80 亿吨。2010~2019 年，全国生活垃圾清运量年复合增速达到 4.69%；此外，2019 年，全国生活垃圾无害化处理已达到 97.7%，仍有待进一步提高。

2019 年，我国生活垃圾清运量 22.80 亿吨，同比增长 5.69%，预计在国家加大生活垃圾清运投入，政策推动垃圾处理的情况下，垃圾清运量将会继续保持较高增速。从数据上看，我国生活垃圾清运能力远远小于生活垃圾生产能力，生活垃圾得不到有效处理，就会对环境造成污染，加重环境治理负担。

2019 年，我国 214 个大、中城市生活垃圾产生量为 18850.5 万吨，处置量为 18684.4 万吨，处置率达 99.1%。从各城市生活垃圾产生量情况来看，产生量最大的是上海市，产生量为 8793.9 万吨，其次是北京、重庆、广州和深圳，产生量分别为 872.6 万吨、692.9 万吨、688.4 万吨和 572.3 万吨。前 10 位城市产生的城市垃圾生活总量为 5621.2 万吨，占全部信息发布城市产生量的 30%。

目前，我国生活垃圾处理方式有填埋、焚烧、堆肥等方式，根据住房和城乡建设部发布的《中国城市建设统计年鉴》中不同垃圾处理方式处理的生活垃圾量来看，填埋占据了我国生活垃圾处理的 64%；其次是焚烧处理，占 38%。截至 2019 年末，我国共有生活垃圾处理设施 943 座，其中填埋场 657 座。

生活垃圾具有产生量大、成分复杂，含有大量有机质，容易滋生大量细菌及散发恶臭等特点。生活垃圾处理行业分析指出，生活垃圾其主要组成成分包括煤灰、厨渣、果皮、塑料、落叶、织物、木材、玻璃、陶瓷、皮革和纸张以及少量的电池、药用包装材料铝箔、SP 复合膜/袋、橡胶等。

2019 年中旬，全国垃圾分类全面启动。2019 年 6 月，住房和城乡建设部等 9 部门在 46 个重点城市先行先试的基础上，印发了《关于在全国地级及以上城市全面开展生活垃圾分类工作的通知》（以下简称《通知》），决定自 2019 年起在全国地级及以上城市全面启动生活垃圾分类工作，意味着垃圾分类工作的全面展开。一方面会加快生活垃圾分类投放、分类收集、分类运输的设施系统，一方面会加快建立相匹配的分类处理系统，利好餐厨处理、垃圾焚烧发电以及资源回收等领域。《通知》要求到 2020 年，46 个重点城市基本建成生活垃圾分类处理系统，其他地级城市实现公共机构生活垃圾分类全覆盖，至少有 1 个街道基本建成生活垃圾分类示范片区。到 2022 年，各地级城市至少有 1 个区实现生活垃圾分类全覆盖，其他各区至少有 1 个街道基本建成生活垃圾分类示范片区。到 2025 年，全国地级及以上城市基本建成生活垃圾分类处理系统。

2. 垃圾处理

垃圾处理的最高原则，就是减量化、资源化和无害化。

1）减量化

现在生产和生活中产生的垃圾，种类多，数量大，处理垃圾的首要任务，就是要减少垃圾的数量。如何减低数量？

（1）从垃圾源头上减少开始

我们生活中有很多日常用品由于使用者的年龄变化、时尚的转变、工作地点的变迁，需要处理一些东西，这些物品虽然是废弃物，但还具有使用价值，有的可以直接使用，有的稍加修理，就可以变废为宝。这时候，有以下的处理方式：

①部分废弃物及早分流。二次装修和装修拆卸的门窗、旧家具、旧橱柜、旧家电、旧厨具、旧工具等，不要作为垃圾投弃，分流到二手用品处理站重新利用，或修理以后利用。

②捐献。我国目前有慈善机构设置的捐献箱，收纳各种衣物，包括衣服、鞋类、被褥、被单等等，这些物品会无偿发送给生活还需要纾困的群众。

在发达国家例如美国，类似的物品，都捐献给教会，就会把这些物品放在专门的废品店低价出售，或者在一定期限，免费发放给有需要的家庭。很多美国家庭，还会把二手家用电器，例如收音机、电视机、照相机、厨房用具等放在门口的垃圾桶旁边，供人拾取。

在德国，经常的做法是把这些物品，放在街头，有需要的家庭，可以免费拾取。

③废品店。我国城市开始有很多废品店，收购多种废弃物，例如报废金属制品、废报纸、杂志、书籍、塑料制品，但不包括衣物。但是现在废品店数量不断减少，原因很可能是店面有限，利润低，限制了营业数量。其实，最好是把这样的废品店还是在地价稍低的地区，或者郊区，扩大规模，不让那些报废机具，例如机床、工程机械、汽车等常年风吹日晒，生锈腐蚀。

④跳蚤市场。美国最著名的是旧金山跳蚤市场，人们把不再需用的物品拿到那里低价出售，物尽其用，也有一定收入，那里不但摆地摊买卖二手物品，而且也有固定摊位出售新的货品，生意都做得很大。我国有的城市也有跳蚤市场，但是还没有发展起来。

⑤家庭旧物出售。家庭旧物出售（yard sale，或 garage sale），是美国一种非常普遍的家庭废弃物处理方式。每到周末，社区住户都把家里不再需用的物品，摆在门前的院子里，或者车库出售，出售的物品种类很多，凡是家庭日用品，都包括在内。可说琳琅满目，应有尽有。办 Yard Sale 和逛 Yard Sale，可以说是居民一种乐趣，一种特色文化。这些出售的物品价格格外低廉，有时一件质量很好的衣服，只要价 25 美分，一双真皮皮鞋，只要价两三美元，一套 20 多本的百科全书，只要两美元。等于白送。这种 Yard Sale 在美国中西部最流行，有时要搬家的住户办 Moving Sale。

这种废弃物处理方式，算得上一种节约资源的方式，我们可以学习和借鉴这种精神，但是，不适合我国的具体条件，难以照搬。

（2）在工农业和服务业设计方案中就考虑垃圾减量因素

按照谁生产垃圾由谁处理的原则，在制定设计方案时，就确定下来，例如，对采矿业来说，生产的矸石、尾矿、废水，都要及时处理，不能等到采空以后，废弃物堆积如山，再来处理。破坏的地表和山林，都要回填复绿。

黑色金属和有色金属冶炼厂要把生产过程中产生的废弃物，包括炉渣、矿渣、废水、废气等及时处理，必须最大限度的不让这些废弃物进入垃圾名单。

燃煤电厂的烟尘和煤灰必须在发电过程中同时处理。烟囱不能冒黑烟，煤灰要制成轻质砖和用作其他的建筑材料。

化工企业产生的废弃物、废水、废气都要及时处理，烟囱不能冒黑烟，有毒气体不能外泄，废水必须处理好以后才能外流。

建筑业是我国的一项非常重要的企业，包括交通运输网络、城市各种各样的高楼大厦、办公楼、商住楼、体育场馆、影剧院、医院、各类学校、住宅小区、公园等等，同时也产生了大量的建筑垃圾，以往，大都是通过渣土车，把这些建筑垃圾运送到农村和生活垃圾混合填埋，或者单独填埋，既浪费资源，又污染环境。其实，建筑垃圾是一种资源，例如钢筋、金属门窗等。

农村的养殖业要将畜禽粪便及时处理，不能排放到外部再去处理。农业生产产生的秸秆，需要粉碎回田，或作青储饲料，生产沼气，不能抛弃在田野，或者付之一炬，污染环境。

总之，要彻底摈弃先发展后环保的陈腐观念。这方面我们已经有了足够的经验教训，深刻认识到发展是硬道理，但发展必须是科学发展，有利于生态环境的发展。

绿水青山，是蓝天、绿地和洁水的美好的生态环境，这样的生态环境，就是金山银山，在这样的生态环境里面，不管是发展何种产业，保障卫生生活环境，培育生态文明，都提供了最坚实的基础。

2）资源化

垃圾本身，具有两面性，不进行处理，就是污染环境的废物，进行科学处理，就是宝贵的资源。

3）垃圾无害化

（1）生活垃圾的无害化处理

①垃圾倾倒堆放的处理方式。简单地将污染物进行转移，露天集中堆放垃圾，对环境危害很大。垃圾的无害化处理是指通过物理、化学、生物以及热处理等方法处理垃圾，以达到不危害人体健康，不污染周围环境的目的。

②垃圾焚烧处理。焚烧垃圾时会产生一些有害气体、有机物和炉渣。如果将它们直接排放到环境中，同样会导致污染，因此，有必要将垃圾送入焚烧炉进行集中处理，有些生活垃圾含有机质较少，可将煤和垃圾按一定比例混合焚烧。

③在焚烧炉焚烧的基础上，利用产生的热量发电。垃圾焚烧发电技术不但解决了垃圾露天焚烧带来的环境污染，同时有效地利用了垃圾所含的能量，一举两得。

④垃圾卫生填埋。随着垃圾处理技术的不断发展和完善，城市垃圾正从堆放处理向填埋方式过渡，填埋技术也逐步趋于卫生、经济和高效。垃圾中含有的灰渣、砖瓦、陶瓷等物质以及垃圾处理后产生的各种残渣，必须通过填埋方式进行处理。

（2）医疗垃圾无害化处置

医疗垃圾是指医疗机构在医疗、预防、保健以及其他相关活动中产生的具有直接或间接感染性、毒性以及其他危害性的废物，具体包括感染性、病理性、损伤性、药物性、化学性废物。这些废物含有大量的细菌性病毒，而且有一定的空间污染、急性病毒传染和潜伏性传染的特征，如不加强管理、随意丢弃，任其混入生活垃圾、流散到人们生活环境中，就会污染大气、水源、土地以及动植物，造成疾病传播，严重危害人的身心健康。从医疗垃圾的构成上来看，部分医疗垃圾的材料本身具有很好的回收利用价值，如一次性塑料制品和纤维制品等，这些塑料制品在进行焚烧时会产生大量的二噁英，严重危害环境与人类的健康。因此，将医疗垃圾进行分类，将可回收利用的垃圾灭菌后重新加工利用，将其他可以燃烧的医疗垃圾进行焚烧，即能充分利用医疗垃圾的热能，又能实现医疗垃圾的减量化，做到了医疗垃圾的无害化处置。因此，对医疗垃圾进行高效焚烧，使废弃杂物无害化、减量化、资源化，成为环境污染治理中亟待解决的问题。

11.3 垃 圾 分 类

1. 意义

垃圾分类是对垃圾收集处置传统方式的改革，是对垃圾进行有效处置的一种科学管理方法。人们面对日益增长的垃圾产量和环境状况恶化的局面，如何通过垃圾分类管理，最大限度地实现垃圾资源利用，减少垃圾处置量，改善生存环境质量，是当前世界各国共同关注的迫切问题之一。

垃圾分类就是在源头将垃圾分类投放，并通过分类的清运和回收使之重新变成资源。

垃圾分类处理的优点如下：

（1）减少占地

目前我国的垃圾处理多采用卫生填埋甚至简易填埋的方式，数据显示，2011年我国城市生活垃圾清运量达 1.64 亿吨，同比增加 3.74%，无害化处理量 1.3 亿吨，有约 3330 万吨城市生活垃圾无法得到有益处理。到 2016 年我国城市生活垃圾清运量增加到 2.17 亿吨。目前，我国城市生活垃圾累积堆存量超过 65 亿吨，侵占约 35 亿平方米土地，等于 3500 平方千米，占用上万亩土地。生活垃圾中有些物质不易降解，使土地受到严重侵蚀。垃圾分类，去掉可以回收的、不易降解的物质，减少垃圾数量达 60%以上。

（2）减少污染

全国 660 多个城市中，已有 2/3 的大中城市被垃圾包围，有 1/4 的城市被迫将解决垃圾危机的途径延伸到乡村，导致垃圾二次污染，城乡结合区域的生态环境迅速恶化。虫蝇乱飞，污水四溢，臭气熏天，造成二次污染，严重污染环境。

废弃的电池含有金属汞、镉等有毒的物质，会对人类产生严重的危害；土壤中的废塑料会导致农作物减产；抛弃的废塑料被动物误食，导致动物死亡的事故时有发生。因此回收利用还可以减少危害。

（3）变废为宝

中国每年使用塑料快餐盒达 40 亿个，方便面碗 5 亿~7 亿个，一次性筷子数十亿双，这些占生活垃圾的 8%~15%。网购，已成为人们生活的一部分。与之相伴的是，快递垃圾数量剧增。统计数据显示，2015 年，全国快递业所使用的胶带总长度为 169.85 亿米，可以绕地球赤道 425 圈；2016 年，全国约产生 300 亿个快递包裹，随之产生的纸壳、胶带、塑料袋等垃圾的体量可想而知。据《2017 中国快递领域绿色包装发展现状及趋势报告》显示，2016 年，全国快递业塑料袋总使用量约 147 亿个，而国内三大外卖平台一年至少消耗 73 亿个塑料包装，加起来远超每年节约下来的塑料购物袋。除了外卖业，在快递行业，快递塑料袋的使用也十分频繁。另外，为了商品不被挤压碰撞，商家还会在商品外包裹几层打包气泡膜。而这些塑料制品在用户拆开快递的一瞬间就变成了"废物"。

1 吨废塑料可回炼 600 千克的柴油。回收 1500 吨废纸，可免于砍伐用于生产 1200 吨纸的林木。一吨易拉罐熔化后能结成一吨很好的铝块，可少采 20 吨铝矿。生活垃圾中有 30%~40%可以回收利用，应珍惜这个小本大利的资源。大家也可以利用易拉罐制作笔盒，既环保，又节约资源。

而且，垃圾中的其他物质也能转化为资源，如食品、草木和织物可以堆肥，生产有机肥料；垃圾焚烧可以发电、供热或制冷；砖瓦、灰土可以加工成建材等等。各种固体废弃物混合在一起是垃圾，分选开就是资源。如果能充分挖掘回收生活垃圾中蕴含的资源潜力，仅北京每年就可获得 11 亿元的经济效益。可见，消费环节产生的垃圾如果及时进行分类，回收再利用是解决垃圾问题的最好途径。

垃圾分类的好处是显而易见的。垃圾分类后被送到工厂而不是填埋场，既省下了土地，又避免了填埋或焚烧所产生的污染，还可以变废为宝。这场人与垃圾的战役中，人们把垃圾从敌人变成了朋友。

因此进行垃圾分类收集可以减少垃圾处理量和处理设备，降低处理成本，减少土地资源的消耗，具有社会、经济、生态三方面的效益。

2. 分类原则

（1）分而用之

分类的目的就是为了将废弃物分流处理，利用现有生产制造能力，回收利用回收品，包括物质利用和能量利用，填埋处置暂时无法利用的无用垃圾。

（2）因地制宜

各地、各区、各社（区）、各小区地理、经济发展水平、企业回收利用废弃物的能力、居民来源、生活习惯、经济与心理承担能力等各不相同。

（3）自觉自治

社区和居民，包括企事业单位，逐步养成"减量、循环、自觉、自治"的行为规范，创新垃圾分类处理模式，成为垃圾减量、分类、回收和利用的主力军。

（4）减排补贴超排惩罚

制定单位和居民垃圾排放量标准，低于这一排放量标准的给予补贴；超过这一排放量标准的则予以惩罚。减排越多补贴越多，超排越多惩罚越重，以此提高单位和居民实行源头减量和排放控制的积极性。

（5）捆绑服务注重绩效

在居民还没有自愿和自觉行动而居（村）委和政府的资源又不足时，推动分类排放需要物业管理公司和其他企业介入。但是，仅仅承接分类排放难以获利，企业不可能介入，而推行捆绑服务就能解决这个问题。将推动分类排放服务与垃圾收运、干湿垃圾处理业务捆绑，可促进垃圾分类资本化，保障企业合理盈利。

总之，垃圾分类是一项很有意义的事情，垃圾分类能有效节约原生资源，改善环境质量，带动绿色发展，引领绿色生活。

3. 分类方法

为了解决垃圾对生态环境的破坏作用，实现垃圾的减量化、资源化和无害化，分类的原则，不会有不同意见。垃圾的内容相当复杂，究竟分成多少类比较合适？

垃圾分类是对垃圾进行有效处置的一种科学管理方法。通过分类投放、分类收集，把有用物资，如纸张、塑料、橡胶、玻璃、瓶罐、金属以及废旧家用电器等从垃圾中分离出来单独投放，重新回收、利用、变废为宝。

依据《生活垃圾分类制度实施方案》，垃圾可分为三类。

第一类是有害垃圾，包括废电池（镉镍电池、氧化汞电池、铅蓄电池等），废荧光灯管（日光灯管、节能灯等），废温度计，废血压计，废药品及其包装物，废油漆、溶剂及其包装物，废杀虫剂、消毒剂及其包装物，废胶片及废相纸等。

对待这些垃圾，我们的处理过程一定要慎之又慎。比如废弃的荧光灯管灯泡投放时要打包固定，防止灯管灯泡破损以致有害的汞蒸气挥发到环境中。比如含有重金属等有害物质的二次电池（俗称充电电池，包括镍镉、镍氢、锂电池与铅酸蓄电池）、纽扣电池等就不得随意丢弃，要投放到有害垃圾桶中。

第二类是易腐垃圾，包括食堂、宾馆、饭店等产生的餐厨垃圾，农贸市场、农产品批发市场产生的蔬菜瓜果垃圾、腐肉、肉碎骨、蛋壳、畜禽产品内脏等。易腐垃圾水分多，易腐烂变质，散发臭气。既影响周边环境，也容易在垃圾收运过程中出现污水滴漏问题，所以易腐垃圾投放时要沥干水分，投放到专用的垃圾袋中，扎紧袋口。易腐垃圾桶应盖好盖，以免污染周围环境。

第三类是可回收垃圾，包括废纸、废塑料、废金属、废包装物、废旧纺织物、废弃电器电子产品、废玻璃、废纸塑铝复合包装等。

应当说，以上是一种比较粗略的分类，只是一种指导性的分类标志，各个省区在实际进行垃圾分类时，都根据各自的具体情况，进行了适当细化的垃圾分类，有相当的差异，并不断优化。大体上进行如下的分类：

（1）可回收垃圾

主要包括废纸、塑料、玻璃、金属和布料五大类。

这些垃圾通过综合处理回收利用，可以减少污染，节省资源。如每回收 1 吨废纸可造好纸 850 千克，节省木材 300 千克，比等量生产减少污染 74%；每回收 1 吨塑料饮料瓶可获得 0.7 吨二级原料；每回收 1 吨废钢铁可炼好钢 0.9 吨，比用矿石冶炼节约成本 47%，减少空气污染 75%，减少 97% 的水污染和固体废物。

（2）厨余垃圾

厨余垃圾包括剩菜剩饭、骨头、菜根菜叶、果皮等食品类废物。垃圾分类目录经生物技术就地处理堆肥，每吨可生产 0.6~0.7 吨有机肥料。

（3）其他垃圾

包括除上述几类垃圾之外的砖瓦陶瓷、渣土、卫生间废纸、纸巾等难以回收的废弃物及果壳、尘土。采取卫生填埋可有效减少对地下水、地表水、土壤及空气的污染。

事实上，大棒骨因为"难腐蚀"被列入"其他垃圾"。玉米核、坚果壳、果核、鸡骨等则是餐厨垃圾。

①卫生纸。厕纸、卫生纸遇水即溶，不算可回收的"纸张"，类似的还有陶器、烟盒等。

②餐厨垃圾装袋。常用的塑料袋，即使是可以降解的也远比餐厨垃圾更难腐蚀。此外塑料袋本身是可回收垃圾。正确做法应该是将餐厨垃圾倒入垃圾桶，塑料袋另扔进"可回收垃圾"桶。但由于这样可能污染垃圾桶，投放者也嫌麻烦，实际上难以做到。

在垃圾分类中，"果壳瓜皮"的标识就是花生壳，的确属于厨余垃圾。家里用剩的废弃食用油，也归类在"厨房垃圾"。

③尘土。在垃圾分类中，尘土属于"其他垃圾"，但残枝落叶属于"厨房垃圾"，包括家里开败的鲜花等。

（4）有毒有害垃圾

含有对人体健康有害的重金属、有毒的物质或者对环境造成现实危害或者潜在危害的废弃物。包括电池、荧光灯管、灯泡、水银温度计、油漆桶、部分家电、过期药品、过期化妆品等。这些垃圾一般使用单独回收或填埋处理。

由于各地区的经济水平不同，实际进行垃圾分类时，必须遵照当地发布的"垃圾分类指南"和相应的垃圾分类规章制度，要不就会产生违章，带来不必要的麻烦。

11.4　学习心得和启示

（1）随着经济的发展和人民生活水平的提高，当今产生的垃圾，种类繁多，数量巨大，为了优化生态环境，实现中国梦，垃圾分类处理是势在必行。

（2）垃圾具有两面性，一方面，它是一种固体废弃物；另一方面，如果处理好，就是一种资源。

（3）要把垃圾转化为有用的资源，必须进行合理的分类。做好合理的分类，除了立法、制订有关规章制度、专业标准等充分利用市场机制，合理可行的分类标准以外，最重要的是加强广大群众垃圾分类的宣传教育和参与，进行科技创新，提高分类的速度、质量和实效。

（4）垃圾分类和处理的最高原则，是减量化、资源化和无害化。这样减量化的目标，是经过处理以后，垃圾的容量变小；资源化的目标，是经过处理以后，所形成的产品，都可以派用场；无害化的目标，是整个分类、清运和处理的过程中，以及所形成的产品，都不产生污染。

（5）他山之石，可以攻玉，学习和借鉴国外垃圾分类处理的先进技术和成功经验，在学鉴的同时，锐意创新。

第12章 厕所革命

12.1 概 述

1. 新中国成立初期，全国上下建厕所、管粪便、除四害

20 世纪 80 年代，以筹备亚运会为契机，中国拉开厕所革命序幕。主要从卫生防病角度入手，以改变厕所"数量少、环境差"的现状为目的。

90 年代，在厕所质量上的要求不断提高，公厕的配套设施不断完善。

21 世纪，厕所的设计吸引了越来越多的关注。材料环保、节能节水的理念开始成为共识。厕所革命被各省市纳入旅游发展规划，成为提升城市形象的重要举措。

中国对农村地区家庭的"卫生"厕所标准是，要有墙壁、屋顶、门和窗，面积不得小于两平方米，可以是抽水厕所或旱厕，但须设有地下沼池。

在过去 10 多年间，中国为农村地区翻新或新建厕所投入了大笔资金。同意翻新或新建厕所的农民都能够得到资金，但是应该坦言，在一些贫困的乡村地区，说服部分民众掏点钱改变原来的如厕习惯，还是一件相当困难的事情。

2. 国内"厕所革命"情况

自 2015 年起，国家旅游局在全国范围内启动三年旅游厕所建设和管理行动后，虽然"厕所革命"取得明显成效，但是广大西部欠发达地区和农村的厕所设施还比较落后，问题比较突出。即使是农村采用水冲厕所，用清水冲走了污物，消除了臭气，但绝大部分污水未经净化处理直接排放，造成当地水体的污染，对自然生态的影响更为严重。目前我国关于卫生厕所主要存在以下几方面问题。

（1）发展不平衡

"厕所革命"成效显著，2017 年，公厕发展已有 150 多年历史的上海出台《公共厕所规划和设计标准》，不仅是要造一座供"方便"的简单厕所，而是要造具备满足更多需求的多功能厕所；不仅要满足人们的普遍需求，而且要满足人们的个性化需求。生态之厕、人文之厕、科技之厕将是这场"厕所革命"的美好前景。

但全国不同区域的"厕所革命"存在严重的发展不平衡问题，也面临诸多困难，如规划难、选址难、资金难、管理难等。根据世界厕所组织和联合国儿童基金会年度报告，尽管中国卫生厕所的提升达到了联合国设定的目标，但是仍然有24%的人口没有卫生厕所。目前我国农村厕所建设主要还是关注在厕所卫生上，还没有综合考虑厕所的环保和废物的资源化处理和利用等。"厕所革命"在科技层面涉及环境、卫生、设计、材料、机械、暖通等多个专业，要从国家层面进行顶层设计，针对发展不平衡的区域分别制定具体目标和行动计划。

（2）缺乏因地制宜的厕所建设与运行模式

厕所改造建设应结合实际，充分考虑人口、使用率、后期管理等因素，合理布局。中国幅员辽阔，人口众多，地理气候条件复杂，经济发展不平衡，生活习惯差异大，缺少全国范围内的就厕模式的研究，更缺少"因地制宜"的厕所建设与运行技术选择依据。比如有的农村本身地处景区，可以建设一定的公共厕所，为管理好公厕，把公厕管理纳入村庄环卫保洁系统；而有的地方地处偏僻，污水与自来水均不易辐射，则建议采用自带处理功能的"环保厕所"。由于我国厕所方面相关标准不够完善，最新出台的《城市公共厕所设计标准》（CJJ14—2016）和《旅游厕所质量等级的划分与评定》（GB/T18973—2016）都不涉及具体的"选用标准"，缺少全国对不同气候条件和生活习惯的相关厕所的标准、规范和指南，缺少适用技术支撑。

（3）重建设轻管理的现象还比较普遍

厕所是一个涉及多学科的工程，是一个国家综合实力的体现。从民生工程方面，厕所能否给人们提供一个舒适方便的环境，是衡量我国与世界强国之间的一项重要指标。但是，目前我国的厕所与许多发达国家现代文明生活的标准，还有很大差距。这除了厕所科技创新动力不足，另外一个方面是我国的厕所产业还处于初级阶段，厕所重建设轻管理现象比较严重。"厕所革命"中提倡的新型厕所包括智慧科技型、古典园林型、生态乡村型和经济节能型。除节水设备、节能设备、除臭设备三个必选项外，选择性配备智能监控、循环水系统、第三卫生间、休闲区、管理间、环卫驿站等功能，目前也都还缺乏管理经验。

3. 推动我国"厕所革命"的对策思考

我国"厕所革命"正处在"快车道"上，根据《中共中央国务院关于实施乡村振兴战略的意见》，到2020年东部地区基本完成农村户用厕所无害化改造，厕所粪污基本得到处理或资源化利用；中西部地区力争实现90%左右的村庄生活垃圾得到治理，卫生厕所普及率达到85%左右，生活污水乱排乱放得到管控；地处偏远、经济欠发达等地区，在优先保障农民基本生活条件基础上，实现人居环境干净整洁的基本要求。2017年5月，在浙江义乌召开的第四次全国厕所革命推进大会上，国家旅游局也发布了《厕所革命：技术与设备指南》和《厕所革命：管理与服务导则》。为更快更好地推动我国"厕所革命"进程，结合厕所革命现状与存在问题及挑战，提出如下对策与建议。

（1）我国"厕所革命"应在充分吸收国内外"厕所革命"先进成果的基础上进行

"厕所革命"是全国性乃至全球性的共同事业。我国"厕所革命"的发展应充分吸收国外相关成果，在全球"厕所再创新"等研发活动的基础上进一步推进，应从源头控制入手，从厕所的"污染物"减量化、无害化和资源化技术单元、集成技术和技术体系等方面综合考虑，同时要建管并举，形成相关技术与产品的技术与标准体系；体系应与国际接轨并符合国际上相关的指南、标准或导则。

（2）推动我国"厕所革命"需遵循"因地制宜"原则

我国国土辽阔，南北气候差异大，水资源分布十分不均，经济条件不很均衡，开展"厕所革命"应提倡"因地制宜"的原则，在《农村人居环境整治三年行动方案》中，也提到在条件不具备的地区可按照实施乡村振兴战略的总部署持续推进，不搞一刀切。如在我国东部地区、中西部城市近郊区以及其他环境容量较小地区，应综合考虑厕所污水处理与分散型生活污水的合理衔接，集成具有群众接受、经济适用、维护方便、不污染公共水体的厕所粪污处理系统；在水资源缺乏、对厕所排泄物资源化产品需求动力足的地区，应综合考虑厕所粪污与畜禽养殖废弃物的协同处理，研究突破资源化型厕所及排泄物处理关键技术等；而在高寒地区生态厕所的建设则需要解决许多关键性的问题。只有针对不同的卫生、环境条件，制定出适宜的农村卫生厕所技术，才能将"厕所革命"深入地开展下去。

（3）重点研发环境友好、节水节电、资源化利用、安全卫生、便于管理的厕所技术

除了传统的厕所技术，还需要有针对性的与国际接轨，将厕所技术研发朝"环保厕所"倾斜。比如目前国内许多景区也存在类似无水、缺水冲厕现象，特别是一些历史性建筑、景点等，由于时间久远没有完善的供水供电以及排污系统，而且随着节假日人流量大增，卫生状况不容乐观，这种景点需要配备有既节水又能除污的厕所系统。由于能源紧缺，类似这种生态厕所，白天需尽量利用光能同时屋顶设置雨水收集装置，将雨水引入冲厕系统或者处理后供洗手用。除了研究节水型厕所系统排泄物处理与回用水循环利用技术外，还需要进行相关厕所附产物的环境评估；建立节水型厕所系统评价标准，实现节水型厕各构件的流水线和产业化生产。

（4）鼓励产学研合作，发展"厕所革命"龙头企业

目前国内，甚至世界范围内对于"厕所革命"这一行业，还没有很突出的龙

头企业，这不利于该技术研发以及企业和行业的技术进步，从而严重影响"厕所革命"的推广和新型生态厕所的应用。以"厕所革命"为核心，以校企联合培养模式为手段，通过校企合作让更多的厕所创新性人才参与企业、行业的运作过程中，逐步实现"厕所革命"从想法转向实际生产的过程，最终渗透到整个社会的目的。该平台还可培养应用型人才，在全面解决"厕所革命"过程中所遇到的各种问题和挑战为目的的前提下，使得研究者对"厕所革命"拥有更多的了解，并获得更为宽广的知识视野，同时让学生们能够更加注重知识的创新性和实用性。

（5）结合美丽乡村和乡村振兴战略，进行"厕所革命"典型示范

新形势下我国农村正实现从"乡村建设运动"到"美丽乡村计划"，再到"乡村振兴战略"的时代跨越。我国的"美丽乡村计划"工作在各地已是如火如荼地展开。十九大以来，全国各地在"产业兴旺、生态宜居、乡风文明、治理有效、生活富裕"20字方针的指引下，大力实施乡村振兴战略。在《中共中央国务院关于实施乡村战略的意见》中也强调了应加快农村无害化卫生厕所的全覆盖，开展田园建筑示范等工作。在此大背景下，在我国各个"美丽乡村"地区进行"厕所革命"新技术新产品的典型示范，将卫生厕所作为一个考核指标，从而在全国起到引领作用和以点带面的作用，以探索我国乡村现代化过程中"厕所革命"的新模式、新类型。

当今的中国，抽水马桶已经成为大多数家庭的"标配"。城市公厕建设水平不断升级，中国正在集中力量啃下"农村厕改"这块"硬骨头"。

《农村人居环境整治三年行动方案》在十九届中央全面深化改革领导小组第一次会议上通过，在这场由习近平总书记主持的会议上，"厕所革命"上升至国家层面。

厕所是文明的尺度，也是国家发展的注脚。回望新中国70年壮阔征程，厕所映射着国人卫生习惯的改变，影响着亿万群众的出行，关系着美丽乡村建设的全局。"厕所革命"所承载的意义，要比人们想象中的更宽广。

新中国成立初期，乡村环境普遍不整洁，不少农村人畜同居，人无厕、畜无圈的现象极为普遍。这使得疾病控制防疫工作非常困难。一些严重影响人们健康的肠道传染疾病如痢疾、伤寒等高发。在儿童群体中，蛔虫病的患病率高达70%以上。

农村厕污问题曾在中国广泛存在，这源于农耕文明中"庄稼一枝花，全靠粪当家"的观念。农耕文明时期的厕所文化，让人们将堆肥、收集人粪尿等视为寻常之事。

如何合理收集并处置粪肥，使其既能为农业所用，又不会污染环境，是当时人们所面临的问题。

2019年4月，第31个"爱国卫生月"鲜明提出了"厕所革命"这一主题。

与多年前的"管粪、改厕"不同，十八大以后的新一轮"厕所革命"更多了一层健康中国的深意。"厕所革命"的第一环，紧紧扣在健康中国的进程中。

人的一生中约有 3 年的时光是在厕所里度过的。

如厕，这一人们生活的日常行为，被称为"天大的小事"。

"厕所革命"在不同的历史时期，也有着不同的时代意义。专家学者将"厕所革命"定义为一个循序渐进的过程，旨在改善公众健康和环境质量。

"厕所革命"从新中国成立初期的粪便管理，到 20 世纪 80 年代的初级卫生保健，到 90 年代开始的卫生城市创建，再到如今的农村人居环境整治，其与国家的整体发展密切相关。

人们注意到，在卫生状况得到基本改善后，1978 年改革开放的时代巨变中，"厕所革命"出现了新的迫切性。

经济迅速发展，伴随着城市化带来的人口高度聚集与流动人口的与日俱增，1980 年城镇人口已达到 1.9 亿，有限的公厕完全无法满足基本需求。

中国化肥工业的迅速发展，不断弱化农村对人粪尿等有机肥料的依赖。20 世纪 70~80 年代中期，这些"无法还田"的城市排泄物亟须通过城市下水管道系统处理。

改革开放吸引海外观光客蜂拥而至，当发达国家的人们观望一个发展中国家的厕所时，对中国厕所感到严重不适，并不令人感到奇怪。有国外游客向大使馆致信表示，中国风景优美，吸引着广大游客，但是人们低估了公厕干净卫生的影响力。

城市流动人口的骤然增加、有机肥料无处可去、外国游客的批评指摘……在城市化与对外开放的双重推动下，改善城市公厕成为政府亟待解决的问题。

这场厕所卫生的整治，在自上而下的政府行为与有识之士的大力推进中探索前行。

1990 年，借助举办第十一届亚洲运动会的契机，北京市政府组织进行了大规模的市容整洁行动，其中包括对公共厕所的卫生整治。根据《中国"厕所革命"的 30 年故事》记载，1984~1989 年，北京市新建、改建公共厕所 1300 多座，使 6000 多座公共厕所基本达到了水冲厕所的干净卫生的要求。

与此同时，20 世纪 80 年代末，也有部分有识之士意识到在中国推进一场"厕所革命"的重要意义。

经济学家朱嘉明从国外考察回来后于 1988 年出版了《中国：需要厕所革命》。书的前言写道："现代化作为一个历史过程千头万绪。但是对于每一个人来说，都需要有一个'大处着眼，小处着手'的精神。一个国家的厕所状态，很大程度上反映一个国家的文化特征和水准。"

"厕所革命"贯穿着中国城市发展的始终，与城市建设的脉搏一起跳动。

"新城新区不欠账，老城老区尽快补上"。经过近 30 年的持续推进，截至 2018 年底，全国城市和县城环卫部门管理的公厕数量达到 18.2 万座。

1949 年时的北京，全市公厕仅有 500 余座。

2018 年，北京市公共厕所数量达 19008 座，在特大城市中保有量世界第一。按照设置目标，在四环路以内，每平方千米就有 20 座公厕，人们步行 5 分钟内就能找到厕所。

如今，北京推行的"第五空间"公厕，一改以往的形象和只能"解决内急"的单一功能，成为家庭空间、工作空间、休闲空间、网络空间之外的又一个空间。

厕所，这一"天大的小事"，从民生短板一跃成为提升群众生活幸福感的助力跳板。

厕所的改建被称为"大国的里子工程"。

厕所问题曾是城市面临的通病，在农村更是"老大难"的问题。

在农村推进改厕，常常与农村生活垃圾治理、农村污水治理、乡风文明提升等"打包"实现，共同成为改善农村人居环境的重要组成部分。这种变化，关系到社会主义新农村文明建设。

从设想到落地，相较于城市，农村现代化厕所想要大范围推广，需要更多的"热身运动"——接上电、用上水、修上路。有了照明设施，才能加盖屋顶，不用露天照明；用上水，才能普及水冲厕所；修上路，与现代生活接轨，水泥、瓷砖、马桶才能更快运到村里。

"厕所革命"的成功还有赖于技术的革新升级，管理的社会化和规范化，以及政府持续的关注和引导。在初步实现厕所的无害化后，实现厕所的资源化、人性化、节约化，也还有很长的路要走。

4. 开展农村厕所革命仍需努力

从 20 世纪六七十年代"两管五改"中的改造厕所、管理粪便，到 20 世纪 90 年代发明和推广无害化卫生厕所，到 21 世纪初由政府主导建设卫生厕所，再到响应习近平总书记提出的"厕所革命"倡议，厕所问题一直是影响农民身体健康和环境卫生的重要因素，同时卫生厕所建设也是农村环境改善的重要内容。根据《中国卫生统计年鉴》提供的数据，到 2017 年底，全国 2.655 亿农户中，有 2.170 亿户用上了卫生厕所，卫生厕所普及率 81.74%。农村厕所革命取得巨大成就，但仍存在一些问题。

北京、天津、上海、浙江、江苏、福建、广东、山东以及江西、广西等，卫生厕所普及率大于 90%，大部分属东部地区；青海、重庆、贵州、新疆、陕西、西藏及山西，卫生厕所普及率小于 60%，大部分为西部地区。其中上海市基本实现城镇化，不再进行有规模的厕所建设活动；西藏则只是近些年伴随"厕所革命"

推进，才开始示范建设卫生厕所。

东部地区由于人口居住集中，经济较发达，城镇化率较高，基本上不再需要大规模的农村改厕，主要是升级改造和查缺补漏，探索有效的监督管理机制，保持可持续的运营管理。西部地区由于经济基础薄弱，是国家农村改厕重点地区，中部大多是人口大省，对卫生厕所普及率的提升具有重要影响。

除了卫生厕所普及率高的上述地区，还包括重庆和新疆建设兵团，均属于城镇化率较高的地区或气候温暖的地区，较高质量的无害化卫生厕所占比高，一些地方甚至进行过两次、多次改厕；东北和西北的一些省区，虽然卫生厕所普及率并不是最低，但无害化卫生厕所占比低。

城镇化率高，完善的基础设施提供了较高质量的无害化卫生厕所，主要是完整下水道水冲式；气候温暖地区相对水资源丰富，改厕类型比较成熟、技术完善，三格式厕所普及较多；由于传统文化习惯的影响，室外厕所难以提供有效的防冻措施，寒冷地区、缺水地区免水冲的卫生厕所类型不够完善，导致无害化厕所普及率较低。需要通过厕所入室、完善卫生旱厕技术来改造非卫生的厕所。

卫生厕所普及率较高的地区，主要集中在直辖市和东部地区，内部各县市之间差距较小；中西部省区，内部差距较大，如安徽省的皖北地区的卫生厕所普及率明显比皖南地区低，四川省东西部差异明显，甘孜、凉山、阿坝等地区卫生厕所普及率低；其他如内蒙古、青海省的各县之间也都存在明显地区差异。

一般来讲，距离城市较近、居住集中且经济发展较好的县市，基础设施水平较高，卫生厕所普及率较高；居住偏远、贫困地区，群众缺乏改厕的主动性，还有一些县市存在改厕盲区，农民甚至没有见过卫生厕所，需要通过宣传教育和示范引领，激励改厕。

目前的《农村户厕卫生规范》（GB19379）是2012年修订后颁布的，推荐6种无害化厕所类型，包括三格式、双瓮式、三联通式沼气池、粪尿分集式、双坑交替式和具有完整上下水道系统及污水处理设施的水冲式厕所。这些类型中，前5种是粪便处理后再利用的形式，水冲式厕所则需要与城市下水道系统连接；粪尿分集式、双坑交替式是免水冲卫生旱厕形式。

伴随"厕所革命"的推进和农民要求的提升，现有技术类型难以满足不同需求。如一些"农家乐"发达的旅游村等，不再利用粪肥但没有条件建设和连接污水处理系统，可考虑建设以村、联户形式的集中污水处理设施或清运后粪污处理设施；一些进行过无害化厕所改造的农村可采用去除氮、磷的方法，防止污染环境和水源；一些农户因缺乏原料，三联通式沼气池厕所无法正常使用，要探讨技术改良再利用的方式；卫生旱厕难以保持卫生，管理不便，寒冷地区水冲厕所如果不入室，难以从技术上彻底解决冲水的防冻问题。干旱、寒冷地区可采用优化的复合菌种（EM菌）来消解粪便。

卫生厕所要"三分建、七分管"，重点在管理，难点在维护。需要开展技术指导、卫生评比、组织社会化管护等，建立可持续用厕管厕机制。

虽然卫生厕所要求没有粪便暴露、没有臭味、没有渗漏，保证卫生、防控疾病，但远没有达到"厕所革命"的要求。"小厕所，大民生"，厕所体现着文明，体现着人的尊严。厕所革命是要将厕所变成方便、舒适、卫生、安全的享受之地。

"厕所革命"有助于推动乡村文明与振兴，厕所入室是厕所革命的最终目标。需要对农民深化宣传教育，通过示范带动、典型引路、技术创新、企业参与，建立良好的社会化服务等，令"厕所革命"成为自觉行动。

12.2 上厕所是蹲着好还是坐着好

关于"上厕所是蹲着好还是坐着好？"这一话题在网上引起众多网友热议，双方各有各的说法，争论不休！上厕所是每个人每天必须做的一件事情，厕所的装置大致有两种，蹲便器和坐便器。很多爱干净的朋友会选择蹲便器，而很多享受主义者、老年人和残障人士，会选择坐便器。

1）蹲便

蹲便器是指使用时以人体蹲式为特点的便器。蹲便器是传统的卫生间器具，由于其安装方便，价格便宜，维护简单，而且节省空间，适合各个场合，包括家庭、公共场合。

（1）优点

①蹲着排便更符合人体生理，人在蹲着时腹部压力更大，肠道更为通畅，对排便有所帮助。

②蹲便时由于比较吃力，所以为了减少这种蹲着的"痛苦"，很多人都选择速战速决，这样有利于减少人们如厕时间，尽快完成如厕，有利于减少痔疮的发生率。当然如果蹲着时间太长，由于压迫血管，反而会增加痔疮的发生率。

③使用蹲便器时，我们不直接与它接触，可以减少被感染的概率，更加安全卫生。

（2）缺点

①容易引起膝关节退变的加重，特别是中老年人，有些甚至造成膝关节的损伤，如半月板损伤。

②长时间蹲着容易导致下肢血管神经受压，从而诱发或者加重下肢神经血管病变。

③蹲着容易导致头晕、耳鸣，有些长时间蹲着的老人站起时由于体位性低血压甚至导致一过性休克，一旦摔倒，后果不堪设想。

④人从脚上老，大多数老人都腿脚不便，便后起来非常费劲，旁边又没有扶

手，又没人帮忙，情况极为尴尬。腿脚不便的残障人士，也有类似问题。

⑤孕妇使用蹲便器，身体重心靠下，相关动作都很不方便。

⑥儿童使用蹲便器，有时得有成人扶持。

⑦蹲便时，排泄物会发出异味，令人恶心。如果厕所卫生条件不好，苍蝇会即来"尝鲜"，甚至挥之不去。这也是非常尴尬的事情。

2）坐便

坐便器是使用时以人体坐式为特点的便器。坐便器是现代科技的产物，其舒适性佳，节水性能好，冲洗能力强，是现代家庭卫生间的良好卫生间利器。

（1）优点

①坐便的人体舒适性能很好，能够放松人们的双腿，特别是中老年人和腿脚不好的残障人士，坐便是一个比较好的选择。

②坐便由于更加舒服，相同时间内不会导致下肢神经血管受压，从而不会诱发或者加重下肢神经血管病变。

③相同时间内坐便不容易导致头晕、耳鸣、体位性低血压等情况，因此，对于老人更为安全。

④儿童使用坐便器，一般来说，成人不需要扶持，只需要在旁边照看，不会感到劳累。

⑤坐便器空间相对封闭，屎尿都沉浸在水里边，不会闻到排泄物的异味，也不会受到苍蝇的滋扰，感觉比较良好。

（2）缺点

①坐着排便相对蹲着排便，肠道通畅度降低，坐着相对腹部压力减低，排便相对比较困难。

②由于坐便相对较舒服，所以很多人坐便时都会抽根烟或者带个手机玩玩，结果就导致每次坐便都超过10分钟，时间一长，当然对于腿部的压力增大，同样会导致神经血管受压。另外占用厕所的时间过长，也影响厕所的使用效率，不利于等候如厕的人们。

③坐着排便由于直接跟马桶接触，马桶上容易黏附细菌、寄生虫等，很容易造成交叉感染。另外，在寒冷季节，臀部接触冷冰冰的马桶，可不是滋味。在发达国家，不管什么季节，坐便器旁边，都备有纸圈，如厕时，可将纸圈垫在坐便器上，避免腿部接触。但是我国目前还没有见到提供纸圈的公共厕所。

从我国的具体情况和特点来看，厕所革命的终极目的，是建立无害化的卫生厕所，随着人们经济收入的增加，社会文明程度的提高，坐便一定会越来越普遍，不光是在大中小城市，其是在广大乡村，都会是这种情况。特别应当指出，由于每年都有大量农民进城务工，城市的无害化卫生厕所的优点，会给他们留下良好的深刻印象，他们对生活方式的要求，很快就有了崭新的认识，有了足够的收入后，就是回家盖一座像样的房子，卫生间的坐便器是标配。

当然我们也必须看到，由于长期养成的习惯，我国的公共厕所，还会保有以蹲便器为主，坐便器为辅的格局。少量的 AAA 旅游厕所，也可能装上智能马桶。

12.3　学习心得和启示

（1）我国的厕所革命，首先应当考虑我国的特点，人口多，幅员广大，气候跨度大，区域经济发展不平衡，城乡差别大，要针对不同地方的特点，因地制宜，精准施策。不管是水厕，或者是其他形式的厕所，都要因地制宜，不可一刀切。

（2）厕所革命的根本目的，是要建设数量足够、干净卫生、方便实用的无害化卫生厕所。看一个地区厕所革命的成绩，不光是要看主城区的公共厕所，更要看城乡接合部、郊县和边远地区的厕所，进行全面评估。

（3）是否达到厕所革命的目的，在我国的公共场所，厕所能够做到有干净的蹲便器和一定数量的坐便器，没有异味，提供手纸，在厕所间壁板上，加装挂钩、扶手，一些小便池加装扶手，添加无障碍通道，少量厕所有抽水马桶。男女厕所的比例，一定要逐步降低，例如 1.3∶1，不能让女厕所经常排长队。对婴幼儿的厕所，要有专门的设施，例如换尿布的特定台板，放置婴儿车的空间，购买尿布的窗口等等。

（4）预计到 2025 年，我国 60 岁以上的老年人将突破 3 亿，这是一个很大的群体，城乡公共厕所，必须满足老年人特定的如厕要求，厕所应当有无障碍通道，小便池和厕间要安装扶手，厕间应当有放置轮椅的空间。这同时也是对残障人士的关怀。

（5）要用科技和创新来推进厕所革命。比方说，太阳能公共厕所，就是一个很不错的创新。在日照条件比较好的地方，在厕所的屋顶安装光伏太阳能板，就解决了供电问题，厕所内部的照明灯、抽风机、烘手机、手机充电插座、灭蚊蝇器以及热水器等的用电，以及室外的路灯和电动车充电桩等。

（6）厕所革命要向发达国家学习和借鉴，例如日本、新加坡和韩国，就有很多成功经验。

第13章 绿色生活方式

13.1 概　　述

1. 定义

绿色生活方式，是指确立新的人生观、价值观和幸福观，在食、衣、住、行等方面充分尊重生态环境，重视环境卫生和个人卫生，遵循勤俭节约、绿色低碳、文明健康要求的生活方式。倡导绿色消费，以达到资源永续利用、实现人类世世代代身心健康和全面发展的目的。

生活方式绿色化理念，植根于天人合一，人类和自然要和谐相处，任何时候都要敬畏自然、尊重自然、保护自然、合理利用自然。

人类的生活方式，是随着生产方式的改变而不断演化的，从穴居野处、渔猎文明、农耕文明和工业文明直到今天的后工业化文明，都在不断地演变，但是人们发现了一个规律，人类为了生存，为了提高生活水平，就必须要发展，发展是硬道理，发展就必须开发和利用地球的各种资源，由于科学技术的不断进步，开发的速度越来越快，也取得了空前的成功，人类拥有的物质财富，成倍地增加，交通网络的扩展，日新月异，人类认识自然以及社会的深度和广度也是史无前例的。但在人类深刻改变自然环境的同时，也看到一些严酷的现实，地球的生态平衡被打乱，全球气候不断变暖，异常气候频发，自然灾害此起彼伏，雪线下降，冰川后缩，空气水体和土壤污染，沙漠化和石漠化越演越烈，这些生态失衡的自然现象都是互为因果，这种情况，如果听之任之，不加扭转，则包括人类在内的全球生物的生存和命运堪忧。

2. 节约适度的生活方式

"历览前贤国与家，成由勤俭破由奢。"不仅要坚持中华民族勤俭节约的传统美德和艰苦朴素的延安生活作风，而且也要根据我国大多数资源的平均占有量远低于世界平均水平的客观要求，任何时候我们都要提倡并坚持节约，反对浪费。我国已经从吃饱走向吃好，我们应追求"节约适度"的生活方式。

我们应该在现代生态观指引下、在人与自然和谐共处的前提下，适度提高消费层次、适度改善生活质量、扭转粗放消耗模式、杜绝奢侈浪费的消费方式，倡导节约适度的生活新方式。这种新的生活方式，关键在"适度"二字。一是要与生态环境相适应，以不给环境添乱、不给生态添麻烦为首要标准；二是要与正常的收入水平适应，不能过分"赤字"消费，不能挤占和破坏子孙后代的生存空间；三是要与社会的文明程度匹配，生活方式与水平不能与道德伦理格格不入，消费水平既不能超出平均水平线过多、扎人眼球，也不能如守财奴般抠门不出。

3. 绿色低碳的生活方式

绿色低碳的生活方式是指生活作息时所耗用的能量要尽力减少，从而减低含碳物质的燃烧，特别是减少二氧化碳的排放量，从而减少对大气的污染，减缓生态恶化，减缓温室效应。

绿色低碳生活，对于我们普通人来说是一种生活态度，并不是一种特殊或超常的能力，因此，每个人都可以做到。"从人之欲，则势不能容，物不能赡"。绿色低碳生活的核心内容是低污染、低消耗和低排放，以及多节约。只要我们践行绿色生态观，从自己做起、从现在做起，从节约电、节约水、节约油、节约气、节约钱、节约食品、节约衣物、多栽花、多植树这些点滴做起就可以了。

我们要从生活中的小事做起，有意识地培养自己的绿色低碳生活习惯。如每天的淘米水可以用来洗手、洗去含油污的餐具、擦家具、浇花；用过的面膜纸也不要扔掉，用它来擦首饰、擦家具的表面或者擦皮带；喝过的茶叶渣，把它晒干，做一个茶叶枕头；多用永久性的餐具例如不锈钢筷子、饭盒，尽量避免使用一次性的餐具；养成随手关闭电器电源的习惯等。只要有低碳意识，我们随处随时都可以为保护生态环境做贡献。

4. 文明健康的生活方式

生活方式是指人们在生活上和活动上较稳定的习惯、方式。人们的生活方式虽然林林总总，但备受关注的主要有两种：一种是勤俭适度、文明健康的生活方式；另一种是享乐主义的生活方式。生活方式在很大程度上取决于人们的价值取向、嗜好和追求。有什么样的价值观，就会选择什么样的生活方式。

我们倡导的文明健康的生活方式，主要是指有正确的理想追求、道德操守高尚，既勤奋又节俭适度的生活方式。它以明礼诚信、崇荣拒耻、操守高洁、情趣高尚、家庭和美、富而勤俭、富而思进、自强不息、奉献社会为主要特征。这样的生活方式，对自己、对他人、对社会都有益处，是共产党人和人民大众应该选择的生活方式，也是构建文明社会和实现民族伟大复兴必须提倡的生活方式。

坚持以人为本的生活理念。以人为本理念正确反映了消费与人的关系，科学说明了人在消费生活中的主体地位。一种消费是否健康合理，不在于其数量的多少和价格的高低，而在于它是否有效地符合了人的全面发展的需要。因此，文明健康的生活方式必须以人的健全发展为中心，必须体现以人为本的原则。

坚持和谐共生的生活理念。崇尚和谐是人类文明的共识，也是中华民族的优良传统。我们强调人与自然的和谐，强调在生活中敬畏自然，尊重自然，保护自然，科学合理利用自然，创造优美宜居的生活环境，实现人的生活与自然环境的相互交融、良性循环；我们强调人与人的和谐，强调在生活中相互尊重、和睦相处，在人与人的相互合作、和谐交流中实现共同发展，共创幸福生活；我们强调人的心灵和谐，强调正确的人生观、价值观引导人的内心世界，实现内在心理的健康成熟与精神生活的充实丰满，塑造一种纯洁祥和的心灵环境和积极乐观的心灵状态。

坚持绿色低碳的生活理念。随着我国经济的迅速发展和工业化、城市化速度的加快，资源紧缺程度和环境压力日益增大，资源问题和环境问题越来越引起人们的重视。我们必须转变生活方式，倡导绿色低碳的生活理念，在生活中时刻注意节约资源、保护环境。党的十八大以来，中央把保护生态环境提到了前所未有的高度，提出建设美丽中国，大力推进资源节约型、环境友好型社会建设，把节能减排作为转变经济发展模式的重要任务。

坚持科学的生活理念。科学不仅是改善生活水平、提高生活质量的主要动力，而且也是评价生活层次的重要标准，崇尚科学是健康生活方式的基本标志。我们要坚定科学的人生信仰，用科学的理论指导我们的日常生活，我们要具有求真务实、理性批判的科学精神，抵制各种伪科学、不科学的生活理念。

"苟得其养，无物不长；苟失其养，无物不消"。人赖自然万物而生，又受到自然的制约。践行绿色生活理念，让全社会形成积极向上的精神追求和健康文明的生活方式，让绿色生活成为我们自觉自律的行为与习惯，美丽中国就会早日到来。

5. 绿色生活方式的内涵及实践路径

党的十九大报告明确提出，"形成绿色发展方式和生活方式，坚定走生产发展、生活富裕、生态良好的文明发展道路"。要使绿色生活方式及理念深入人心，使之成为人民群众的生活常态和美好生活的重要内容，亟待明确绿色生活方式的理论蕴意和实践路径。

13.2　绿色必然是健康生活方式

绿色生活方式必然是健康生活方式，只有健康生活方式，才能充分体现绿色生活方式的内涵和要求。中国工程院院士钟南山关于健康生活方式的建议，应当说是金玉良言有口皆碑。

绿色生活方式，最终的目的，就是要过一个健康生活。

（1）钟南山院士关于健康的8个忠告

①早餐吃好，中午吃饱，晚上吃少。

②保持好饮食平衡。光吃素对身体不是好事，肉多了同样是麻烦，三高、糖尿病、痛风都来了。

③多喝水，水是生命之源，多喝白开水，每天保持2升左右，饮料少喝，浓茶少喝。

④人不是老死的，不是病死的，是气死的。老话讲得很清楚："怒伤肝，喜伤心，悲伤肺，忧思伤脾，惊恐伤肾，百病皆生于气。"愤怒真的会产生很多毒素，保持情绪平缓才对身体最有利。

⑤走路是非常好的锻炼方式。走路是相对对身体伤害小，又不难保持的一种运动。不运动对健康肯定不好，过度运动也会伤身体，很多运动员都因运动留下病根。

⑥健康舒适的睡眠必不可少。睡眠是最好的养生方式，每天要保持8个小时左右的睡眠。

⑦喝醉一次酒等于得一次急性肝炎。最不健康的生活方式：第一是吸烟，第二是酗酒。吸烟人群患慢阻肺、肺癌的概率要比普通人高出4~6倍，此外吸烟还会诱发心脑血管等疾病，因此，想要健康长寿，一定要严格戒烟。

⑧家庭不和睦人就会生病。有专家认为，人的疾病70%来自家庭，癌症50%来自家庭。但怎么样让家庭和睦，这是一门学问。

必须解决四个问题：

第一要尊敬老人；第二要教育好子女；第三要处理好婆媳关系；第四条尤其重要，夫妻要恩爱，这是核心。

夫妻怎么恩爱？要做到八互原则：互敬、互爱、互信、互帮、互慰、互勉、互让、互谅。

人都有个性，都有毛病，要经常提醒自己：算了，让着她（他）吧，她（他）只要高兴就好了。

（2）最大的成功就是健康地活着

健康就是幸福！有了健康并不等于有了一切，没有健康就等于没有了一切。

但健康并不只是身体的保养，更需要有健康的心态。

学会自我调整让你我知足常乐；学会释放压力让你我更加乐观；要学会拿得起放得下更让你我心中无烦恼。学会这几点，自然就有了一个健康的心态。

最健康的生活应该是身上无病，心里无事。

13.3　学习心得和启示

（1）选择绿色生活方式的最终目的，就是人人有健康的身体。生命在于运动。这里的所谓运动，包括身体的锻炼和脑力的活动。身体要锻炼，也要动脑筋，两方面缺一不可。锻炼身体，有各种各样的体育活动，太极拳、瑜伽、武术、舞剑、摔跤、跳舞、各种球类、爬山、跑步、散步、骑自行车等等。最重要的是按照你自己的身体条件和兴趣爱好来选择，强度适度，贵在坚持。对于老年人来说，最好的运动，就是走路，走多少，量力而行。至于脑力活动，看书看报看电视、写点文章、学点新技术、发微信、和亲友聊聊天，都可以，千万不能衣来伸手，饭来张口，饱食终日，无所用心，牢骚满腹，喜怒无常。

（2）倡导和养成新的生活习惯，例如用招手或者拱手代替握手，取消拥抱。我国老一代领导人就在很多场合用招手向人民群众示意，用拱手向人民群众致谢。从应对新型冠状病毒肺炎来看，改变原来的握手旧习惯，避免病毒传染扩散，尤其有必要。

（3）建立人类命运共同体，是表达全人类共同的希望和目的，这是空前伟大的壮举，是中华民族对全世界的最大贡献，需要全社会所有人共同努力，养成过绿色生活的自觉性。发扬中华文明的美德，尊尚节约简朴，摒弃奢靡，杜绝浪费。同时也要虚心学习其他国家的绿色生活方式。

第14章　建筑垃圾的高效处理

14.1　概　述

建筑垃圾是指建设、施工单位或个人各类建筑物、构筑物、基础设施、管网等进行建设、铺设或拆除、修缮过程中所产生的渣土、弃土、弃料、余泥及其他废弃物。

目前，我国建筑垃圾的数量，已占到城市垃圾总量的30%~40%。然而，绝大部分建筑垃圾，未经任何处理，便被施工单位运往郊外或乡村，露天堆放或填埋，耗用大量的征用土地费、垃圾清运费等建设经费，同时，清运和堆放过程中的遗撒和粉尘、灰砂飞扬等问题，又造成了严重的环境污染。

住房和城乡建设部制定的《城市建筑垃圾管理规定》，要求任何单位和个人不得随意倾倒、抛撒或者堆放建筑垃圾。居民应当将装饰装修房屋过程中产生的建筑垃圾与生活垃圾分别收集，并堆放到指定地点，建筑垃圾中转站的设置应当方便居民。还对不按规定处置建筑垃圾的单位和个人给予重罚，以此来加强城市建筑垃圾管理，保障城市市容和环境卫生。

目前我国建筑垃圾的主要处理方法是将其填埋地下。其危害在于：

首先是占用大量土地。仅以北京为例，据相关资料显示：奥运工程建设前对原有建筑的拆除，以及新工地的建设，北京每年都要设置二三十个建筑垃圾消纳场，造成不小的土地压力。

其次是造成严重的环境污染。建筑垃圾中的建筑用胶、涂料、油漆不仅是难以生物降解的高分子及聚合物材料，还含有有害的重金属元素。这些废弃物被埋在地下，会造成地下水的污染，直接危害周边居民的生活。

最后是破坏土壤结构、地表沉降。现今的填埋方法是，垃圾填埋8米后加埋2米土层，但土层之上基本难以重长植被。而填埋区域的地表，则会产生沉降和下陷，要经过相当长的时间，才能达到稳定状态。

为了保护好生态环境，处理好建筑垃圾是一个刻不容缓的大问题。

建筑垃圾的堆放，可能存在某些安全隐患，随时可能会发生一些事故。

（1）建筑垃圾随意堆放易产生安全隐患

大多数城市建筑垃圾堆放地的选址，在很大程度上具有随意性，留下了不少安全隐患。施工场地附近多成为建筑垃圾的临时堆放场所，由于图施工方便和缺乏应有的防护措施，在外界因素的影响下，建筑垃圾堆出现崩塌，阻碍道路甚至冲向其他建筑物的现象时有发生。在郊区，坑塘沟渠多是建筑垃圾的首选堆放地，这不仅降低了对水体的调蓄能力，也将导致地表排水和泄洪能力的降低。

（2）建筑垃圾对水资源污染严重

建筑垃圾在堆放和填埋过程中，由于发酵和雨水的淋溶、冲刷，以及地表水和地下水的浸泡而渗滤出的污水——渗滤液或淋滤液，会造成周围地表水和地下水的严重污染。垃圾堆放场对地表水体的污染途径主要有：垃圾在搬运过程中散落在堆放场附近的水塘、水沟中；垃圾堆放场淋滤液在地表漫流，流入地表水体中；垃圾堆放场中淋滤液在土层中会渗到附近地表水体中。垃圾堆放场对地下水的影响，则主要是垃圾污染随淋滤液渗入含水层，其次，由受垃圾污染的河湖坑塘渗入补给含水层，造成深度污染。垃圾渗滤液内不仅含有大量有机污染物，而且还含有大量金属和非金属污染物，水质成分很复杂。一旦饮用这种受污染的水，将会对人体造成很大的危害。

（3）建筑垃圾影响空气质量

随着城市的不断发展，大量的建筑垃圾随意堆放，不仅占用土地，而且污染环境，并且直接或间接地影响着空气质量。我国的建筑垃圾大多采用填埋的方式处理，然而建筑垃圾在堆放过程中，在温度、水分等作用下，某些有机物质发生分解，产生有害气体，如建筑垃圾废石膏中含有大量硫酸根离子，硫酸根离子在厌氧条件下，会转化为具有臭鸡蛋味的硫化氢，废纸板和废木材在厌氧条件下，可溶出木质素和单宁酸并分解生成挥发性有机酸，这种有害气体排放到空气中，就会污染大气；垃圾中的细菌、粉尘随风飘散，造成对空气的污染；少量可燃建筑垃圾在焚烧过程中，又会产生有毒的致癌物质，造成对空气的二次污染。

（4）建筑垃圾占用土地降低土壤质量

随着城市建筑垃圾量的增加，垃圾堆放点也在增加，而垃圾堆放场的面积，也在逐渐扩大。垃圾与人争地的现象，已到了相当严重的地步，大多数郊区垃圾堆放场，多以露天堆放为主，经历长期的日晒雨淋后，垃圾中的有害物质（其中包含有城市建筑垃圾中的油漆、涂料和沥青等释放出多环芳烃类物质），通过垃圾渗滤液渗入土壤中，从而发生一系列物理、化学和生物反应，如过滤、吸附、沉淀，或为植物根系吸收或被微生物合成吸收，造成郊区土壤的污染，从而降低了土壤质量。

此外，露天堆放的城市建筑垃圾，在种种外力作用下，较小的碎石块，也会进入附近的土壤，改变土壤的物质组成，破坏土壤的结构，降低土壤的生产力。另外城市建筑垃圾中重金属的含量较高，在多种因素的作用下，其将发生化学反应，使得土壤中重金属含量增加，这将使作物中重金属含量提高。受污染的土壤，一般不具有天然的自净能力，也很难通过稀释扩散办法减轻其污染程度，必须采取耗资巨大的改造土壤的办法来解决。

14.2　建筑垃圾处理现状

中国垃圾处理起步较晚，垃圾无害化处理能力较低，曾出现垃圾包围城市的严重局面。自 2006 年以来，中国环境卫生行业有了较大的发展，使城镇垃圾处理水平提高，垃圾包围城市的现象有所缓解。但还有不少问题存在，垃圾处理的投入与垃圾处理的需求相比仍明显不足，垃圾处理的水平还很低，城市生活垃圾还处于由粗放到处理的发展阶段。主要表现为垃圾堆放现象普遍存在，垃圾处理场的二次污染相当普遍。我国城市建筑垃圾的处理呈现以下几个问题：

①建筑垃圾分类收集的程度不高，只能是绝大部分进行混合收集。

②建筑垃圾回收利用率低。

③我国建筑垃圾处理及资源化利用技术水平落后，城市建筑垃圾处理多采用直接填埋的处理方式，既占用土地又污染环境。

④城市建筑垃圾处理投资少，政策法规措施还不健全，建设工作者的环保意识不强。

建筑垃圾处理迫在眉睫，随着城市的大量拆迁，产生大量的固体废弃物，建筑垃圾带来的危害日益严峻。

14.3　建筑垃圾的处理对策、方法与技术

1. 对策

我国城市在对建筑垃圾处理上，需要注意以下几个重要问题：

（1）高度重视，切实加强组织领导

建筑垃圾的处理和回收利用是一个系统工程，涉及社会的各个层面，该如何处理就需要有组织进行协调解决，各建筑施工有关单位要进一步统一思想，提高认识，分工负责，齐抓共管；要建立健全渣土设置与管理专项方案，对工地内建筑渣土的产生、防尘措施、处置等实行统一领导，统一管理。

（2）建立健全合理的政策法规

近些年来，我国对建筑垃圾回收再利用的重要性虽已有清醒认识，但还没有引起足够的重视。国家还没有建立完善的相关法律法规，对违反规定的处罚条例，禁止填埋可利用的建筑垃圾及规定建筑垃圾必须进行分类收集和存放的条款还不完善。所以，应进一步出台相关政策法规，逐步完善。做到依法处理建筑垃圾。

（3）政府要为建筑垃圾处理提供资金保障

建筑垃圾废料不是商品，本身是没有价值的，只有经过加工处理再利用后，才会产生新的价值。在建筑垃圾的回收处理利用过程中，处理单位常常无利润可图，缺少了积极性，直接影响利用工作的进行，因此，必须由政府通过某种渠道在利用过程中给予经济补助。

（4）提高建筑垃圾的技术处理水平

城市建筑垃圾，一般采用直接填埋的处理方式，缺乏对建筑垃圾的有效技术处理。尤其是对建筑垃圾做混凝土骨料必需破碎、筛分分级、清洗堆存的技术，国内企业还少有研究。城市相关部门，应尽快帮助协调，学习和借鉴国外先进建筑垃圾处理技术，结合我国的特定条件，进行产学研一体化，开创性地解决建设垃圾处理等方面存在的技术和管理问题。

（5）降低建筑垃圾对环境的污染

我国建筑垃圾处理技术及回收利用率较低，建筑垃圾大部分被运往垃圾填埋场堆放或填埋，不但占用了大量宝贵的耕地，而且对土壤、水源、植被等自然环境造成了相当大的危害。同时，在运输过程中给城市环境造成了严重污染，严重影响了城市环境和城市形象。

所以对于那些分拣出来不能利用的垃圾要合理处置，把对环境的污染降到最低。

2. 建筑垃圾处理方式

随着城市化进程的不断加快，城市中建筑垃圾的产生和排出数量，也在快速增长。人们在享受城市文明同时，也在遭受城市垃圾所带来的烦恼，其中建筑垃圾就占有相当大的比例，约占垃圾总量的30%~40%，因此如何处理和利用越来越多的建筑垃圾，已经成为各级政府部门和建筑垃圾处理单位所面临的一个重要课题。

建筑垃圾中的许多废弃物经分拣、剔除或粉碎后，大多是可以作为再生资源重新利用，主要有：

①利用废弃建筑混凝土和废弃砖石生产粗细骨料，可用于生产相应强度等级的混凝土、砂浆或制备诸如砌块、墙板、地砖等建材制品。粗细骨料添加固化类材料后，也可用于公路路面基层。

②利用废砖瓦生产骨料，可用于生产再生砖、砌块、墙板、地砖等建材制品。

③渣土可用于筑路施工、桩基填料、地基基础等。

④对于废弃木材类建筑垃圾，尚未明显破坏的木材，可以直接再用于重建建筑，破损严重的木质构件，可作为木质再生板材的原材料或造纸等。

⑤废弃路面沥青混合料，可按适当比例直接用于再生沥青混凝土。

⑥废弃道路混凝土，可加工成再生骨料，用于配制再生混凝土。

⑦废钢材、废钢筋及其他废金属材料，可直接再利用或回炉加工。

⑧废玻璃、废塑料、废陶瓷等建筑垃圾，可视情况区别利用。

⑨废旧砖瓦为烧黏土类材料，经破碎碾磨成粉体材料时，具有火山灰活性，可以作为混凝土掺合料使用，替代粉煤灰、矿渣粉、石粉等。

3. 建筑垃圾的处理方法

现阶段我国建筑垃圾处理方法，一般分为两类：第一类是新建建筑垃圾堆放场所，将建筑垃圾掩埋或倾倒至固定场所；第二类是将建筑垃圾再生，使用建筑垃圾再生设备将建筑垃圾粉碎、加工成可以再次使用的建筑建材。

建筑垃圾再生处理依托于生产线，生产线主要由预分捡区、颚式破碎机、重型筛分模块、正压轻质物分离器、水平筛+负压轻质物分离器、卧轴反击式破碎机、人工捡拾台、输送系统、抑尘降噪系统、控制系统、参观通道组成，通过建筑混合垃圾再生处理流程，对建筑混合垃圾中的轻质物、金属、其他杂物（铝合金、电缆、木材等）等进行分拣剔除，对混凝土、废砖头、石头等进行破碎筛分处理加工，从而实现资源再利用。随着技术不断革新，相应的手段更加环保节能，分类更彻底，利用率更高，破碎后成品骨料的杂质含量更少，品质更优。从长远看，建筑垃圾再生利用，是最佳的建筑垃圾处理途径。

4. 建筑垃圾的处理技术

建筑垃圾并不是真正的垃圾，而是放错了地方的"黄金"，建筑垃圾经分拣、剔除或粉碎后，大多数可以作为再生资源重新利用。例如：废钢筋、废铁丝、废电线等金属经分拣、集中、重新回炉后，可以再加工制造成各种规格的钢材等，这都使得建筑垃圾再生具有利用率高、生产成本低、使用范围广、环境与经济效益好的突出优势。建筑垃圾回收处理技术，最早是在德国起步的，进入中国比较晚，但是有关建筑垃圾处理的技术，其实早在设备成型之前就已经逐步完善。所以，从技术上来看，国内设备并不逊于国外产品。具体情况如下：

（1）建筑垃圾资源化再生技术

重点研究建筑废弃物的分类与再生骨料处理技术、建筑废弃物资源化再生关键装备、再生产品高品质化技术，形成建筑废弃物再生成套工艺与设备，建立完善先进的建筑废弃物回收、再利用体系。

（2）建筑垃圾资源化利用技术

研究再生混凝土及其制品关键技术、施工关键技术、再生无机料在道路中的关键技术，以及新型再生建筑应用技术，形成有关的产品标准、设计以及施工规范。

（3）再生混凝土高性能化利用

重点研究再生混凝土高性能化制备技术、应用技术，再生混凝土耐久性控制技术、长期性能等，实现全产业链覆盖整合。

5. 综合利用

1）建筑垃圾的减量化

（1）优化建筑设计

建筑设计方案中要考虑的问题有：建筑物应有较长的使用寿命；采用可以少产生建筑垃圾的结构设计；选用少产生建筑垃圾的建材和再生建材；考虑到建筑物将来便于维修和改造，且产生较少建筑垃圾；考虑到建筑物在将来拆除时建筑材料和构件的再生问题。

（2）加强建筑施工的组织和管理

加强建筑施工的组织和管理工作，提高建筑施工管理水平，减少因施工质量原因造成返工而使建筑材料浪费及垃圾大量产生。在施工现场中，施工人员大多数以民工为主，普遍素质有限，施工技术水平偏低，这对现场的施工管理提出了更高的要求。首先，负责施工的领导、管理和技术人员，必须坚持建筑施工的法规法令和技术标准，对施工人员（包括民工）进行培训，尽可能持证上岗，其次，建筑施工的全面质量管理，做好施工中的每一个环节，提高和保证施工质量，从源头上有效地减少垃圾的产生。在工地产生的建筑垃圾中，因建筑施工质量返工引起的垃圾量比例较大，而且造成材料浪费。管理和施工技术人员必须把好施工质量关，消除隐患，有奖有罚，如有失误，严格追责。

（3）推广新的施工技术

大量采用预制品，避免建筑材料在运输、储存、安装时的损伤和破坏所导致的建筑垃圾；提高结构的施工精度，避免返工凿除或修补而产生的垃圾。避免不必要的建筑产品包装。

（4）加强施工现场施工人员环保意识

在施工现场上的许多建筑垃圾，如果施工人员注意，就可以大大减少它的产生量，例如落地灰、多余的砂浆、混凝土、三分头砖等，在施工中做到工完场清，多余材料及时回收再利用，不仅利于环境保护，还可以减少材料浪费，节约费用。

2）建筑垃圾的开发和利用

①建筑垃圾中砖瓦经清理可重复使用，废砖、瓦、混凝土经破碎筛分分级、清洗后作为再生骨料配制低标号再生骨料混凝土，用于地基加固、道路工程垫层、室内地坪及地坪垫层和非承重混凝土空心砌块、混凝土空心隔墙板、蒸压粉煤灰砖等生产。

②再生骨料组分中含有相当数量的水泥砂浆，致使再生骨料孔隙率高、吸水性大、强度低。这些都将导致所配混凝土拌合物流动性差，混凝土收缩值、徐变值增大，抗压强度偏低，限制了该混凝土的使用范围。

③建设工程中的废木材，除了作为模板和建筑用材再利用外，通过木材破碎机，弄成碎屑可作为造纸原料或作为燃料使用，或用于制造中密度纤维板。

④废金属、钢料等经分拣后送钢铁厂或有色金属冶炼厂回炼，生产建筑材料或作其他用途。

⑤废玻璃分拣后送玻璃厂或微晶玻璃厂作生产原料。

⑥老旧的废油毡一般只能填埋处理。因为焚烧会产生空气污染。

⑦基坑土及边坡土送烧结砖厂生产烧结砖，碎石经破碎、筛分、清洗后作混凝土骨料。

3）与其他垃圾处理方式的区别

建筑垃圾属于特殊垃圾，它的处理方式与其他垃圾的处理方式的不同点在于以下几点：

①排放单位必须提前向所在地城市环境卫生管理部门申报。

②必须采取专门方式，单独收集，送往指定的专门垃圾处理处置场进行处理处置，例如泥浆类垃圾，应在专用的泥浆池中存放，通过吸污车运输。

③从收集到处理处置的过程，由经专门培训的人员操作，或由专业人员指导进行，严禁在专门处理处置设施外随意混合、焚烧或处置。

④建筑垃圾一般为无污染固体，国内一般采取填埋法处理，部分回收利用，少部分进行焚烧。

14.4　学习心得和启示

（1）如何看待和处理建筑垃圾，需要有一个很大的观念转变。建筑垃圾并不是传统意义的"垃圾"，而是名副其实的资源，与任何资源一样，需要充分利用，循环利用，日本人把建筑垃圾叫作"建筑副产品"，颇有创意，像炼焦一样，焦炭是主要产品，焦炉煤气就是副产品，不是垃圾，既然是副产品，就应当很好地利用。如果随意抛弃填埋，其后果是占用土地，污染环境，破坏生态，造成极大的浪费。努力避免这种浪费，必将有助于建立两型社会（资源节约型社会、环境友好型社会）。

（2）建筑垃圾本身就有很多宝贝，废砖、瓦、混凝土经破碎筛分分级、清洗后，可作为再生骨料，配制低标号再生骨料混凝土，用于地基加固、道路工程垫层、室内地坪及地坪垫层和非承重混凝土空心砌块、混凝土空心隔墙板、蒸压粉煤灰砖等生产。建设工程中的废木材，除了作为模板和建筑用材再利用外，通过木材破碎机，弄成碎屑可作为造纸原料或作为燃料使用，或用于制造中密度纤维板；废金属、钢料等经分拣后送钢铁厂或有色金属冶炼厂回炼；废玻璃分拣后送玻璃厂或微晶玻璃厂作生产原料；废油毡填埋处理；基坑土及边坡土可送烧结砖厂生产烧结砖，碎石经破碎、筛分、清洗后做混凝土骨料。有人认为，建筑垃圾就是一座金矿，花点力气去挖一座金矿，何乐而不为呢？

（3）我国已经制定了一系列建筑垃圾法律法规和规章制度，创建了相当数量的建筑垃圾公司企业，掌握了不少建筑垃圾处理技术，在处理建筑垃圾方面，已经有了不错的基础，但是公司企业的数量远远不够，建筑垃圾处理的实效有很大的提升空间，不少发达国家的建筑垃圾利用率已高达 60%~90%，甚至 100%，而我国尚不足 5%。我国要达到甚至赶超发达国家建筑垃圾处理水平，真的要有点紧迫感。

（4）我们必须清楚地认识到，在建筑垃圾的处理方面，我们与发达国家比较，还有很大的差距，为了弥补这种差距，必须认真学习和借鉴发达国家的先进经验，再结合我国的特定情况，进行创新性的科学研究和扎扎实实的发展实践。发达国家这方面的经验，是人类共同体知识宝库的一部分，秉承求知于天下的理念，我们理所应当老老实实的当学生，学习和借鉴，发扬和进一步创新，为丰富全人类命运共同体的知识宝库做出自己的贡献。

致　谢

在本书的编写过程中，西南交通大学经济学者郁迎庆女士提出了宝贵的建言和指导，在此表示衷心的谢意。

本书的编写，爱人刘新民女士给予多方的鼓励与支持，我要向已在天堂的她，表示由衷的感谢。

西安交通大学后勤部刘跃先生，在保障电脑的正常运行和编写工作的顺利开展等方面，给予了多方帮助，在此表示谢意。

最后，我还要感谢美国得克萨斯州立大学周电教授、美国通用汽车公司高级工程师刘继跃先生、湖南省林业厅高级工程师王明旭先生、中国铝业有色金属院高级工程师周上礼女士等亲友对本书的宝贵关心和建议。

参考文献

班娟娟, 周武英, 2019. 限塑令十年效果低于预期: 塑料袋使用量减少 2/3, 外卖成新挑战. 经济参考报, 06-27.

北极星环境修复网. 2019. 借鉴国外流域治理成功经验推动长江保护修复. 世界环境, 04-24.

长江流域在发展过程中出现哪些环境问题或生态问题. https://wenda.so.com/q/1533789653212620.

车璐, 等, 2021. 绿色制造体系建设推进工业领域碳达峰的思考. 北极星大气网中咨研究, 07-27.

陈晨, 2020. 防大汛, 要下绣花功夫也需久久为功. 光明日报, 07-16.

陈溯, 2017. 塞罕坝获联合国地球卫士奖系世界最大人工林. 中国新闻网, 12-06.

程小红, 2021. 助力实现碳达峰、碳中和, 建筑业该做些什么? 澎湃新闻·澎湃号·媒体建设报产经报道. 全面提升建筑业绿色低碳发展水平, 06-16.

大庆海智 100MW 风电项目并网发电. 北极星风力发电网, 2022-01-05.

大唐汕头新能源有限公司, 2021. 大唐南澳勒门 I 海上风电项目全容量投产. 北极星风力发电网, 12-31.

邓义祥, 雷坤, 安立会, 等, 2018. 我国塑料垃圾及微塑料污染源头控制对策. 中国科学院院刊, 33（10）: 1042-1052.

丁铭, 刘懿德, 2018. 农田遇白色污染农民: 真担心几年后地不能种了! 半月谈网, 07-18.

丁声俊, 2014. 生态农业, 主导农业生产模式（国际视野）. 人民网—人民日报, 10-07.

丁仲礼, 2021. 中国碳中和框架路线图研究. 北极星大气网. 科学大院, 07-19.

洞庭湖最大规模整治: 九部门祭出"杀手锏", 毁湖采砂急刹车. 澎湃新闻, 2017-11-13.

独立气候智库 Ember, 2020. 2019 年全球电力行业的二氧化碳排放下降 2%. 电缆网, 03-09.

访塞罕坝林场建设者代表: 为何能站上联合国领奖台. 北京: 人民日报, 2017-12-08.

高敬, 于文静, 胡璐, 2021. 以习近平生态文明思想引领美丽中国建设. 瞭望, 06-06.

高军, 程亮, 陈鹏. 2021. 促进中国碳达峰碳中和投融资的五个建议. 北极星大气网. 中国环境报, 04-12.

工信部, 2021. 三部委: 攻克储氢材料推进可再生能源发电制氢产业互补发展. 北极星氢能网, 12-31.

关育兵, 2017. 整治小流域有大意义. 多彩贵州网, 04-24.

广东能源集团, 2022. 吉林乾安融智风电项目一期工程全容量并网发电. 北极星风力发电网, 01-07.

郭子源, 姚进, 2021. 金融机构需将"双碳"目标嵌入业务全流程. 经济日报, 07-20.

国家粮食安全排名! 法国第一, 美国第五, 日韩未上榜, 我们是多少. 2021-11-16.

国际能源网团队, 2021. 刘科院士: 碳中和的六大误区和五个现实路径. 国际能源网, 08-18.

国家电投近期 3 个风电项目并网投产. 北极星风力发电网. 2021-12-29. https://news.bjx.com.cn/html/20211229/1196559.shtml.

国家能源局, 2021. 2020 年全国新增风电装机 7167 万千瓦. 北极星风力发电网. https://news.bjx.com.cn/html/20210121/1131260.shtml.

国家邮政局, 2018. 快递总包循环使用不低于 20 次. 澎湃新闻, 12-17.

国内建设难度最大! 中广核福建平潭大练 240MW 海上风电项目全容量并网. 北极星风力发电网. https://news.bjx.com.cn/html/20211230/1196908.shtml.

国网甘肃省电力公司, 2022. 甘肃省会宁之恒分散式风电项目顺利并网. 北极星风力发电网, 01-06.

韩东良, 2019. 太湖小流域治理治出好风景. 中国环境报, 09-17.

韩鑫, 2020. 我国工业绿色发展成绩亮眼. 人民日报, 08-28.

河南南阳新野批量 150 米混塔 4.5MW/172 机组风电项目并网发电. 北极星风力发电网. 2021-12-30 https://news.bjx.com.cn/html/20211230/1196692.shtml.

华电广东公司, 2021. 国内首批、广东省首个近海深水区海上风电项目首批风机成功并网发电. 北极星风力发电网. 12-24.

华能集团, 2021. 华能在江苏建设的 110 万千瓦海上风电全容量并网. 北极星风力发电网. https://news.bjx.com.cn/html/20211229/1196470.shtml.

环境界, 2021 环境产业"十四五"发展趋势展望——达峰·拐点·下半场（上）. 北极星大气网. 全联环境商会, 07-21.

环球时报社, 2021. 疫情冲刷下, 美式人权丢掉了"人". 环球时报, 12-29.

环时锐评, 2021. 河南遭受举世罕见强降水, 我们怀抱着这样的希望. 环球时报, 07-21.

黄圣彪, 2018. 推进厕所革命需要解决的技术问题及措施. 中国环境管理, 09-03.

黄仕强, 刘淋灵, 邵钰婷, 2019. 地膜每年用量达上百万吨田间"白色污染"如何变废为宝? 工人日报, 12-26.

黄万里, 2014. 淤积河段绝对不能建三峡大坝. 水煮百年网, 04-03.

黄正, 2019. 向白色污染宣战科学家想把塑料变燃油. 新浪科技, 08-02.

简依敏, 施姝含, 刘海楠, 2021. 双碳目标下工业节能市场增长动力不减但未来重点将从传统节能服务转向技术设备. 北极星环保网. 辰于公司, 07-19.

江丽丽, 2011. 农村环境污染及应对措施. 安徽农学通报, 17（06）: 10-11.

杰弗里·萨克斯, 2021. 有人说现在中国必须成为世界领导者, 真是如此吗? 观察者网, 12-16.

久久为功推进长江经济带生态优先和绿色发展. 央视新闻, 2019-01-06.

菊分口小鲨鱼, 2021. 一文读懂: 碳达峰、碳中和与高质量发展的关系. 北极星大气网. 小鲨鱼微财经, 03-16.

科技日报记者, 2020. 绿水青山"逼"出高质量发展——从大开发到大保护长江经济带四年巨变（下）. 国际环保在线, 04-09.

科学家确认: 人类活动是导致气候变暖单一因素. 中国新闻网, 2017-12-15.

控烟立法为何久不落地控烟官员烟草企业干扰. 北京: 工人日报, 2018-01-07.

李禾, 2021. 产生者付费生活垃圾将步入"计量收费"时代. 科技日报, 07-20.

李娟, 2014. 襄垣县生活垃圾处理实现无害化减量化资源化. 长治日报, 01-08.

李学辉, 2020. 加强长江次级河流生态环境治理. 中国环境报. 北极星环境修复网, 05-22.

李云生, 2020. 长江流域生态环境治理的瓶颈及对策分析. 国家长江保护修复联合研究中心, 06-07.

丽娟, 天雷, 张伟, 2022. 三峡集团可再生能源年发电量居世界第一, 共计 3400 亿千瓦时. 央视客户网, 01-14.

联合国环境署, 2017. 至 2100 年全球极可能升温 3℃以上. 澎湃新闻, 10-31.

刘科, 2021. 碳中和的六大误区和五个现实路径. 国际能源网, 08-18.

刘扬, 万琳, 任重, 2021. 中国研制出"贴地飞行"交通系统. 环球时报, 07-21.

刘中民, 2021. 煤炭产业如何发展有利"碳达峰""碳中和"? 调结构. 人民网-强国论坛, 01-26.

刘助仁, 2015. 中国农村生态环境评估及其保护的着力点分析. http://news.qq.com/a/2006031o/001786-3.tm.

陆晓军, 2020. 我国城市生活垃圾焚烧厂焚烧炉选型建设模式的探讨. 北极星环保网防护工程, 02-14.

马呈忠, 2019. 治理农田"白色污染"需堵疏结合. 经济日报, 02-03.

木木, 2020. 水利基建需常抓不懈久久为功. 证券时报, 07-14.

农侠会, 2019. 中央财政奖补"厕所革命"; 我国农业将实现无人化作业. 农业行业观察. 三农日报, 04-16.

农业部: 化肥农药用量零增长目标提前实现. 央视新闻, 2017-12-22.

庞无忌, 雷晓琳, 2021. 郑州严重内涝为哪般? 北极星水处理网. 国是直通车, 07-24.

祁宗珠, 2020. 见证最美长江: 江河源头的生态样本. 西海都市报, 04-08.

气候变化产生的七种惊人影响: 人类生活减少. 新浪科技, 2017-12-06.

强风暴肆虐欧洲火车被吹翻数十万家庭遭遇停电. 海外网, 2018-01-04.

全球数十位科学家警告遏制二氧化碳排放只剩三年时间. 北京: 科技日报, 2017-06-29.

人民网, 2021. 安徽六安兆瓦级氢能综合利用示范站首台燃料电池发电机组并网发电. 北极星氢能网. 12-30.

阮煜琳, 2017. 今年北京市已关停取缔4000多家"散乱污"企业. 中国新闻网, 12-15.

三峡集团, 2021. 国内首个百万千瓦级海上风电项目全容量并网发电. 北极星风力发电网. https://news.bjx. com.cn/html/20211227/1195890.shtml.

陕煤集团首个风电项目成功并网发电. 北极星风力发电网, 2022-01-07.

陕西化建首个EPC风电项目并网发电. 北极星风力发电网. 2022-01-07.

上厕所蹲着好还是坐着好? 这是一条有味道的科普. 北京: 新华社, 2017-12-27.

石化黑板报, 2021. 中国石化江西首座综合加能站正式投营. 北极星氢能网, 12-31.

首创证券, 2021. 环保行业研究与中期策略: 聚焦碳减排、减量化与资源化. 北极星固废网, 07-19.

孙红丽, 2021. 全面提升建筑业绿色低碳发展水平. 人民网, 04-15.

孙秀艳, 2017. 以共享带动垃圾减量. 人民日报, 12-16.

损害生态环境必须"应赔尽赔". 人民日报, 2017-12-20.

檀易晓, 胡友松, 谭晶晶, 等, 2021. 美欧新年前又坐上"疫情过山车"能否多些反思? 环球国际, 12-30.

陶富源, 2021. 福山"历史终结论"的历史观剖析. 马克思主义研究, 01-21.

滕沐颖, 刘杰, 2017. 新疆天山一号冰川消融退缩50年后或彻底消失. 新华网, 04-29.

通渭县改局, 2022. 甘肃通渭县顺利建成陇中首个百万千瓦级风电基地. 北极星风力发电网, 01-04.

汪昌莲, 2019. 遏制白色污染亟须"限塑令"长牙齿. 人民法院报, 12-27.

王国强, 2020. 人工智能技术对长江流域水污染治理的思考. 国家长江保护修复联合研究中心, 06-07.

王林, 2021. 国际能源署(IEA): 全球碳排放峰值仍未到来. 北极星大气网. 中国能源报. 2021-07-28.

王林, 陈前虎, 2021. 郑州特大暴雨实属罕见已超出海绵城市应对能力. 北极星水处理网. 中国青年报, 07-22.

王琼杰, 2021. 以绿色矿业建设和矿山生态修复推进矿业高质量发展. 北极星环境修复网. 中国矿业报, 07-28.

王昕然, 2020. 日本对"一带一路"从抵制到认识, 可否突破"有条件"的合作. 澎湃新闻, 12-02.

未知, 2019. 浅谈我国生态环境保护存在的问题及对策. 行知识, 10-26.

吴铁, 2021. 推动钢铁行业低碳转型引领工业碳达峰与碳中和. 北极星大气网. 中国环境报, 06-28.

伍岳, 马卓言, 朱超, 等, 2021. 携手并肩, 构建新时代中非命运共同体——习近平主席在中非合作论坛第八届部长级会议开幕式上的主旨演讲解读. 新华网, 12-01.

习近平对"厕所革命"再作指示这个新闻联播头条和你息息相关. 央视网, 2017-11-27.

限塑令升级! 你的购物袋、外卖、快递……都会受影响→新蓝网·浙江网络广播电视台. 2020-01-20.

肖传国, 2019. 将"一带一路"打造为中日互信共建之路. 新浪财经, 12-25.

肖蕴轩, 2019. 2019年全球氢能源行业市场现状分析中、美、日、欧、韩氢能产业发展现状比拼. 北极星氢能网. https://chuneng.bjx.com.cn/news/20191021/1014693.shtml.

谢希瑶, 2021. 电炉炼钢红利将至钢铁业减污降碳还有哪些新动向? 北极星大气网. 新华社, 07-21.

新华社, 2021. 压减7000多亿元"两高"项目"高碳城市"榆林谋低碳转型. 北极星电力网新闻中心, https://news.bjx.com.cn/html/20211230/1196883.shtml.

新华时评, 2020. 防汛抗洪人民至上. 新华网, 07-13.

新华网, 2021. 内蒙古"氢"装上阵. 北极星氢能网, 12-30.

新华网, 美年度气候报告: 去年温度创新高地球变暖未减缓. 新华国际, 2018-01-06.

熊文明, 2021. 不缺能源的"能源危机"——"电荒"阵痛里的中国能源大变局. 钛禾产业观察, https://www.tmtpost.com/5889614.html.

许维鸿, 2021. 步步为营完善碳金融交易体系. 环球时报, 07-28.

学校也需要来一场"厕所革命". 中国教育报, 2017-12-04.

烟草将成威胁中国人健康最大人为因素. 北京: 工人日报, 2018-01-02.

央视财经, 2021. 千亿化工园区用上氢绿色能源赋能宁夏高质量发展. 国际氢能网. https://h2.in-en. com/html/h2-2410297. shtml.

杨弃非, 2021. 郑州内涝之思: 不用"神化"海绵城市. 北极星水处理网. 城市进化论, 07-28.

姚美娇, 2021. 煤电清洁高效发展是出路转型之路仍面临诸多困难. 北极星能源网. https://news.bjx.com. cn/html/20211230/1196780. shtml.

叶前, 胡林果, 刘珊, 2019. 每天5000万份外卖垃圾威胁城市生态白色污染愈演愈烈. 经济参考报, 12-19.

喻文超, 方杰, 2022. 国内首创: 江西核电帽子山八边形超高混塔风电项目实现全容量并网发电. 北极星风力发电网, 01-04.

喻悦, 2021. 建材行业加快低碳转型步伐——访哈尔滨工业大学刘俊伶教授. 北极星大气网. 中国建材报, 02-26.

元一能源, 2021. 全国碳排放权交易市场上线. 为碳达峰、碳中和提供投融资渠道, 07-15.

张国文, 杨亚东, 2021. 鄂尔多斯: 传统产业智慧升级全力打造"风光氢储车"产业集群. 北极星氢能网, 12-29.

张蕊, 2021. 我国交通基础设施取得历史性成就. 每日经济新闻, 04-01.

张晔, 林雯, 2017. 最新科研成果: 青藏高原河流是温室气体排放大户. 科技日报, 12-14.

张正河, 2019. 习近平关于粮食安全的重要论述解析. 人民论坛, 11-22.

赵汉斌, 2020. 保生态流量, 长江流域2.41万座小水电站走上绿色转型之路. 科技日报, 06-11.

赵力文, 2019. 消除农田里的"白色污染"农膜、农药包装等农业废弃物试点回收了. 河南日报, 10-24.

赵力文, 李若凡, 2020. 让黄河成为造福人民的幸福河, 首先要让母亲河"健康"起来. 河南日报, 01-13.

震撼! 世界最大"超级充电宝"来了. 北极星水力发电网讯. 2021-12-30 https://news.bjx.com.cn/special/? id=1196846.

中共醴陵市委宣传部, 2022. 大唐华银明月49MW风电项目成功并网发电. 北极星风力发电网, 01-06.

中国华能, 2022. 华能通榆70万千瓦风电项目全部并网发电. 北极星风力发电网, 01-04.

中国能建, 2022. 国内单机容量最大的山地风电项目并网发电. 北极星风力发电网, 01-06.

中国石化齐鲁石化公司, 2021. 中国石化齐鲁石化首套氢能项目试运行. 北极星氢能网, 12-31.

中国为环保采取前所未有措施: 成就获联合国点赞. 参考消息, 2017-12-20.

钟声, 2021. 美国大搞"民主输出"贻害无穷. 人民日报客户端, 12-18.

周承军, 2019. "光伏+储能"融合发展将是光伏产业下一阶段重要目标. 光伏系统工程北极星太阳能, 11-29.

周力辉, 方世南, 2019. 绿色生活方式的内涵及实践路径. 中国社会科学网, 01-25.

周顺新, 盖有军, 2005. 残膜污染新疆农田. 乌鲁木齐晚报, 07-07.

周英峰, 高毅哲, 2021. 中国风电累计装机容量已达1585万千瓦. 新华社, 04-26.

朱法华, 王玉山, 等, 2021. 中国电力行业碳达峰、碳中和的发展路径研究. 北极星大气网, 06-30.

编 后 记

花了大约4年的时间，这本小书终于写成了，中间也有一些犹豫，关于生态环境的知识不足，但是也想通了，既然知识不足，就好好学习，边学习，边思考。孔子有云，学而不思则罔，思而不学则殆。偶有所得，做了些笔记，编成小书。

由于年纪比较大，记忆力也欠佳，也出现过打退堂鼓的念头，但是转念一想，做半拉子的事，一生从来不干，也就坚持下来。

关于生态环境问题，全球面临生态危机——臭氧层破坏，温室气体增加，冰川后缩，酸雨频仍，大气，水体，地下水污染，物种减少，极端气候增加，公共卫生事件频发等等。这些是大家亲身体验的。笔者比较喜欢旅游，在阿拉斯加游轮上，就目睹了冰川后缩的情况，厚厚的冰层，每隔10分钟左右崩裂开来，轰然落入海中，溅起发黄的浪花。后来登上冰川，发现远望白皑皑的冰雪，近看并非全白，其中夹杂有黑尘。

海洋水体的污染，笔者坐飞机经过长江口外海上空时，就曾目睹明显的污染带。

通过文件资料的学习和个人的亲身体验，笔者远非生态环境方面的专家学者，出于愚者千虑，必有一得，也就提出一些个人的看法，就教于海内贤达，如有不当之处，恳请不吝赐教。

与广大读者一样，编者坚信，在习近平总书记绿水青山就是金山银山理念的指引下，我国生态环境的修复和优化，取得了长足的进步和巨大的成功，目前存在的问题和短板，只要继续努力，坚持不懈，也一定会妥善解决。

本书引用的参考资料，主要来自网络，未能全部列举，如原作者感到引用不当，敬请见谅。